유기농은 꼭 이루어진다

유기농은 꼭 이루어진다

초판 1쇄	2013년 9월 19일		
초판 7쇄	2022년 2월 28일		

편저	정대이		
집필참여	소현규·이종현·백정애·박만기	펴낸이	이정원
	윤규환·김형래·조은숙·박관우	펴낸곳	도서출판 들녘
		등록일자	1987년 12월 12일
출판책임	박성규	등록번호	10-156
편집주간	선우미정		
편집	이동하·이수연·김혜민	주소	경기도 파주시 회동길 198
디자인	김정호	전화	031-955-7374 (대표)
마케팅	전병우		031-955-7376 (편집)
경영지원	김은주·나수정	팩스	031-955-7393
제작관리	구법모	이메일	dulnyouk@dulnyouk.co.kr
물류관리	엄철용	홈페이지	www.dulnyouk.co.kr

ISBN 978-89-7527-684-2 (14520)

978-89-7527-160-1 (세트)

값은 뒤표지에 있습니다. 잘못된 책은 구입하신 곳에서 바꿔드립니다.

유기농은 꼭 이루어진다

정대이 편저

들녘

ORGANIC FARMING

여름 장마가 길고 지루했다. 이렇게 한동안 비가 내리고 나면 어김없이 죽은 고춧대를 뽑아들고 우리 농촌지도기관을 찾아오시는 분들을 많이 만나게 된다. 고추가 이런데 어떤 약을 쳐야 하는가 묻는 분부터 텃밭에 심은 고추이니 약 치지 않고 병을 막을 수 있는 방법을 가르쳐 달라고 하는 분까지 요구가 다양하다.

일단 고추에 역병이나 탄저병이 발생하면 그 이후의 진행을 막기는 무척 어렵다. 관행 농가라면 병이 발생한 이랑의 고춧대는 모두 뽑아내 태우고, 다른 이랑은 일주일 간격으로 화학농약을 쳐서 전염을 막아야 한다. 살충제와 살균제를 섞어 예방적으로 살포할 것을 권유한다. 그래서 비 온 후 고추밭에는 농약을 뿌리는 손길이 바쁘다.

유기농업에서는 어떤가? 일단 병이 발생하면 당장에 할 수 있는 일이 거의 없다. 병에 걸린 포기를 뽑아 태우고 배수가 잘되게 고랑을 좀 깊게 파주는 정도다. 대신 병이 발생한 원인을 찾아 내년을 대비해야 한다. 한 번 병이 발생한 포장은 최소 3년은 돌려짓기 하여 병원균의 밀도를 떨어뜨려야 한다. 가을에 보리나 호밀을 심어 녹비로 쓰고, 다음 해에는 콩을 심어 땅심을 살리면 병원균이 많이 줄어든다. 물이 잘 빠지지 않는 점질토라면 완숙 퇴비를 많이 써서 물 빠짐을 좋게 하고 고추를 심을 때 두둑을 한껏 높여 뿌리가 물에 잠기지 않도록 한다. 병 저항성 품종이나 접목묘를 쓰는 것도 방법이다. 당장에 해줄 수 있는 일이 별로 없으니 눈앞의 병든 고추는 치워 두고 어떻게 하면 병에 걸리지 않는지 이야기한다.

상담을 받으러 온 입장에서 보면 병에 걸렸는데 약은 안 주고 담배를 끊으라는 의사의 처방처럼 들릴 수 있다. 그래서 각종 병해충에 효과가 있다는 유기농자재에 대한 연구가 활발하고 유기농자재 시장이 만들어졌다. 하지만 단정적으로 말하건대 화학비료나 화학농약보다 편하고 효과 빠른 유기농자재는 없다.

사실 자재 의존을 최대한 줄이고 농장 내부에서 자원을 순환시켜 지속 가능하게 하는 것이 유기농업 방식이다. 유기농업에 대한 지식이 많아질수록 자재의 투입은 상대적으로 줄어든다. 농약을 뿌리지 않고도 병해충을 적정한 수준으로 관리할 수 있게 된다. 이 때문에 유기농업이 인류 농업의 대안으로 거론되는 것이다.

우리는 유기농업의 기술적 역할에 너무 치우친 나머지 유기농업이 과연 무엇인가에 대한 고민이 부족하지 않았나 싶다. 이 책은 그동안 농촌진흥기관에서 주로 논의해왔던 단순한 유기농업 기술에서 벗어나 보고자 하는 노력에서 시작되었다. 발밑에서 눈을 들어 우리가 무엇을 보고 어디로 가고 있는지, 어떻게 걸어가야 하는지 고민해 보았다. '왜

(Why)' 유기농업을 해야 하는가를 화두로, 유기농업이 과연 '무엇인지 (What)', 일선에서 '어떻게(How)' 이루어지고 있는지를 담았다.

　유기농에 대해 좀 더 진지하게 생각하고 토의하기 바라는 마음에 부끄러움을 무릅쓰고 미숙한 결과물을 내놓는다. 농업은 인간 삶과 기후변화, 더 나아가 지구 환경에 가장 큰 영향을 미치면서도 먹고사는 일차원적 문제이다 보니 논의의 대상에서 쉽게 제외되어 왔다. 이 책을 읽고 유기농업이 무엇인지, 어떻게 시작해야 되는지 조금이나마 알게 되었다는 소리를 듣는다면 더 말할 나위 없는 기쁨이겠다.

IFOAM(세계유기농운동연맹)이 주관하는 '제17차 세계유기농대회 (IFOAM OWC)'가 2011년 가을, 경기도 팔당 일원에서 개최되었다. '세계 유기농업인의 올림픽'이라 할 만한 이 대회는 매 3년마다 대륙을 순회하며 개최되는 꽤나 큰 규모의 국제행사다. IFOAM은 유기농업 분야에 가장 중추적 역할을 하고 있는 단체로 110여 개국, 850여 개에 달하는 유기농업 관련 단체가 가입해 있으며, 전 세계 유기농운동을 통합하고 대표한다. 이 단체의 주요 목표 중 하나는 유기농업에 관련된 정보를 제공하고, 그 정보가 전 세계에 활용될 수 있도록 돕는 일이다.

세계유기농대회를 개최하며 농촌진흥청은 IFOAM과 함께 국내 유기농지도전문가 양성 프로그램을 개발해 운영하기로 업무협약을 맺었다. 이 책의 주 저자인 나와 전라북도농업기술원 소현규 농촌지도사가 첫 번째 유기농지도전문가 코치 대상자가 되었다. 우리는 2013년 1월부터 6개월간 IFOAM 아카데미 콘래드 하우프트플라이쉬 원장, 농촌진흥청

이민호 박사와 함께 유기농지도전문가 양성 프로그램을 만들고, 직접 교육할 기회를 얻었다. 어찌 보면 이번 '유기농지도전문가' 과정은 판을 벌려 신명나게 놀아보기를 기대하며 펼쳐진 자리였다.

우리는 유기농에 관심을 갖고 전국에서 모인 열네 명의 농촌지도사와 이번 교육의 비전을 세우고, 과정을 설계하고, 참여했다. 가보지 않았던 길을 막연히 걷는 듯 답답하던 발걸음도 서로를 격려하며 내딛다 보니 어느새 많이 걸어온 듯싶다. 우리는 땅만 보고 걷지 않고, 산을 보고 걸으려 노력했다. 소현규 지도사는 특유의 진지함과 성실함, 유기농업에 대한 애정으로 이 모든 과정을 이끌었다. 그렇게 '왜' 유기농업을 해야 하는가를 시작으로, 유기농업이 과연 '무엇인가', '어떻게' 해야 하는가를 고민한 결과물이 이 책이다.

참고로 1부 '왜 해야 하는가'는 주 저자인 내가 집필했다. '왜'라는 화두를 던짐으로써 교육생에게 참여할 동기를 부여했듯이 이 책을 읽은 독자들에게도 '왜' 유기농업인가를 고민하는 단초가 제공되었기를 바란다.

2부 '무엇을 할 것인가'는 IFOAM에서 교육 자료로 제공한 유기농업 교육 매뉴얼을 두 명의 코치인 나와 소현규 지도사가 국내 실정에 맞게 수정·편집 하였다. 유기농업이 더 널리 보급될 수 있도록 자료의 활용을 허락해주신 IFOAM에 감사드린다. 유기농업이 과연 무엇인가에 대한 질문은 유기농업의 정의, 4대 원칙, 유기농업 방식을 살펴보며 해답의 실마리를 찾으려고 한다.

3부 '어떻게 할 것인가'는 교육에 참여한 농촌지도사 모두의 공동

작업 결과물이다. 유기농업을 시작하거나 전환하고자 하는 농민에게 필요한 실천 전략을 담았다. 특히 '유기농전환 진단분석표의 작성과 활용'은 하동군농업기술센터 이종현, 함양군농업기술센터 백정애 지도사가 주도하였다. 유기농지도전문가 과정을 진행하며 교육생이 각자의 지역에서 유기농업을 실천하고 있는 농민을 찾아가 심층 인터뷰를 진행하고 그 사례도 함께 실었다. 이 책을 통해 유기농업이 독자들에게 남의 일이 아니라 내 일로 가깝게 다가섰으면 더 없이 좋겠다.

차례

들어가는 글
일러두기

1부
Why 왜 해야 하는가

왜 유기농업인가? 20

왜(Why)에서 시작하는 멋진 여행 ｜ 유기농업의 시작 ｜
유기농업의 성장 ｜ 유기농업, '왜(why)'에서 시작하지 않으면 어렵다

더불어 사는 행복을 주는 유기농업 38

더불어 사는 평민을 기르는 교육 ｜ 사람과 오리가 노니는 홍동 ｜ 협동하는 공동체 ｜
생각하는 농민, 준비하는 마을 ｜ 행복지수(Happy Index)

유기농작물은 정말 건강에 좋을까? 49

초파리가 입증한 유기농의 우수성 ｜ 유기농작물의 영양균형

유기농업과 환경 56

유기농업과 생물 다양성 ｜ 동식물의 멸종을 막는 유기농업 ｜
유전자 조작 작물(GMO: Genetically Modified Organism)의 습격

지구를 희생하고 얻는 고기 66

'공장 닭'의 그림자 ｜ 다국적 기업이 권하는 고기 ｜ 곡물 생산이 불러온 가뭄

순환해야 지속 가능하다 75

닭 사육을 통해 배우는 순환의 지혜 ｜ 땅을 살리는 똥 ｜ 땅을 망치는 똥 ｜ 바다를 버리는 똥

2부

What 무엇을 할 것인가
(토양·작물·녹비·병충해와 잡초방제·축산)

지속 가능한 생산시스템을 구축하기 위한 노력   86

유기농업의 4대 원칙   89
건강의 원칙 | 생태의 원칙 | 공정의 원칙 | 배려의 원칙

유기농업의 목표   93
산림의 토양 비옥도와 생태 균형 | 유기농장의 토양 보호와 생태 균형 | 유기농의 올바른 정의 |
지속 가능성 목표(생태적 지속 가능성·사회적 지속 가능성·경제적 지속 가능성)

유기농업과 다른 농법의 차이   98
지속 가능한 농업 | 전통농업이 유기농업일까? | 집약적 표준 농법(IP) |
'녹색혁명'은 과연 녹색(친환경)이었을까? | 녹색혁명의 성공과 단점 | 살충제의 부작용 | 유기농의 혜택

토양

토양 비옥도   107
토양: 살아 있는 생명체 | 토양의 구성 요소와 구조(무기물, 토양 유기물) | 토양 구조의 의미 |
토양 검사 | 토양의 소우주(Microcosm) | 토양생물: 적인가 친구인가? | 토지를 살리는 지렁이 |
근균(mycorrhiza): 이로운 곰팡이

무엇이 토양을 비옥하게 만드나?   115
토양 비옥도에 영향을 미치는 요인들 | 토양 비옥도를 향상시키고 유지하는 방법 |
토양: 식물 뿌리의 왕국 | 토양 구조를 개선하는 활동 | 토양 구조를 손상시키는 활동 |
토양 유기물의 중요성 | 토양유기물의 형성 | 유기물은 왜 중요한가? |
유기물은 영양소를 보유하고 방출한다 | 토양에서 유기물 양을 늘리는 방법 |
분해 가능한 물질의 부족 현상 | 농장에서 유기물 생산을 늘리는 방법

토양 경운   125
토양 경운의 목표 | 방해 요인의 최소화 | 토양 다짐 현상 | 토양 경운의 종류

토양 침식: 주요 위협   129

토양 침식의 조짐 | 토양 침식을 막기 위한 전략(천연림에서 배우는 교훈 · 토양을 보호하는 밀집한 식생) | 지피작물 | 재배방식 설계

물 보전   134

토양 속 수분 보존 방법 | 빗물 집수 | 물 저장 | 물 대기 | IFOAM 기본기준의 물 관련 내용 | 작물 선택 | 점적관수 시스템

멀칭   139

멀칭의 용도 | 멀칭 재료의 선택 | 멀칭의 제약요인 | 질소 기아 현상 | 멀칭 시기

작물

작물 양분관리   145

영양 균형 | 화학비료의 장점과 단점 | 토양유기물 관리를 통한 작물 양분 공급 | IFOAM 기준에서 규정하는 작물의 양분 공급

작물의 주요 양분과 공급 방법   150

대량 원소와 미량 원소 | 질소(N) | 인(P) | 칼륨(K)

양분 순환: 농지의 양분 관리 최적화   154

자연의 양분 재활용 | 농지의 양분 재활용 | 작물 잔사 소각: 왜 해로운가?

혼작과 윤작   158

식물 종마다 근계(root systems)가 다르다 | 작물마다 다른 욕구 | 혼작 | 단작의 문제점 | 윤작의 이점

퇴비   163

유기비료의 가치 | 구비의 적절한 처리 | 구비 저장법 | 상업적 유기질 비료 | 액상 유기비료 | 무기비료 | 미생물비료

퇴비 만들기   169

발열단계 | 냉각단계 | 숙성단계 | 퇴비 재료의 선택 | 재료, 크기, 혼합 | 퇴비화에 적합하지 않은 재료 | 퇴비화에 적합한 재료 혼합법 | 퇴비더미 쌓기 | 퇴비더미 뒤집기 | 지렁이를 이용한 퇴비제조(Vermi-Composting) | 퇴비의 이점 | 퇴비 주기

녹비

녹비의 이해   177

녹비란 무엇인가? | 녹비에는 이점이 많다

질소고정 식물　179
질소고정 과정 ｜ 질소고정 수목

녹비 이용법　182
녹비 품종 선택과 파종 ｜ 녹비 갈아엎기 ｜ 녹비시비 계획에 도움이 될 만한 추가적인 사항들

병해충과 잡초방제

유기농 병해충 관리와 작물 건강　185
작물의 건강에 영향을 미치는 요인들 ｜ 식물의 면역체계 ｜ 방어 기작 ｜ 내성 품종 ｜ 접붙이기

예방조치　189
종자 처리 ｜ 미생물제제를 이용한 종자 처리

작물 치료　194
트랩

천적　196
병해충 생태학 ｜ 해충의 생애주기 ｜ 병해충과 포식자의 개체군 동태 ｜
병해충 방제를 위한 농약 사용의 주요한 부정적인 영향 ｜천적의 특성 ｜ 천적의 활성화와 관리

생물방제　202
천적 방사 ｜ 길항 미생물의 이용

천연농약　205
식물성 농약 ｜ 식물성 농약의 조제와 사용 ｜ 제충국 ｜ 은행잎 ｜ 기타 천연농약(병해 방제 · 해충 방제)

잡초 관리　210
잡초의 생태 ｜ 토양 환경 지표로서의 중요한 기능 외에 잡초가 지닌 이점 ｜ 잡초 관리 ｜ 잡초 방제법 ｜
기계적인 방제

축산

유기축산　216
유기농장에서 축산 ｜ 농장 내 가축 도입 결정(농장이 축산에 적합한가? · 가축이 농장에 이익이 될까? ·
필요한 투입 요소를 갖추고 있는가? · 축산물에 대한 시장이 있을까?)

가축 사양 관리　220
가축에게 필요한 것 ｜ 축산에 관한 IFOAM 기준 ｜ 얼마나 많은 가축을 사육해야 할까?

축사　223
축사 설계 ｜ 축사 바닥 깔짚

사료공급　225
가축에게 필요한 사료

사료재배　227
방목이냐, 축사 내 사육이냐 ｜ 농장에서 사료재배 ｜ 목초지 관리

가축의 건강과 육종　230
가축 건강에 영향을 미치는 요인 ｜ 치료 이전에 예방이 필요하다 ｜ 가축질병 치료에 관한 IFOAM 기준

육종　233
원리와 방법 ｜ 육종의 목적 ｜ 생산성의 고려

3부
How 어떻게 할 것인가?

유기농장의 경제적 성과　238
유기농은 수익성이 있을까? ｜ 저비용 대 고비용 ｜ 저소득 대 고소득

비용 절감　241
재활용의 최적화 ｜ 외부 투입요소의 최소화 ｜ 작업량 줄이기

농가소득 증대방안　245
생산 증대 ｜ 농장 부가가치 창출 ｜ 시장접근성 강화 ｜ 경제적 위험 경감을 위한 다양성

관행농업에서 유기농업으로 전환　247
유기농업으로 전환을 위한 사회적·기술적·경제적 적응 ｜ 전환준비 ｜ 농장의 목표 정의 ｜
목표설정을 위한 SMART 5 원칙 ｜ 농장 분석 ｜ 유기농법 테스트 ｜ 전환계획 수립

어떻게 팔 것인가? 254

친환경 농산물의 유통경로 및 특성 | 어떻게 팔 것인가? | 백화골 푸른밥상 | 류근모와 열명의 농부들

유기농전환 진단분석표의 작성과 활용 266

진단분석표의 의미 | 유기농업 성공을 위한 필요충분조건(유기농 정신organic mind · 환경 · 지식기술 · 경영전략 · 유기농전환 진단분석표) | 유기농전환 진단분석표 작성 방법

유기농 실천사례 297

조사방법

1. 경기도 남양주의 유기농(주요작물: 과채류, 엽채류, 딸기) 301
인생 2막은 유기농업처럼 정직하고 행복하게!

2. 경기도 용인의 유기농(주요작물: 딸기) 310
소비자와의 진정한 소통이 유기농업의 성패를 좌우한다

3. 경남 함양의 유기농(주요작물: 배, 벼, 양파) 319
유기농업은 농부의 신념이 최고의 자양분

4. 전북 완주의 유기농(주요작물: 복숭아, 배) 327
유기농은 고령의 농부도 도전해볼 만한 소중한 일이다

5. 경남 하동의 유기농(주요작물: 매실, 떫은감) 334
끊임없는 연구가 나만의 특성 있는 유기농산물을 창조해낸다

6. 전남 장흥의 유기농(주요 작물: 쌀) 340
유기농으로 전환하려면 농사 목표의 인식도 전환하라

7.전남 강진의 유기농(주요작물: 쌀, 쌀귀리) 346
유기농, 돌다리 두드려보듯 천천히 실천해나가는 것도 방법이다

마무리하는 글 351

부록 355

☆ 유기농자재의 구입 및 활용시 고려사항
☆ 농식품 인증제도 통합로고 사용
☆ 2012년부터 달라지는 친환경유기농자재 관리제도
☆ 유기농 진입단계 농가를 위한 주요기술
☆ 국내 유기농업에 허용되는 자재 목록
☆ 국내 유기농업 관련 사이트

Why
What
How

Why

왜 해야 하는가?

왜 유기농업인가?

왜(Why)에서 시작하는 멋진 여행

"매일 아침 일어나기 힘들었습니다. 손발을 가누는 것조차 마음대로 할 수 없었습니다. 하지만 씨앗을 손대지 않으면서 버티는 건 하나도 힘들지 않았어요. 그걸 먹는다니! 상상도 할 수 없는 일이죠. 씨앗에는 나와 내 동지들이 살아가는 이유가 들어 있으니까요."

1941년 가을, 세계 제2차 대전에 휩싸인 레닌그라드(현 상트페테르부르크)는 독일군의 봉쇄로 인해 식량과 연료 공급이 모두 차단된 채 겨울을 보내야 했다. 레닌그라드에 위치한 바빌로프 연구소에는 50여 명의 과학자들이 씨감자와 밀, 보리, 콩 등의 종자를 지키고 있었다. 독일군의 포위가 900여 일이나 지속되자 땅콩 자루를 손에 쥔 채 책상에서 숨을 거두는 사람, 기아 상태에서 서서히 숨을 멈추는 사람 그리고 배고픔이 불러온 병마와 싸우다 쓰러지는 사람이 속출했다. 결국 연구원들 가운데 31명이 아사했다. 하지만 그들은 끝내 산더미같이 쌓아놓은 종자 포대에는 손도 대지 않았다. 그 덕에 보관된 종자는 그대로 지킬 수 있었다. 이런 희생을 딛고 바빌로프 연구소는 현재 단일기관으로는 세계 최대의 식물자원 연구소가 되었다. 이곳에는 25만 점의 식물체 표본과 34만 종의 식물 씨앗이 보관되어 있다. 육종 연구가라면 누구나 한번쯤 방문하고 싶은 성지에 가깝다.[1]

바빌로프 연구소의 과학자들은 왜 굶어죽으면서까지 산더미처럼 싸여 있는 먹을 것을 지키려고 했을까? 그에 대한 해답을 찾기 위해서는 우선 '왜(why)'라는 말에 대해 생각해볼 필요가 있다.

'왜?(why)'에 대해서 말할 때 자주 인용되는 이야기가 있다. 벽돌공 세 사람이 있었다. 셋은 타는 듯한 태양 아래서 벽돌 옮기는 일을 했다. 하는 일은 같았지만, 세 사람의 표정은 모두 제각각이었다. 첫 번째 벽돌공은 얼굴이 일그러져 있었고, 입에서는 한숨이 새어나오지 않은 적이 없었다. 두 번째 벽돌공은 무표정한 얼굴로 열심히 벽돌을 지고 나를 뿐이었다. 하지만 두 사람과 구별될 정도로 세 번째 벽돌공의 얼굴은 활력과 생기가 넘쳐났다. 이들이 일하던 현장을 지나치던 나그네가 극명하게 엇갈리는 이들의 표정을 보고 궁금증을 참지 못하고 다가갔다. 그는 첫 번째 벽돌공에게 물었다.

"일이 힘드시나 보네요?"

"그러게 말입니다. 도대체 내가 왜 이렇게 돌을 지고 날라야 하는지…… 그저 목구멍이 원수라니까요."

옆에서 보고 있던 두 번째 벽돌공이 말을 이었다.

"매일매일이 똑같아요. 그렇다고 죽지 못해 하는 건 아닙니다. 이렇

1 더 자세한 내용은 『지상의 모든 음식은 어디에서 오는가』(게리 폴 나브한 저, 강경이 역, 2010, 아카이브) 참조.

게 시키는 일만 탈 없이 해도 아내와 아이들을 먹여 살릴 수 있으니까요. 그것만으로도 감사한 일이지요.”

세 번째 벽돌공이 밝은 음성으로 대답했다.

“저는 이 일이 참 좋아요. 지금 아름다운 대성당을 짓고 있거든요. 물론 뜨거운 태양 아래 하루 종일 무거운 벽돌을 들어 올리려니 뼈가 휘는 것 같습니다. 언제 이 일이 끝날 지 알 수 없지만, 제 손으로 대성당을 짓고 있다는 생각만 하면 기쁘고 감사하는 마음이 생기죠.”

세 벽돌공은 하는 일이 똑같았지만, 그중 자기가 하는 일에 관심과 애정이 있는 사람은 단 한 사람이었다. 경영학자 톰 피터스는 어떤 일을 하는 데 자기 자신을 매일매일 재창조할 수 있는 상상력과 열망이 있으냐 없느냐의 차이에서 위대함과 평범함으로 나뉘어진다고 했다. 상상력과 열망은 관심과 애정 없이는 결코 탄생할 수 없다.

관심과 애정을 지닌 사람은 현재 자신이 하고 있는 일을 단지 돈으로 계산하지 않는다. 이들은 자신이 하고 있는 일과 조직에 강한 소속감과 애착을 느끼고, 더 열심히 노력한다. 왜 그토록 힘들게 벽돌을 옮겨야 하는지, 그 벽돌로 무엇을 하고 있는지 인식한 벽돌공은 자신이 건축가나 벽화를 그리는 미술가보다 더 우월하지도, 열등하다고도 생각하지 않는다. 그들은 모두 대성당을 짓기 위해 필요한 존재들이며, 위대한 사람들이다.

인류의 역사를 살펴보면 첫 번째 벽돌공과 두 번째 벽돌공보다 세 번째 벽돌공처럼 물질적인 가치보다 자신이 하는 일에 ‘왜(why)’라는 가치를 소중하게 여긴 사람들을 발견하게 된다. 그리고 인류의 미래라 믿고 씨앗 한 톨마저 소중히 여기고 굶어죽은 러시아의 바빌로프 식물자원연구소 과학자들의 이야기를 통해 '왜(why)'가 지닌 힘이 얼마나 큰 것인지 다시 한 번 생각하게 된다. 자신들의 일에 관심과 애정이 없었다면 당연히 종자를 먹고 참혹했던 배고픔과 굶주림 속에서 자신들의 목숨을 지켰을 것이다. 하지만 그들에게는 목숨보다 소중했던 '왜(why)'가 있었다.

관행농업의 폐단으로부터 출발한 유기농업은 바로 위와 같은 '왜(why)'의 산물이다. 농업에 대한 관심과 애정으로 쉽고 편하게 소득을 올릴 수 있는 방법을 외면하고, 힘들지만 의미 있는 길을 찾고 있기 때문이다. 유기농업이 무엇인지 세계적으로 의견이 분분하지만, IFOAM(International Federation of Organic Agriculture Movements: 세계유기농운동연맹)이 2008년 총회에서 채택한 정의가 현실과 이상을 가장 잘 조화롭게 엮었다. '유기농업은 토양, 생태계 그리고 인간의 안녕을 유지하는 생산시스템이다. 생태계에 해를 끼칠 수 있는 자재의 사용보다는 지역 상황에 맞는 순환형 생산체계, 생물 다양성을 근간으로 삼는다. 유기농업은 공유하는 환경에 보탬이 되도록 전통과 과학 그리고 창의를 조합하며, 참여하는 모든 사람 간의 공정한 관계와 생활의 질을 높이는 데 일조한다.' 관행농업의 방식으로 과거 반만년 이어온 농업의 역사를 앞으로도 몇 백 년, 몇 천 년 계속할 수 있으리라 생각하는 사람은 별로 없다. 때문에 많은 사람들이 다양한 방법으로 해결책을 찾고 있고, 그 대안의 하나로 과거의 지혜를 받아들여 유기농업을 우리가 추구해야 할 삶의 방식으로 삼는다.

세계유기농운동연맹(IFOAM)은 유기농업을 통해 전 지구가 얻고자 하는 4대 원칙으로 '건강', '생태', '공정', '배려'를 제시한다. 유기농업은 자연과 더불어 건강하게 살고자 하는 철학이자 삶의 형태로 사람과 사람이 속한 생태계, 즉 너와 나, 지구 모두의 건강함을 추구한다. 또한 자연과 사람을 잇는 순환고리로, 유기농업이 지닌 역할에 주목한다. 화학비료를 사용하는 대신 토양에 양분을 주고, 미생물을 활성화시킬 수 있는 방법으로 풀을 심는다. 또 농업에서 발생하는 모든 동식물성 부산물로 퇴비를 만들고, 천적을 이용하는 등 생태계의 다양성을 적극 활용하여 지속 가능성을 유지한다. 지금의 농업 방식은 지구가 수억 년간 축적해온 화석에너지를 순식간에 고갈하고, 환경을 파괴하여 이를 이어받을 다음 세대에게 부담을 안기고 있다. 유기농업은 과거의 오랜 실천 경험과 지혜, 지역에 맞는 농업 방식을 다음 세대로 이어주고자 하는 사랑과 배려이다. 그래서 유기농업은 생산성을 가장 중요한 가치 기준으로 두지 않는다. '소득이 높은가?'보다는 '내 이웃을 지키고, 내가 자식에게, 자식이 손자에게 물려줄 수 있는 방식인가?'를 판단 기준으로 삼는다.

IT계의 창조자라 불리는 스티브 잡스는 스탠퍼드대학교 졸업식 축사에서 다음과 같은 말을 했다.

"진정으로 만족하는 유일한 길은 당신이 위대한 일이라고 믿는 일을 하는 것이고, 위대한 일을 하는 유일한 길은 당신이 사랑하는 일을 하는 것입니다. 사랑하는 사람을 찾듯이 사랑하는 일을 찾으십시오. 그걸 만나는 순간 가슴이 알 것입니다. 마침내 발견할 때까지 찾고 또 찾으십시오."

유기농업을 이어가고 있는 사람들은 스티브 잡스의 말처럼 세상의 편견을 뒤로하고 위대한 일이라고 믿는 일을 묵묵히 해내고 있다. 왜(Why)에서 시작하는 위대하고 멋진 삶이다.

세계유기농연맹(IFOAM)에서 규정한 유기농업의 4대원칙

건강의 원칙	○ 토양, 작물, 가축, 인간 그리고 지구는 결코 분리될 수 없는 일체를 이룬다. 유기농업은 그 전체의 건강을 유지·증진 시켜야 한다. ○ 유기농업은 생태계 건강을 해칠 수 있는 화학비료, 농약, 식품첨가제, 항생제 사용을 삼가야 마땅하다.
생태의 원칙	○ 유기농업에서 생산활동은 생태학적 재순환에 기초해야 한다.(자연 주기를 따르고, 생태를 균형·유지) ○ 에너지와 자원의 재활용, 생태적 관리를 통해 농업의 투입 요소를 줄이고, 환경을 보전한다.
공정의 원칙	○ 함께 누리는 환경과 생존의 기회에 대해 공정함을 유지할 수 있는 상호관계를 구축해야 한다. ○ 생산, 분배, 유통 시스템은 평등하며 환경비용과 사회비용이 투명해야 한다.
배려의 원칙	○ 현재와 다음 세대의 건강, 복지, 환경에 대한 예방과 책임을 다하는 자세를 지닌다.(유기농법의 관리, 개발, 기술은 예방과 책임 있는 행동이 핵심 요소로 과학이 뒷받침되어야 하지만 오랜 실천경험, 축적된 지혜, 전통적이고 지역특색에 맞는 지식에 대한 배려도 필요)

Tip

세계유기농운동연맹(IFOAM)

유기농업 관련 단체 중 세계 최대 규모의 조직으로 전 세계 116개국의 850여 단체(2011년 기준)가 가입해 있다. 전 세계 유기농업 생산자, 가공업자, 유통업자, 연구자 등이 회원으로 가입해 활발히 활동하고 있다. 1972년 11월 5일 프랑스 베르사유에서 창립했으며, 본부는 독일 본(Bonn)에 있다. 설립 초기에는 독일어권 국가들과 프랑스, 캐나다 등의 단체들이 활동을 주도했으며 1980년대에 들어서서 미국과 기타 국가의 단체들이 합류했다. 2011년 현재 기구의 중요 문서는 18개 언어로 번역되고 있을 정도로 광범위한 국가에서 참여하고 있다.

유기농업의 원리에 바탕을 둔 생태적·사회적·경제적 유기농업 실천을 지향하며 관련 정보 제공 및 기술 보급 활동을 벌인다. 인간과 자연, 생산자와 소비자, 지구상의 다양한 문화와 인종 및 전통을 상호 존중하며 건강하고 조화롭게 살기 위해 '건강·생태·공정·배려'를 유기농 4원칙으로 제시하고 있다. 이 같은 원칙에 입각해 유기농 관련 국제 인증 기준을 마련하고 인증기관을 지정하는 역할을 하고 있다. 세계보건기구(WHO)와 유엔식량농업기구(FAO)가 공동으로 운영하는 국제식품규격위원회(Codex Alimentarius Commission) 등에서 근거자료로 활용하는 유기농업규격도 제정한다. 각국의 데이터 수집 및 연구를 통해 유기농 관련 정기·비정기 출판물을 간행하며 유기농업 확산과 발전을 위한 국제적 연대 및 교류활동을 지원하고 있다.

주요 행사로 3년에 한 번씩 세계유기농대회를 개최한다. 제17차 대회인 2011년 대회는 9월 26일부터 10월 5일까지 10일간 한국의 경기도 남양주 체육문화센터에서 개최되었다.

(출처: 네이버 기관단체 사전)

야나세기료는 1943년 교토대 의학부를 나온 의사로 1952년 나라 현 고조 시에서 개원하였다. 얼마 지나지 않아 불면증, 신경질, 어지럼증, 귀울림, 기억력 감퇴, 입안이 허는 증상을 보이며 시름시름 앓는 환자들이 찾아왔는데 특히 농민이 많았다. 이들은 간염 증세를 보이기도 했다. 도대체 이러한 증상의 원인이 무엇인지 고민하던 중 야나세기료는 채소에 묻은 농약이 의심스러웠다. 실험을 해보고 싶은 마음에 자신을 실험대상자로 삼았다. 당시 많이 쓰이던 농약을 1,000배 희석해서 채소에 뿌리고, 날마다 그 채소를 섭취하며 꼼꼼히 기록했다. 결국 자신 또한 환자들과 같은 증세를 보이자 그는 이 질병의 원인이 농약이란 것을 확인하고 임상실험 결과를 크게 발표했다. 그의 발표를 듣고 장사를 망친다며 상인들이 떼로 몰려왔다. 야나세기료는 상인들 앞에서 정좌하고 입을 열었다.

"제가 하는 말은 사실입니다. 여러분도 농약의 피해자가 되는 것입니다. 이대로 가면 일본 국민은 농약으로 망해버립니다. 농약 만성중독 환자가 늘어나고 있다는 사실을 밝히는 것은 의사인 저에겐 당연한 의무입니다. 제 말이 틀렸으면 말씀해주십시오."

그는 현대농업을 죽음의 농업으로 규정지었다. 화학비료가 지력을 저하시키고, 작물을 병약하게 하니 병충해가 늘어났다. 하는 수 없이 농약을 쳐야 하고, 농약 때문에 사람과 땅이 죽는 악순환이 계속되는 것이었다. 그는 이 사실을 설파하며 직접 농사를 짓는 자강회를 조직했다.

고다니 준이치는 1945년 '전국 애농회(愛農會)'를 만들었다. 이름에서 알 수 있듯이 농업을 사랑하는 평화롭고 밝은 농촌 사회를 실현하고자 하는 사람들의 모임이다. 애농회는 야나세기료를 초청하여 농약과 화학비료를 투입하는 농업이 흙을 죽이고 사람을 죽이는 농업이라는 경고를 듣고 크게 깨달음을 얻게 된다. 이에 애농회는 '국민은 자립한다. 생명을 지키고 기른다. 돈에 매이지 않는다. 대지의 은혜에 산다. 세계를 잇는 마음이 된다'는 강령을 만들고 어떤 어려움이 있더라도 유기농업, 곧 사람과 자연을 해치지 않고 하나님을 섬기는 농업을 하기로 결심한다.

일본에서 애농회 회장과 애농고등학교 교장으로 활발히 유기농업을 이끌고 있던 고다니 준이치는 1975년 9월, 부천 소사에서 기독교공동체를 이끌던 원경선의 초청을 받아 한국에 오게 되었다. 당시 그가 둘러본 한국의 논은 벼의 색이 짙었다. 가을에 벼의 색이 짙다는 것은 틀림없이 화학비료를 많이 사용한 탓이라고 직감한 그는 과거 일본의 잘못을 사죄하고 한국 농업이 일본의 잘못된 농업을 따라가지 말 것을 진심으로 호소했다. 그는 '일본의 야생 원숭이가 겨울철 먹이가 부족하자 돌보는 사람이 준 수입 밀을 먹고 2대, 3대째는 기형아를 낳았다. 북해도의 젊은 부부는 아이 둘을 낳았는데, 첫째와 둘째 모두 잔류농약으로 무뇌아였다'는 실례를 들어가며 유기농업을 실천해야 함을 역설했다. 그때까지 별 거부감 없이 농약을 사용해왔던 30여 명의 기독교인 농민들이 자책을 하면서 바른 길을 가고자 정농회(正農會)를 만들었다.

그러나 정농회는 30여 년의 역사에도 불구하고 현재 적극적으로 참여하는 회원이 200여 명에 불과할 정도로 소규모 조직에 머물러 있다. 정농회는 회원 수를 늘리고, 유기농 운동을 확산하기보다 유기농을 수단이 아닌 삶의 자세로 삼아 생명 중심의 삶을 강조하다 보니 한계가 있었다. 때문에 1986년 소비자단체인 '한살림'이 등장하기 전까지 우리나라의 유기농업은 어찌 보면 소규모 명맥을 유지하고 있을 뿐이었다. 이후 한살림의 등장은 생산자에게 큰 힘이 되었다. 한살림은 생명농업을 바탕으로 생산자와 소비자 간의 직거래운동을 펼치며, 생명을 살리고 지구를 지키는 생활을 실천하려는 신념을 꾸준히 전파하며 성장하고 있다.

본격적인 친환경농업은 1997년 김대중정부 시절 생산농가와 소비자를 모두 아우를 수 있는 지원책을 마련하기 위해 친환경농업육성법이 제정되면서 시작되었다. 친환경농업육성법에서는 친환경농업을 '합성농약, 화학비료 및 항생·항균제 등 화학자재를 사용하지 아니하거나 이의 사용을 최소화하고 농·축·임업 부산물의 재활용 등을 통하여 농업생태계와 환경을 유지·보전 하면서 안전한 농축임산물을 생산하는 농업'이라 정의하고 있다.

유기농업에 대한 국제기준과 우리나라의 개념 규정에는 태생적으로 차이가 있다. 이는 처음부터 엄격한 잣대를 대서 친환경농업을 실천한 엄두를 내지 못하게 하는 것보다 차근차근 단계를 밟고 올라가 유기농업에 진입할 수 있도록 하기 위해서이다. 친환경 농산물인증제는 저농약농산물, 무농약농산물, 유기농산물 등 3단계로 세분화되어 있다. 저농약농산물은 화학비료는 권장 시비량의 1/2 이내로 사용하고, 농약 살포횟수는 농약안전사용기준의 1/2 이하, 사용 시기는 안전사용기준 시기의 2배수를 적용한다. 다만 제초제는 사용할 수 없다. 무농약농산물도 유기합성농약은 일체 사용할 수 없지만, 화학비료는 권장 시비량의 1/3 이내에서 사용 가능하다. 유기합성농약과 화학비료를 일체 사용하지 않고 재배하는 농작물에는 유기농산물 인증을 부여한다. 이런 인증제는 물론 국제적으로는 통용될 수 없는 기준이다. 그러나 세분화된 인증제는 장점이 많다. 농약과 비료를 적게 쓰는 것으로 시작해 친환경 농업이란 개념을 심고, 준비단계를 거쳐 유기농업으로 진입할 수 있다는 측면에서 이러한 제도는 우리나라 상황에서 현명한 선택이었다. 이제는 친환경농업기술이 많이 개발되었고, 친환경 농자재의 종류와 쓰임새도 다양해져 마음만 먹으면 유기농업을 실천하기가 예전처럼 어렵지 않다. 때문에 저농약 인증제는 2010년 신규인증을 중단했으며, 2015년까지 완전 폐기된다. 정부는 장기적으로는 국제 기준에 맞춰가기 위해 무농약 인증도 폐기하고 유기농산물 인증만 유지할 계획이지만 친환경농업에 대한 소비자와 생산자의 인식이 성숙할 때까지 그 시기를 유보하고 있다.

우리나라와 국제 유기농업의 개념 비교

구분	친환경농업육성법	코덱스(CODEX)
유기농업의 개념	화학비료와 농약을 사용하지 않는 농업	농업생태계의 건강 유지
주요관심사	안전한 농축임산물 생산	지구환경의 보호
화학적 방법	인증종류에 따라 다름 (최소화 또는 배제)	배제
자원의 재활용	최대한 자원화	외부 투입 배제 원칙 (폐쇄적 내부 순환)
생물상	언급 없음	종 다양성, 순환, 활동 촉진

식량 증산으로 전 국민이 배불리 먹고 살아야 한다는 명제에 매달렸던 시대에는 유기농이 발붙일 틈이 없었다. 그렇게 화학비료와 농약을 마구 뿌려 우리나라는 전 세계에서 단위면적당 비료를 가장 많이 쓰는 나라가 되었다. 2010년 미국항공우주국(NASA)이 '해양 데드존(Aquatic Dead Zones)'의 세계지도를 공개했다.[2] 데드존은 바다 속 저산소 구역으로 바닷물에 용해된 산소의 양이 적어 바다 생물들이 생존할 수 없는 곳을 이르는 생태학 용어이다. 지난 반세기 비료 사용과 정비례하여 데드존이 폭발적으로 늘고 있다. 비료 성분을 포함한 채 바다로 흘러들어간 빗물과 강물은 근해 식물성 플랑크톤과 시아노박테리아의 수를 급격히 늘렸다. 이렇게 늘어난 식물성 플랑크톤과 시아노박테리아는 바다의 용존산소량을 떨어뜨려 생물체가 살 수 없는 죽음의 바다를 만든다. 예상한 대로 비료 사용량이 많은 우리나라와 일본 근해는 심각한 데드존을 이루고 있다.

세계적으로 값싼 고기를 생산하기 위해 무차별적으로 개간된 산림, 비료와 농약의 남용이 불러온 환경 파괴가 반성을 불러왔다. 유기농의 가치를 공유하고 소비함으로써 유기농을 지원하려는 소비자가 늘면서 유기농 시장이 급격하게 커지고 있다. 특히 일찍부터 산업화를 추진하며 환경파괴 문제를 경험한 유럽 국가들의 유기농업 실천면적 비중이 높다. 세계 유기농식품 시장 규모는 2009년을 기준으로 약 550억 달러이며, 성장률은 매년 20% 내외, 동아시아는 30% 내외를 기록하고 있

---

2 Aquatic Dead Zones NASA Earth Revised 17 July 2010. Retrieved 17 January 2010.

다. 특히 한국, 일본, 중국 등 동아시아권 소비자 수요가 급증하면서 이 지역이 새로운 유기농시장으로 급부상하고 있다. 그렇지만 총 농경지에 비교하면 유기농 재배면적의 비율은 아직 채 1%에 미치지 못한다.

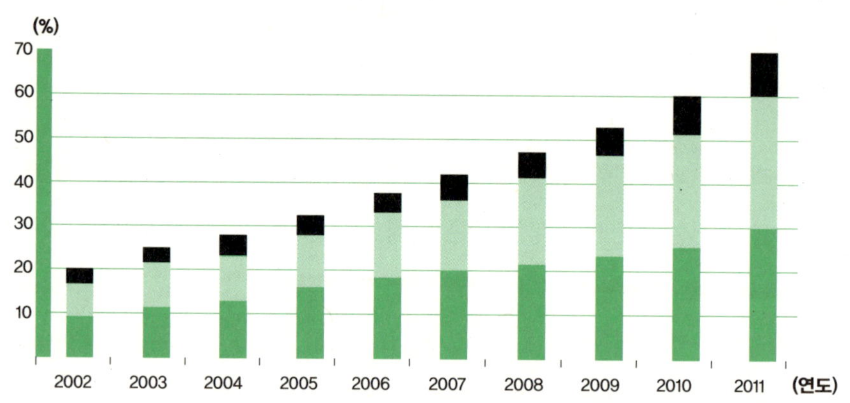

주요국가의 유기농식품 시장규모 및 전망(IFOAM, 2009)

구분	2007	2008	연평균성장률 ('07~'11)
전 세계	41.5	46.8	12.8%
북미	19.2	21.3	11.1%
유럽	17.4	19.8	15.1%
아/태	4.6	5.6	20.5%
미국	17.7	19.6	10.4%
독일	4.8	5.4	12.2%
영국	3.2	3.6	11.8%
일본	0.89	1.19	29.8%

주요 OECD 국가의 유기농산물 재배 면적(IFOAM, 2010)

구분	호주	네덜란드	이탈리아	미국	영국	독일
재배면적(1,000ha)	12,023	50	1,002	1,949	737	908
총경지면적대비비율(%)	2.8	2.6	7.9	0.6	4.6	5.4

구분	스페인	프랑스	오스트리아	일본	중국	한국
재배면적(1,000ha)	1,130	581	492	9	1,853	13
총경지면적대비비율(%)	4.5	2.1	17.4	0.2	0.3	0.8

재배면적(1,000ha) 전체: 35,243 | 총경지면적대비비율(%): 0.8

유기농업, '왜(why)'에서 시작하지 않으면 어렵다

유기농업 시장이 급성장하고 있는 것은 사실이다. 하지만 현실적인 측면에서 볼 때 유기농업은 '왜(why)'라는 신념에서 시작하지 않으면 버텨내기 어려운 몇 가지 이유가 존재한다.

첫째, 관행농업에 비해 경제적 이득이 적다. 농촌경제연구원의 조사에 따르면 유기농의 경우 10a당 생산량은 관행농업방식과 대비하여 20~46% 감소하고, 소득은 가격프리미엄에도 불구하고 80~98% 수준이다. 쌀의 경우 5년차부터는 소득이 관행보다 앞서기는 하나 원예 분야는 상당한 생산량과 소득의 감소를 인내해야 한다. 과수의 경우 병해충 방제가 어렵기 때문에 소득 감소가 특히 심하다.

둘째, 노동력이 많이 든다. 농사는 잡초와의 싸움이라고 할 만큼 잡초 제거는 한 해 농사의 중요한 몫을 차지한다. 잡초는 작물의 생육에 필요한 양분과 햇빛 등을 빼앗아가 수확량을 감소시킨다. 품질에도 절대적 영향을 끼친다. 유기농업에서 잡초는 완전히 제거해야 하는 대상이 아니고, 작물에 최소한의 영향을 미치도록 관리하는 대상이다. 환경에 위해를 줄 수 있는 화학 제초제는 당연히 사용해서는 안 된다. 논에서는 모내기 초기에 우렁이를 풀어 잡초를 먹어치우게 하는 우렁이농법이 가장 많이 쓰이는 제초 방식이다.

밭에서는 멀칭을 가장 많이 한다. 멀칭은 다양한 유기물이나, 비닐로 흙을 덮어 잡초가 자라지 못하게 하고, 수분을 보존하여 작물이 잘 자라게 한다. 그러나 비닐 멀칭이 과연 유기농업에 합당한가는 논란거리다. 화학적으로 만들어진 비닐의 사용이 과연 지속 가능한 농업의 형태인가? 세계유기농연맹(IFOAM)도 잡초로 인한 작물의 수량 감소를 볼 때 피복을 함으로써 얻을 수 있는 이득이 워낙 크기 때문에 유기물 피복을 권장하고는 있지만, 비닐 멀칭에 대해서도 용인하고 있다. 두둑에 비닐 피복을 하더라도 고랑, 밭둑에 나는 풀도 만만치 않다. 우리나라의 어느 유기농가에 가보면 밭 전체를 비닐과 부직포로 멀칭해서 잡초 하나 보기도 어렵다. 유기농은 작물뿐 아니라 생명 다양성, 쉽게 말해 나비와 개구리, 메뚜기가 뛰어노는 생태계를 보존하는 것 또한 중요한 목표이다.

유기농 인증에 문제가 없다고 하여 작물 외에는 어떠한 잡초도 자라지 못하게 관리하는 방식이 과연 유기농인지 되묻지 않을 수 없다. 밭으로 나가 호미로 풀을 긁어내고 뒤돌아서면 또 풀이다. 해충도 문제다. 풀을 매다 고추에 낀 진딧물이나 콩에 새까맣게 앉아 있는 노린재를 보면 걱정이 앞선다. 유기농은 생태계의 균형이라고 하는데 어쩌면 이상과 현실에 적정한 타협점을 찾는 균형일 수도 있다.

셋째, 함께하는 사람이 적어 힘들고 외롭다. 한살림은 유기농의 가치를 공유하는 소비자가 모여 신념을 지닌 생산자를 발굴하듯 찾아내어 유기농의 기반을 닦았다. 1980년대 후반에서 1990년대 초반, 유기농을 시작해 한살림에 납품을 했던 많은 생산자는 소비자의 힘이 가장 컸다고 말한다. 어떻게 관리해야 할지 몰라 볼품없이 자란 다 꼬부라진 오이도 남김없이 사주었던 소비자가 없었더라면 결코 유기농가가 버텨내지 못했을 것이다.

지금이야 세계적인 경향에 맞춰 선도농가로 인정받고 있을지 몰라도 2000년대 초반까지만 해도 유기농가들은 그야말로 기인 취급을 받았다. 관행으로 농사짓는 농가들에게 배척당하고, 농업기술을 보급하는 기관은 아예 관심을 두지 않았다. 관행 농가들에게 유기농가는 앞장서서 농업의 길을 열어가는 사람이 아니라 자신들의 농사방식에 위협을 가하는 사람 정도로 취급되었다. 관행 농민의 입장에서 유기농민은 해충과 잡초를 불러 모으고, 몸으로 일하며 화학비료와 농약 없이도 농사를 지을 수 있다는 것을 보여주고 있으니 가까이하기 어려운 사람들이다.

화학비료 한 줌이 보여주는 마력은 거부하기에는 너무 달콤하다. 그래서 유기농가들은 지역에서 쉽게 배척당한다. 유기농으로 배를 키우고 있는 농민을 만난 적이 있는데, 유기농을 하며 가장 어려웠던 일 중 하나는 지역 배 재배 농가들에게서 받은 마음의 상처라고 했다. 단지 농약 뿌리기가 싫어 유기농을 시작하게 되었고, 남보다 몇 배 고난을 겪었다. 격려를 받아도 부족한데 멸시와 조롱을 받았다. 힘든 마음을 추슬러 유기농 조직을 만들고, 신념을 같이하는 사람들을 모았다. 서로서로 힘이 되어주는 사람들과 가치를 알아주는 소비자들을 찾지 못하면 유기농을 이어가기 어렵다. 유기농업을 추구하는 농가일수록 조직화가 필요한 이유다.

유기농업은 과도한 생산과 소비의 패러다임을 부정하고, 나에게서 우리로, 다음 세대로 이어지는 함께 사는 세상을 꿈꾼다. 이러한 꿈의 근저에 깔린 것은 현재를 함께 살고 있는 인류에 대한 관심뿐 아니라 앞으로 지구에서 살아갈 미래의 인류에 대한 애정이기도 하다. 결국 '왜(why)'가 있기 때문에 가능한 것이다. 톰 피터스가 말한 그 매일매일을 재창조하는 위대한 사람들은 바로 유기농가와 이를 소비하는 소비자가 아닐까?

친환경농업과 관행농업의 유형별 생산비 및 소득차이 비교(농경연, 2004)

구분		생산량(kg/10a)	가격(원/kg)	생산비 (1,000원/10a)	소득 (1,000원/10a)
쌀	관행	654	1,481	530	536
	저농약	611	1,633	747	410
	무농약	563	1,920	837	455
	유기	526	2,292	922	524
상추	관행	4,486	1,218	4,111	2,871
	저농약	3,520	1,404	4,523	2,054
	무농약	2,850	1,975	4,893	2,617
	유기	2,463	2,347	5,080	2,686
감자	관행	2,525	423	838	523
	저농약	1,963	534	892	470
	무농약	1,582	667	954	433
	유기	1,359	792	1,013	417

구분			생산량(kg/10a)	가격(원/kg)	생산비 (1,000원/10a)	소득 (1,000원/10a)
포도	노지	관행	1,922	1,709	2,102	2,223
		저농약	1,496	2,320	2,564	2,251
		무농약	1,260	2,675	2,762	2,086
		유기	1,025	3,250	2,983	1,982
	시설	관행	1,921	4,265	4,768	4,891
		저농약	1,787	4,740	5,521	4,998
		무농약	1,550	5,350	6,018	4,680
		유기	1,282	6,403	6,353	4,489

더불어 사는 행복을 주는 유기농업

더불어 사는 평민을 기르는 교육

나는 도시 촌년이라 농사일에 서툴다.

1학년 땐 손에 흙 묻는 것이 싫었다.

거친 손, 손톱에 낀 흙이 보기 싫었다.

지금은 달라졌다고 자부할 수 있다.

여전히 일에는 서툴지만 흙이 좋아졌다.

아무리 생각해도 '흙이 좋다'는 네 글자밖에 떠오르지 않는다.

풀무농업기술학교 37회 박효진이 2학년 때 쓴 글이다.[3] 1958년에 개교한 풀무학교는 5년 후 고등부 과정인 풀무농업고등기술학교로 연장하여 오늘까지 운영되고 있다. 개교 50주년을 훌쩍 넘긴 풀무학교 학생

---

3 김현자 편저, 『풀무학교 아이들』, 그물코, 2006 참조

들은 일류대학이나 좋은 직장에 취직하는 것이 배움의 목표가 아니다. 농사를 지으며 마을과 지역에서 행복한 삶을 사는 '더불어 사는 평민' 이 되는 게 목표다. "평민이 사회의 근본이다. 농촌이 중요하다. 앞으로 는 농촌이 나라의 바탕이 되어야 한다. 우리나라의 모든 어려움은 농촌에 겹쳐지고 있으니 농촌의 문제를 푸는 것이 우리나라 문제를 해결하는 길이다. 농촌이 수난의 상징인데 농촌이 잘되어야 나라가 잘된다. 공부만 하면 도깨비고 일만 하면 소니까 일도, 공부도 같이 하여야 한다. 공부 잘하는 사람은 서울 가지 말고 시골에 남아라. 못하는 사람이 서울 가서 공부해야 한다." 풀무농업기술학교를 설립한 밝맑 이찬갑의 말이다. 이 말대로 풀무농업기술학교를 졸업한 많은 학생이 학교가 자리한 홍성군 홍동면에 남아 풀무공동체가 형성되었다. 그 덕에 풀무학교가 자리 잡은 문당마을은 젊다. 여느 시골마을과는 달리 노동인구 180여 명 가운데 100명 이상이 20~40대이다.

사람과 오리가 노니는 홍동

풀무공동체가 자리 잡은 홍동면은 친환경농업의 메카로 불린다. 고다니 준이치가 풀무학교를 찾아 유기농업의 중요성을 이야기할 당시 학생이었던 주형로는 그의 호소를 가슴 깊이 새겨들었다. 홍동에 남은 그는 비료 대신 퇴비를 주며 잡초와의 끝없는 싸움을 했다. 하지만 수확물은 초라하기 일쑤였다. 그렇게 애를 먹던 주형로는 1991년 일본에서 오리농법을 도입하여 지난 30년 동안 오리농사를 고집해 860ha에 이르는 홍동면 들판을 유기 재배지로 바꿔놓았다. 현재는 900여 농가가 이러한 유기 재배에 참여하고 있다. 30%에 달하는 홍동면 유기농업

비율은 단연 전국 최고다.

그러나 그사이 어려움이 얼마나 많았을까? 유기농업을 하면 어려움은 삶의 일부처럼 따라 붙는다. 오리농법을 시작하려면 오리를 구입하는 것부터 시작해서 논에 가둬둘 수 있게 시설을 해야 하는 등 만만찮은 투자가 필요하다. 오리가 논을 노닐며 잡초를 먹고, 똥은 양분이 되니 일석이조라 확신이 들었지만 오리농법은커녕 친환경에 대한 인식도 부족했던 시절이라 논에 넣을 오리를 구하는 일조차 쉽지 않았다. 고민하던 주형로의 머릿속에 '오리 보내주기 운동'이라는 기가 막힌 해결책이 떠올랐다. '오리 보내주기 운동'은 오리농법에 필요한 오리도 확보하고, 친환경농업의 중요성도 알리며, 소비자가 벼농사에 직접 동참하는 계기를 마련해줄 수 있었다. '오리 보내주기 운동'을 통해 첫해에 250명의 소비자가 약 2천만 원의 오리 값을 모아주었다. 그해 6월 6일 이 운동에 참여한 소비자와 생산자가 홍동면 논 뜰에 모여 성대하게 오리입식 행사를 치렀다. 이 뜻 깊은 행사는 현재까지 한 해도 거르지 않고 계속되고 있다.

협동하는 공동체

홍동면을 설명하는 데는 '교육'과 '유기농'만으로는 부족하다. 여기에 '협동조합'을 붙여야 비로소 틀이 갖춰진다. 협동조합은 공동으로 소유하고 민주적으로 운영하는 사업체를 통하여 공통의 경제·사회·문화적 욕구를 충족시키고자 하는 사람들이 자발적으로 결성한 자율적 조직으로 정의된다. 협동조합은 스스로 돕기, 자기 책임, 민주주의, 평등, 공정, 연대라는 가치관에 기초를 둔다. 풀무학교를 세운 밝맑 이찬갑은 학교 내 학용품구판장을 조그맣게 차리고 학생들과 함께 운영하는 것으로 협동조합을 시작했다. 공부도 중요하지만 농촌에는 협동조합이 중요한데 학생들이 말만 아니라 실제 협동조합의 정신과 운영을 배워야 한다고 시작한 일이다. 그 당시는 부근 마을에서 걸어서 통학하던 때라 학교가 끝나면 집에 돌아가기도 바쁜데, 구판부의 물건을 받으러 홍성에 나가 버스를 타고 다시 예산의 도매점까지 가는 일까지 학생들이 했다. 지금도 풀무학교 내에 협동조합이 있다. 이렇게 협동조합을 학교에서 자연스레 몸으로 익힌 학생들이 졸업 후 삶의 방편으로 협동조합을 만든 것은 어찌 보면 당연하다.

풀무신용협동조합은 풀무학교에서 열여덟 명이 모여 시작한 신협으로 40년 동안 동네 알짜은행 역할을 하고 있다. 오븐 하나로 시작한 풀무학교생활협동조합은 풀무학교 전공부에서 농사지은 밀과 지역에서 생산한 안전한 농산물로 건강한 통밀 빵을 만들어 판매한다. '갓골작은가게'에서 직접 팔기도 하고, 인터넷으로 주문을 받아 보내주기도 한다. 풀무비누공장은 지역에서 버리는 폐식용유의 재활용을 위해 풀무학교생활협동조합이 1994년에 세운 곳이다.

'갓골생태농업연구소'는 지역의 유기농업·친환경 마을을 지원하기 위해 지역에서 만든 마을연구소이다. 지역 농민단체와 함께 지역을 현장으로 삼아 논 생물 다양성 유기논농사, 지역조사 및 공유, 유기 밭농사와 관련된 연구를 하고 있다. 지역 유기 재배 농가들과 함께 새로운 재배방법을 앞서 실천하고, 알맞은 재배과정을 지역 농가로 확대해가기 위한 공부를 하고 있다. 이를 기록하고 교육 자료로 만드는 일, 농가들이 농업기술 경험을 함께하는 사업도 빼놓을 수 없다.

다음세대를 준비한 공동체 1세대가 뿌린 씨앗이 힘겨운 시기를 이기고 이제 뿌리를 뻗어 힘차게 자라고 있다. 1996년 벼를 수매하면서부터 가마당 조금씩 떼어 모은 환경기금으로 마을 중심지에 터를 마련했고, 2000년 정부의 지원을 받아 문당마을의 상징인 환경농업교육관을 지었다. 환경농업의 중요성을 교육하며 2002년에는 또다시 3년간 모은 기금으로 흙벽돌 3만 장을 직접 준비하여 환경농업교육관 옆에 농촌생활유물관도 지었다. 건립이 결정되자 주민 모두 애지중지하며 가지고 있던 조상들의 물건을 너나할 것 없이 기증하여, 이 유물관에는 홍동 지역의 농경·생활 유물 1,000여 점을 전시되어 있다.

'지역센터 마을활력소'는 원래 농촌종합사업개발의 일환으로 문당리, 화신리, 근평리가 4억 원의 기금을 받은 것을 마을에서 각자 사용하지 않고 홍동면 전체를 위해 사용하기로 결정하면서 2011년 만들어졌다. 마을활력소라는 이름답게 마을과 지역 일을 돕고 거드는 지역밀착형 중간지원조직을 지향한다. 마을활력소가 필요한 데는 그 이유가 있다. 홍동에서의 삶의 방식에 공감하는 사람이 많아지며 귀농 붐이 일어 최근 100가구가 넘는 귀농인과 단체가 들어왔다. 지속 가능한 에너지로 전환하는 삶을 일구는 시민단체 에너지전환(Centre for Energy Alternative), 귀촌마을인 한울마을, 동네마실방 '뜰', 은퇴농장, 할머니장터조합, 밝맑도서관, 동네출판사 그물코출판사, 마을문화공동체연구소, 농생태학교 '논배미' 등이 있다. 홍동은 스스로 이 많은 자원을 그물처럼 엮어 지속 가능한 행복한 사회를 만들어가고 있다.

어떤 국가나 지역이나 마을에서 주민의 꿈과 뜻을 담아 100년 이후의 미래상을 그려내는 발전 계획을 수립한다는 것은 매우 이례적인 일이다.

"일본의 한 마을에서 마을의 각 분야에 대해 6개월 동안 조사를 진행하고, 주민은 물론 시민단체, 학자들이 모여 다시 6개월을 논의하여 만들어낸 100년 계획을 봤어요. 우리도 못할 것 없다는 생각에 시도해 봤습니다."

주형로 마을대표는 문당마을에서 이루어지는 협동과 화합의 정신을 후대에 전해주고 지속 가능한 농촌을 만들어보고자 '21세기 문당리 발전 백년계획'을 세웠다. 일종의 마을 발전의 미래상을 그린 로드맵인데 서울대 환경대학원에 용역을 주었지만 마을 사람 모두가 참여하여 부족한 부분은 채우고, 잘못된 점은 바로잡아 완전한 마을을 꿈꾸는 사람들의 이정표를 세워보고자 했다.

200여 쪽에 달하는 '문당리 발전 백년계획'은 크게 네 가지로 나눌 수 있다.

첫째, 경제적으로 자립하는 넉넉한 마을 만들기다. 방편으로 오리농법 쌀을 특화하고 녹색관광프로그램을 마련한다. 도시와 농촌의 다양한 교류를 진행하며 홍보활동을 지구촌으로 확대한다. 마련된 소득은 마을 공동소득으로 관리하고, 이를 재투자하여 마을 경제를 완성한다.

둘째, 마을공동체 문화가 살아 숨 쉬는 오순도순한 마을 만들기이다. 주민들에게 평생 교육하는 기회를 제공한다. 10대, 20대, 30대 인구를 늘리고 중장기적으로 젊은 귀농인을 적극 유치한다. 두레공동체를 복원하여 유지한다.

셋째, 생태계의 보전과 지속적인 관리 방안으로 자연이 건강한 마을 만들기이다. 저수지를 만들어 안정적인 농업용수를 공급하고, 자연정화 처리시설을 도입하여 정화력을 높인다. 숲을 가꾸어 녹색휴양림을 활용하고, 토양 미생물을 적극 활용한다.

마지막으로 자연과 조화하는 마을 만들기이다. 에너지 자립을 위해 태양광 등 자연에너지를 이용하고, 음식물쓰레기, 축분 등을 재료로 바이오가스를 생산한다. 퇴비와 바이오가스 등으로 쓰레기 없는 마을을 만든다. 자연과 조화되는 건물을 짓고 풍경이 아름다운 마을을 조성한다. 완성된 책자의 부제는 '생각하는 농민, 준비하는 마을'이다. 유기농이 가져다주는 소득은 물론 물질적 소득을 무시할 수 없지만 이렇

활기 넘치는 홍동마을 지도

게 쌓여가는 정신적 자산이 크다. 변변한 볼거리 하나 없는 마을에 이러한 협동의 정신, 유기농의 정신을 경험하러 오는 방문객이 문당리에만 1년에 2만 여 명이 넘는다. 정신이 관광자원인 셈이다.[4]

행복지수(Happy Index)

'세계 행복의 날'이 생겼다. 2013년 3월 20일 유엔이 정한 행복의 날이다. 전쟁이 없다면 '세계 평화의 날'도 없었을 텐데, '세계 행복의 날'이 생긴 것을 보면 세계는 행복과는 먼 길로 가는 듯하다. 2011년 7월에 열린 유엔총회에서는 궁극적인 인간의 목표로 물질적인 부를 숫자로 표현하는 국민총생산(GNP), 국내총생산(GDP) 대신 국민총행복(GNH)을 추구해야 한다는 결의안을 채택했다. 2012년 서강대 남주하 교수와 한성대 김상봉 교수는 '한국의 경제행복지수 측정에 관한 연구' 논문을 발표했다. 한 국가의 경제적 생활상을 대표하는 국민총생산(GNP)과 국내총생산(GDP)은 세계 각국 국민경제의 규모를 보여주기 때문에 국가 간 경제력 비교 등에 주로 사용된다. 이 연구는 우리나라 국민 개개인의 삶의 질이 과연 이 지표와 얼마만큼의 상관도를 갖는지 극명하게 보여준다. 2003년부터 2010년 사이 한국의 데이터를 사용하여 분석한 결과 경제행복지수와 경제성장률 사이에 상관관계가 거의 없었다. 2003년 1만3,460달러에 그쳤던 우리나라의 1인당 국민소득은 2010년 2만562달러로 53% 늘었지만, 같은 기간 우리가 느끼는 삶의 질과 행복도는 그 숫자와 전혀 상관없이 움직였다.

---

4 『꿈을 키워가는 마을이야기 18선』, 농림수산식품부, 2009 참조

경제 규모는 세계 15위권, 1인당 국민소득 2만 달러. 그렇다면 한국의 행복지수는 어떠할까? 최근 세계적으로 발표된 행복에 관한 지수만 따져보면 유엔 세계행복지수에선 156개국 중 56위, 영국 신경제재단(NEF)이 발표한 행복지구지수(HPI)에선 63위, 경제협력개발기구(OECD)의 국민 삶의 질 지수(BLI)에서는 36개국 중 27위로 매겨졌다. 반면 자살률은 세계 1위로 올라선 지 오래다. 수치만 보더라도 우리가 행복하지 않은 것은 분명해 보인다. 경제개발을 목표로 전속력으로 내달리다 보니 개인의 자아와 공동체의 안식, 평화와 같은 행복의 요건들을 외면했다. 속도를 줄이고, 함께 나누는 삶이 필요하다. 한국의 경제행복지수 측정에 관한 연구도 경제 행복을 높이기 위해서는 지속적인 경제 성장도 중요하지만 교육, 건강과 의료, 고용 확대, 소득 분배의 개선 등 복지 강화가 중요하다고 말한다.

우리나라뿐 아니라 세계 전체가 지속 가능한 행복한 삶에 더 많은 가치를 두고 있다. 2006년 영국의 비영리단체인 신경제재단은 '행복지구지수(Happy Planet Index)'를 만들어 국가별 행복지구지수를 발표하였다. 이 지수는 국민 개개인이 느끼는 삶의 만족도(Experienced well-being)와 기대수명(Life expectancy)을 곱해, 환경 발자국(Ecological Footprint)으로 나누는 간단한 수치지만 행복에 관한 명확한 방향을 제시하고 있다. 지금 인류는 지구가 하나가 아니라 마치 세 개쯤은 되는 것처럼 한정된 자원을 마구 소비하고 있다. 더불어 사는 행복이라는 측면에서 볼 때, 엄청난 자원을 소비해서 얻는 한정된 기간의 행복은 지구의 행복과 역행할 수밖에 없다. 미국, 캐나다같이 에너지를 과다 소비하는 국가는 환경 발자국이 커져 행복지구지수가 낮아진다.

신경제재단은 2008년 '선견지명 프로그램'이라는 대형 프로젝트에 참여하여 '웰빙' 할 수 있는 다섯 가지 방법을 제시했다. 첫째는 우리 인생에서 가장 중요한 사회관계를 지속하는 것이다. 가족과 친구, 마을과 돈독한 관계를 유지하면 행복이 커진다. 둘째, 행동이다. 우울한 기분에서 가장 빨리 벗어나는 방법은 밖으로 나가서 산책을 하고 라디오를 틀고 춤을 추는 것이다. 셋째, 주변에 주의를 기울인다. 계절의 변화를 비롯해서 주변 사람들의 변화, 우리 주위에서 무슨 일이 일어나고 있는지 느껴야 한다. 항상 주변에 주의를 기울이는 자세는 웰빙에서 매우 중요하다. 넷째는 항상 배우는 것이다. 평생에 걸쳐 배움을 유지하자. 항상 배우고 호기심에 넘치는 나이 든 사람들은 배움을 멈춘 사람들보다 훨씬 더 건강하다. 하지만 이것은 지식에 기초한 정식 학습만을 이야기하지 않는다. 새로운 요리를 배우거나 어릴 때 배웠던 악기를 다시 시작하는 것 등도 모두 배움이다. 마지막은 가장 반경제적인 행동인데, 바로 주는 것이다. 너그러움과 이타심, 그리고 연민 등은 뇌의 보상 메커니즘과 깊은 연관이 있다. 우리는 줄 때 기분이 좋아진다. 두 무리로 나누어 사람들에게 아침마다 100달러씩 주는 실험이 벌어졌다. 한 무리에는 자신을 위해 돈을 쓰도록 했고, 다른 무리에는 다른 사람을 위해 쓰도록 했다. 그날 두 무리의 행복도를 측정했더니 자기 자신을 위해서 쓴 무리보다 다른 사람을 위해 쓴 무리의 행복도가 더 높았다.

신경제재단에서 일하는 통계전문가 닉 막스(Nic Marks)는 '테드(TED)' 강연에서 행복지구지수에 대한 강연을 이렇게 마무리했다. "마틴 루터 킹 목사는 사망 전날 아주 멋진 연설을 했습니다. '앞으로 많은 도전과 많은 문제가 있을 테지만 저는 아무것도 두렵지 않습니다. 저는 산 정상에서 약속된 땅을 보았습니다.' 종교적인 연설이었지만 저에게 환경운동은 기업, 정부 등이 산 정상에 올라가서 약속된 땅, 혹은 약속의 땅을 보는 것이라고 생각합니다. 그리고 우리 모두가 원하는 세계에 대한 비전을 제시해야 합니다. 이뿐만 아니라 우리 모두 그곳에 가기 위해 큰 변화를 만들어야 하며, 이 큰 변화는 좋은 것들로 이루어져야 합니다. 인류는 행복해지고자 합니다. 다섯 가지 행동을 통해 이룹시다. 그리고 또한 사람들을 한데 모으고 방향을 가리켜줄 수 있는 행복지구지수와 같은 이정표가 필요할 것입니다. 저는 우리 모두가 바라는 지구에 해를 끼치지 않고 행복할 수 있는 세계를 만들 수 있을 것이라고 믿습니다."[5]

나는 영국 비영리재단이 제시한 '약속의 땅'을 지구 반대편의 문당마을에서 지금 만들어가고 있다고 믿는다.

5 TED 강연, 'Nic Marks: The Happy Planet Index' 참조

유기농작물은 정말 건강에 좋을까?

초파리가 입증한 유기농의 우수성

중학생 리아(Ria chhabra)는 부모님이 유기농 식품의 가치를 두고 다툼을 벌이고 있는 모습을 보았다. 어머니는 유기농 식품을 고집하는데, 아버지는 비싼 가격을 들며 유기농 식품에 이점이 없다고 했다. 사실 유기농산물과 관행농산물의 영양 가치에 차이가 있는가, 없는가 하는 문제는 과학계에서도 늘 논란이 되어왔다. 2009년 영국 식품기준청(FSA)의 의뢰로 런던 대학 위생열대의과대 연구팀이 지난 50년간 발표된 식품영양에 관한 논문 55편을 분석한 결과, 유기농 식품과 농약·화학비료를 사용한 일반 농산물 사이에 영양상 차이가 없다고 결론지었다. 2012년 미국 스탠퍼드 대학 연구진이 지난 40년간 발표된 유기농과 일반 식품 비교연구 논문 237편을 분석한 결과도 마찬가지였다. 과일, 채소, 곡물, 육류, 우유, 계란의 영양성분 수준을 비교한 결과 유기농과 일반식품에서 거의 차이를 보이지 않았다. 다만 잔류농약의 경우 일반 식품에서 38% 검출되었지만 유기농 식품에서는 7%만 검출되었으며,

항생제 내성균도 관행 육류보다 유기농 육류에서 적게 검출되었다. 이 연구를 진행한 브라바타(Bravata) 박사는 유기농 식품을 선택하는 다양한 이유가 있겠지만 영양성분만을 생각한다면 유기농을 고집해야 하는 특별한 이유가 없다고 말한다. 리아의 부모가 유기농 식품의 구입에 대해 충분히 고민할 만한 결과이다.

리아는 부모님의 다툼을 보며 과학경시대회에 참여할 주제를 잡았다. '과연 유기농 식품이 건강에 더 좋을까?' 이 물음에 해답을 얻기 위해 리아는 첫 번째로 유기농산물과 관행농산물의 비타민C 함량을 비교해보았다. 이 연구로 유기농산물의 비타민C 함량이 관행농산물에 비해 높다는 결과를 얻은 리아는 이제 유기농산물을 먹는 것이 전체적으로 건강에 더 유익한지에 대한 연구를 하고 싶었다. 이 연구를 위해 그녀가 선택한 실험동물은 과일 초파리(Drosophila Melanogaster)이다. 인터넷에서 찾아본 결과 과일 초파리 모델이 실험에 가장 적합하다는 결론을 내리고 초파리를 다루는 몇몇 대학에 편지를 띄워 자기의 생각을 알렸다. 놀랍게도 서던 메소디스트 대학교의 바우어(Johannes Bauer) 교수가 리아의 생각을 받아들여 실험을 할 수 있도록 도와주었다. 바우어 교수는 평소 초파리의 건강에 관심이 있었고, 리아의 프로젝트가 서로에게 도움이 될 거라 판단했다.

리아는 초파리에게 유기 방식과 관행 방식으로 생산된 감자, 건포도, 바나나, 대두를 각각 급여하며 초파리의 수명과 산란 수에 차이가 있는지 관찰했다. 초파리에 감자, 건포도, 바나나, 대두 단일 식품만을 급여하는 방식은 영양적으로 균형이 맞지 않기는 하지만 이 같은 동일 조건에서 초파리는 유기 농산물을 급여한 쪽에서 오래 살았고, 알도 많이 낳았다. 대두의 경우 관행 농산물에 비해 유기 농산물 급여군이 평균 두 배에 달하는 수명을 보였다. 유기 농산물을 급여한 경우 스트레스에 대한 저항력이 높아진 것도 밝혀냈다.

리아는 이 실험으로 과학경시대회에서 16세 부분 대상의 영예를 얻었다. 바우어 교수는 리아의 연구를 보완하여 'PLOS'라는 온라인 학술잡지에 투고했고, 2013년 1월 '유기 재배 식품의 급여가 초파리에 미치는 건강상 이점(Organically Grown Food Provides Health Benefits to Droshophila melanogaster)'이라는 제목의 논문으로 실렸다.

물론 초파리를 모델로 삼은 이 실험 결과만을 놓고 유기 농산물이 사람의 건강에 더 유익하다는 결론을 내릴 수는 없다. 골고루 잘 먹는 것이 유기농 식품만을 섭취하는 것보다 유익할 수 있다. 그러나 건강을 생각할 때 '유기농 식품이냐, 관행농 식품이냐' 선택의 문제에서 우리가 어디에 비중을 두어야 하는가에 대해서는 의심할 여지가 없다.

유기농작물의 영양균형

2008년 하버드 대학교는 농약과 화학비료 대신 퇴비와 퇴비차(Compost tea)를 이용해 유기적으로 학교 잔디밭을 관리하는 프로젝트를 진행했다. 하버드 교정 토양 복원 프로젝트(Harvard Yard Soil Restoration Project)는 1989년부터 성공적으로 진행되어온 맨해튼 소재 배터리파크 시티파크(BPCP)의 유기적 조경 관리를 모델로 삼았다. 이 공원은 유기 농업의 방식대로 합성농약이나 화학비료를 사용하지 않고 공원 잔재물을 퇴비로 만들어 순환하는 방식으로 관리하고 있다. 공원 관리에 사용되는 퇴비차는 질 좋은 퇴비를 원료로 하여 산소를 불어넣으며 액상 배양한 미생물 배양액이다. 퇴비차를 사용하는 목적은 작물의 잎과 토양에 부족한 유용미생물을 접종하기 위한 수단이다. 유용미생물은 병원균의 침입을 막는 효과도 있다. 또한 수용성 양분의 공급을 위해 사용되기도 한다. 퇴비차의 양분은 토양 미생물이 활성화되도록 도와주기도 하고 작물의 잎에서 직접 흡수되기도 한다.

하버드 프로젝트는 합성농약과 화학비료를 사용하지 않고 잔디밭의 토양과 식물에게 생명력과 활기를 불어 넣어줄 목적으로 진행되었다. 유기적 조경 관리의 이점을 하버드 공동체에 알리고, 학술 연구와 교육 기회를 제공하는 것도 큰 이유였다. 현장 실증시험은 5단계로 진행되었다. 첫째, 살충제·살균제·제초제 등 독성 물질을 사용하지 않는다. 둘째, 기존의 화학비료를 사용하는 잔디밭과 유기적으로 관리할 지역을 정해 토양의 생물상·물리성·영양학적 성상을 검사한다. 셋째, 토양 상태에 따라 토양의 생물상을 복원하고 자연스러운 영양 순환을 도모할 수 있는 퇴비차(Compost tea)를 개발하여 뿌려준다. 넷째, 2주 간격으로 기존의 관리 방식에서 자란 잔디와 유기적 관리를 받고 있는 잔디의 뿌리 발육을 측정한다. 다섯째, 기록한 결과를 분석하여 수정 프로그램을 적용한다.

하버드는 화학비료 대신 퇴비와 유기질 비료, 퇴비차를 뿌려주는 방식으로 한 해 동안 잔디밭을 관리한 다음 의미 있는 결과를 얻었다. 토양의 유기물 함량과 질소 수치가 크게 증가했다. 땅이 스펀지처럼 부드러워져 잔디 뿌리가 깊게 자랐다. 토양이 양분과 물을 많이 머금을 수 있는 떼알 구조로 바뀌어 관수량이 절반 정도로 줄었다. 질소가 풍부한 토양에서도 잔디는 강하고 천천히 자라 잔디 깎는 횟수가 절반으로 줄었다.

흔히 토양 내 질소 수치가 높으면 비료를 많이 쓴 것으로 생각하기 쉽다. 질소는 빗물에 씻겨 지하수를 오염시키고, 바다에 흘러들어 데드존(Dead Zone)을 만든다. 화학비료를 쓰지 말자고 하는 이유도 이런 환경오염을 우려해서다. 그런데 이 프로젝트는 화학비료 대신 퇴비와 유기질 비료를 써서 토양의 질소 수치를 크게 높였다. 질소 수치는 높은데도 잔디는 화학비료를 쓴 것만큼 빨리 자라지 않았다. 어찌된 일일까? 비밀은 토양의 먹이그물에 있다. 토양 내 유기물 함량이 높아지면 이 유기물을 집과 먹이로 삼는 세균, 곰팡이와 같은 미생물이 많아진다. 이 미생물은 이들을 먹이로 삼는 원생동물, 선충, 지렁이를 부른다. 지렁이는 새와 두더지를 부르는 방식으로 복잡한 먹이그물과 생태계가 완성된다.

잔디가 뿌리에서 물과 양분을 빨아올려 잎에서 광합성을 하면 만들어진 에너지는 잎을 키우고, 뿌리를 뻗고 씨앗을 만드는 데 쓰인다. 그러나 이 에너지 중 일부는 뿌리를 통해 흙으로 배출된다. 이렇게 배출되는 물질을 뿌리 삼출액이라고 하는데, 탄수화물과 단백질 형태로 되어 있다. 식물이 뿌리 삼출액을 배출하는 이유는 뿌리를 감싸고 있는 세균과 균류에게 먹이를 제공하기 위해서다. 세균과 균류는 뿌리에 붙어 삼출액을 먹고, 죽은 뿌리나 떨어져 나온 뿌리 세포를 분해한다. 그래서 뿌리 주변에는 일반 토양보다 10~1,000배나 많은 미생물들이 있다. 식물은 아까운 양분을 뿌리로 내보내 세균과 균류의 먹이로 공급한다. 왜일까?

첫째, 식물 스스로 부족한 방어체계를 구축하기 위해서이다. 최근 한국생명공학연구원 류충민 박사팀은 식물과 미생물이 소셜네트워킹(Social Networking)을 한다는 재미있는 연구결과를 발표했다.[6] 식물도 땅속 미생물과 신호를 주고받는다는 것이다. 이 연구팀은 고춧잎 진액을 빨아먹는 해충인 '온실가루이'가 고추를 공격하면 뿌리 부분에 유용한 세균과 곰팡이를 끌어들여 자신의 면역력을 증진시킨다는 사실을 알아냈다. 이렇게 면역력을 증진시켜 앞으로 발생할 해충이나 병원균의 공격에 대비하는 것이다. 실제로 연구팀은 온실가루이를 고추 잎사귀에 뿌리고 일주일 뒤에 뿌리가 썩는 청고병 세균을 접종해 보았다. 온실가루이의 공격을 받은 고추에서는 발병률이 크게 떨어졌고 뿌리도 무게가 2배 이상 늘어나 있는 것을 확인했다. 뿌리 주위 미생물 종류를 조사해보니 식물에 유용한 세균과 곰팡이 밀도가 현저하게 높아져 식물과 미생물 간에도 서로 긴밀한 대화를 한다는 사실을 밝혀낸 것이다.

둘째, 토양생물은 살아 있는 비료다. 세균과 균류는 이들을 먹이로 삼는 더 큰 포식자를 불러들인다. 특히 단세포 생물인 편모충, 섬모충, 짚신벌레 등과 같은 원생동물이 많아지는데 이들은 세균과 균류를 먹고 필요한 양분을 얻은 뒤 나머지는 배설물을 내보낸다. 그런데 원생생물의 배설물은 식물의 뿌리가 바로 흡수할 수 있는 양분이 된다. 다시 말해 세균과 균류를 포함해 다양한 생물은 토양의 먹이사슬 내에서 언젠가는 죽고, 분해되어 작물 성장에 중요한 필수 영양분이 된다. 세균과 균류, 지렁이 등은 40% 이상 단백질로 구성되어 있고, 이 단백질 가

---

6   Choong-Min Ryu et al, "Whitefly infestation of pepper plants elicits defence responses against bacterial pathogens in leaves and roots and changes the below-ground microflora" Journal of Ecology, 2011, vol. 99, pp. 46–56.

운데 16%는 질소 성분이다. 작물 성장에 가장 중요한 질소 외에도 인산, 칼륨, 칼슘 등 모든 영양소를 갖고 있는 복합 영양제이다. 살아 있는 생물이 풍부하면 토양 내 질소 수치가 올라가지만 잉여 질소가 아니기 때문에 환경오염을 일으키지 않는다. 작물도 질소 과잉이 될 일이 없다. 질소뿐 아니라 인산, 칼륨, 칼슘, 마그네슘 등 작물에게 필요한 영양분을 고르게 흡수해서 식물은 빠르지 않지만 단단하게 자란다.

미생물 중에는 공기 중의 질소를 이용할 수 있는 종류도 많아 땅속 질소량이 증가하고, 인산을 작물이 사용할 수 있는 형태로 바꿔주기도 한다. 특히 미생물이 땅속에서 유기물을 분해하며 생긴 이산화탄소는 작물의 광합성을 도와 잘 자라게 한다. 퇴비 없이 화학비료로 작물에 양분을 공급하면 토양 내 미생물이 급격히 줄어든다. '상농은 흙을 가꾸고, 중농은 작물을 가꾸고, 하농은 풀을 가꾼다'라는 농사 속담이 있다. 흙을 가꾸면 토양이 스스로 순환하여 작물에 균형 있는 양분을 공급하고, 그 작물을 먹은 우리도 더 건강해질 것이 자명하다.

유기농업과 환경

유기농업과 생물 다양성

나는 해마다 집 앞 마당에 조그맣게 텃밭 농사를 짓는다. 일을 끝내고 들어와 급히 저녁을 준비하다 보면 텃밭에 심어놓은 상추, 고추, 아욱, 근대, 호박, 오이만 갖고도 소박한 밥상을 준비하기 쉽다. 어떤 날은 어린 상추를 뜯어 겉절이를 무치고, 다음 날은 고추를 몇 개 따서 고추장에 찍어 먹게 내놓기도 한다. 아욱된장국도 끓이고 호박잎도 쪄서 먹는다. 한두 가지 반찬만 갖고도 부러울 것이 별로 없는 식탁이 된다. 시간이 날 때면 텃밭에 앉아 열무나 상추가 커가는 모습을 들여다보기도 한다. 그러면 우리처럼 열무와 배추를 좋아하는 북방비단노린재, 벼룩잎벌레, 청벌레, 메뚜기, 진딧물 등 정말 다양한 생물을 만나게 된다. 어느 해는 싹이 막 트기 시작한 배추와 열무에 벼룩잎벌레가 달려들어 남김없이 먹어치우기도 하고, 다른 해는 파밤나방이 고추마다 구멍을 내놓기도 한다. 그렇지만 다양한 작물을 심다 보니 남겨진 것만 갖고도 행복해진다. 또 어떻게 하면 자연적으로 해충을 줄일 수 있는지도 조금씩 터득해가고 있다. 같은 자리에 배추를 연거푸 심지 않거나 고랑 사이사이에 들깨를 심어 해충이 싫어하는 향을 풍길 수도 있다. 완전하지는 않지만 잘 완숙된 퇴비를 쓰는 것만으로도 해충구제에 도움이 된다.

유기농업이 포유동물에서 미생물에 이르기까지 먹이사슬의 모든 단계에서 생물 다양성을 증가시킨다는 것은 이미 잘 알려진 사실이다. 농약과 화학비료를 사용하지 않는 유기농업은 관행농업에 비해 모든 생물종을 평균 30% 정도 증가시킨다.[7] 캐나다 마니토바 대학의 마틴 엔츠(Martin Entz) 박사는 2004년 유럽, 캐나다, 뉴질랜드 그리고 미국의 연구자들이 수행한 76개의 연구를 분석한 결과를 발표했다. 이 연구 결과에서 유기농업은 다양한 작물을 재배하며 가축 사육을 함께함으로써 생물 다양성에 도움을 주는 것으로 나타났다. 댕기물떼새는 봄에 심는 작물에 둥지를 틀지만 새끼들이 알을 깨고 나오면 초지로 옮겨 와 어린 새끼들을 기른다. 1960년대 이래 관행농업이 일반화되며 잉글랜드와 웨일즈 지방의 댕기물떼새 개체군이 80% 감소하여 큰 비난에 휩싸였는데 유기농업이 이런 문제를 해결할 수 있다는 것을 보여주었다. 영국에서 수행된 어느 연구는 유기농이 박쥐들에게도 혜택을 준다고 밝혀냈다. 박쥐의 먹이 정찰활동이 관행농업에 비해 유기 농지에서 84% 증가했고, 두 종류의 박쥐는 유기농장에서만 발견되었다.[8] 지렁이는 유기농업 토양에서 늘어나는 대표적인 생물이다. 지렁이 밀도를 조사한 여

---

7   Blakemore, R.J., 2000, Ecology of Earthworms under the 'Haughley Experiment'of Organic and Conventional Management Regimes. Biological Agriculture and Horticulture, 18: 141-159.

8   Wickramasinghe et al, 2003, Bat activity and species richness on organic and conventional farms: impact of agricultural intensification. Journal of Applied Ecology 40, 984–993

섯 개의 연구 모두 유기농지에서 지렁이가 훨씬 많았다고 보고하고 있다.[9]

동식물의 멸종을 막는 유기농업

개구리는 오랫동안 지구상에 존재하며 공룡이 출현하고 멸종하는 것을 지켜보았다. 그러나 오늘날 전 세계 양서류의 1/3 이상이 멸종 위기에 처해 있다. 왜 그럴까? 다양한 이유가 있겠지만 사람이 미치는 영향도 무시하지 못할 것이다. 미국 캘리포니아 대학 버클리 캠퍼스의 타이론 헤이즈 교수팀은 미국에서만 연간 3만6천여 톤이 소모될 정도로 널리 쓰이는 제초제 '아트라진'에 주목했다. 아트라진은 주로 옥수수 재배를 위해 봄에 사용된다. 이 시기에 연못과 개울에는 개구리들이 헤엄치고 올챙이가 알에서 깨어난다. 이들은 농지에서 유입된 아트라진에 그대로 노출될 수밖에 없다. 연구팀은 아프리카발톱개구리의 올챙이 수컷을 아트라진이 포함되지 않은 물과 아트라진이 0.01~25ppb까지 포함된 물에서 길렀다. 미 연방 환경보호국(U.S. Environmental Protection Agency)은 아트라진이 환경에 유출되어도 20ppb까지는 안전하다고 간주한다. 연구 결과는 다소 충격적이었다. 0.1ppb만큼 낮은 농도의 아트라진도 올챙이 발생에 큰 영향을 주어 수컷 일부가 암컷의 특징을 보였다. 개구리 수컷 일부는 짝짓기 울음에 사용하는 발성기관이 정상보다 작았고, 암컷 생식기관이 생겨났으며 심지어 알이 정소에서 자라고

---

9   Blakemore, R.J., 2000, Ecology of Earthworms under the 'Haughley Experiment' of Organic and Conventional Management Regimes. Biological Agriculture and Horticulture, 18: 141-159.

있는 것도 발견되었다. 연구팀은 캘리포니아 곳곳을 돌며 연못 내 아트라진 농도와 이 연못에서 채집한 개구리 수컷의 생식기 이상을 비교해보기도 했다. 예상한 대로 아트라진 농도가 높은 곳에서 생식기관이 비정상적인 수컷의 비율이 높았다. 타이론 헤이즈 교수는 개구리 피부를 통해 아트라진이 흡수되면 남성호르몬인 테스토스테론이 여성호르몬인 에스트로겐으로 전환되는 효소가 만들어져 개구리 몸에 잘못된 신호를 마구 보낼 가능성이 있다고 말한다.[10]

옥수수를 많이 얻기 위해 잡초가 자리지 못하도록 밭에 뿌리는 제초제가 잡초를 없앨 뿐 아니라 개구리를 위협하고 있다. 기존 농업이 화학비료와 농약에 의존하여 생산성만 목표로 삼았다면 유기농업은 생물 다양성에 대한 존중이 기반이 되는 농업이라 할 수 있다. 자연에 해를 줄 수 있는 농약이나 비료와 같은 화학물질을 사용하지 않고 농장에서 생산된 자원을 농토에 돌려보내 토양을 비옥하게 하고 작물을 길러낸다. 그래서 유기농업은 단순히 먹을거리를 생산하기 위한 수단이 아니라 사람이 생태계의 일원으로 자연을 해하지 않고 어울려 살아가려는 삶의 방식이다. 옥수수를 얻기 위해 개구리를 희생하지 않겠다는 철학이 유기농업이다. 이렇게 생산성만을 위해 화학비료와 농약을 무차별적으로 계속 사용하다가는 개구리가 사라지고, 물고기가 사라지고, 벌이 사라지고 어느 순간 우리가 사라지게 될 것이다.

미국 지질 연구소(USGS)는 1992년부터 2001년까지 미국 전역에 걸쳐

---

10 Tyrone Hayes, Biologist/Herpetologist. National Geographic. 타이론 헤이즈 교수는 TED 강연. 웹페이지 http://www.ted.com/talks/tyrone_hayes_penelope_jagessar_chaffer_the_toxic_baby.html

186곳의 하천과 187곳의 지하수 내에 포함된 83종의 화학농약을 분석했다. 이 농약들은 현재도 대부분 사용되고 있다. 놀랍게도 95%가 넘는 하천에서 두 가지 이상의 농약 성분이 검출되었다. 식수원이 되는 지하수원에서도 30% 이상에서 농약 성분이 검출되었다. 검출된 농약은 대부분 아홉 가지 성분이었다. 미국에서 가장 많이 쓰이는 아트라진을 포함한 세 종류의 제초제는 농촌지역에서 많이 검출되었으며, 도시지역 건설현장에서 잡초를 제어할 목적으로 많이 쓰이는 '시마진' 등은 도시지역에서 검출비율이 높았다. '다이아지논' 같은 살충제는 농촌지역보다 도시지역의 하천에서 더 많이 검출되었다. 대부분의 하천에서 두 가지 이상의 농약 성분이 검출되었으며 5개 이상의 농약 성분이 검출된 비율도 75%, 심지어 10개 이상이 발견된 비율도 25%에 달했다. 대부분의 과학연구는 한 가지 농약 성분이 미치는 독성만을 조사하지만 현실은 이런 농약들이 소량이지만 뒤섞여 있을 때 어떤 상승효과가 있는지 알 수 없다.[11]

우리나라 상황은 어떨까? 우리나라의 합성농약 사용량은 최근 줄어들기는 했지만 10kg/ha 이상으로 세계 최고 수준이다. 2011년 농촌진흥청 국립농업과학원에서 최근 많이 사용하는 농약에 대해 우리나라 농경지 토양 중 농약잔류 실태를 파악할 목적으로 전국 주요 논토양과 시설재배지 토양의 농약잔류량을 분석했다. 전국 주요 논토양 150점에 대한 잔류농약 성분을 분석한 결과 11종의 농약이 검출되었으며 제초제 성분인 '옥사다이아존'이 가장 많은 19.3%의 비율로 검출되었다. 시

11   USGS, Pesticides in the Nation's Streams and Ground Water, 1992–2001—A Summary

설재배지 토양 152점에서는 더 다양한 농약 성분이 검출되었다. 살균제 6종, 살충제 16종, 제초제 7종 등 총 29종의 농약이 검출되었고, 잔류농약의 검출빈도는 '엔도설판'과 '헥사코나졸'이 38.8%로 가장 높았다.[12] 하천이나 지하수의 농약 성분에 대한 조사는 따로 하지 않았지만 결과를 예측해볼 수 있다.

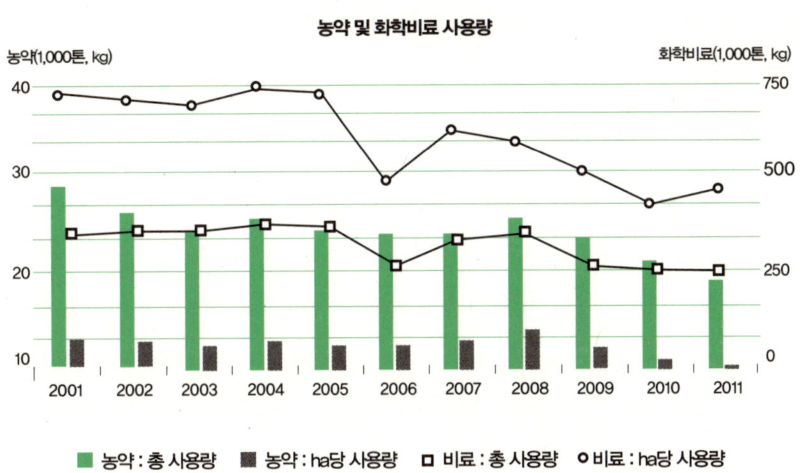

고려대학교 의과대학의 '농약과 건강' 연구팀에 따르면 표본조사 결과, 남성 농업인 100명당 직업성 농약중독 발생률이 약 25명이라며 우리나라의 급성 농약중독 규모는 비슷한 경제 수준의 다른 나라들에 비해 매우 높다고 밝히고 있다. 많은 유기농가가 유기농업을 시작한 계기로 농약중독을 든다. 농약을 뿌리다 죽을 고비를 넘기고 이래서는

12　박병준, 전국 논토양과 시설하우스 토양 중 잔류농약 모니터링과 노출성 평가, 2011, 농약과학회지, 15(2), pp. 1~6.

안 되겠다는 생각으로 농약을 뿌리지 않는 농업 방식을 택하다 보니 유기농을 하게 되었다고 말한다.

유전자조작 작물(GMO: Genetically Modified Organism)의 습격

유전자조작은 기존의 생물체 속에 다른 생물체의 유전자를 끼워 넣음으로써 기존의 생물체에 존재하지 않던 새로운 유전적 성질을 갖도록 하는 기술을 말한다. 그 기술로 만들어진 농작물을 유전자조작 작물이라 부른다. 유전자조작 작물이 상업적으로 재배되기 시작한 역사는 그리 길지 않다. 몬산토는 1974년 글리포세이트가 유효 성분이 되는 초강력 제초제를 개발하여 '라운드업'이라는 이름으로 판매하며 큰 이득을 보고 있었다. 그러다 라운드업의 특허 만료 기간이 도래하자 1996년 이 제초제에 내성을 지닌 유전자조작 콩인 '라운드업 레디(Roundup ready)'를 시장에 내놓는다. 라운드업 레디 콩은 제초제 내성 유전자를 지니고 있는 미생물에서 유전자를 추출하여 작물에 삽입하는 방식으로 탄생했으며 콩을 시작으로 옥수수, 면화, 유채 등도 줄을 이어 개발되었다.

몬산토(Monsanto Company, NYSE: MON)는 미국 미주리 주 세인트루이스에 본사를 둔 GMO의 개발에 가장 적극적인 기업이다. 몬산토는 유전자조작 작물 종자의 세계 점유율이 90%로, 미국의 〈비즈니스 위크〉가 선정한 2008년 세계에서 가장 영향력이 있는 10대 기업에 선정됐다. 유전자조작기술에 힘입어 몬산토의 매출액도 2005년 62억 달러에서 2008년 110억 달러로 비약적으로 성장했다. 몬산토의 진격을 필두로 신젠타 등 후발 주자들이 뛰어든 세계 유전자조작 작물의 재배 면적은 채 20년도 안 되는 짧은 기간 동안 세계 농작물 재배 면적의 50%

가 넘는 1억7,000만*ha*에 이르렀다. 미국에서 재배되는 옥수수, 콩, 목화, 유채의 85% 이상, 아르헨티나와 우루과이 콩의 100%가 유전자조작 농산물이다.

이런 종자의 단일화는 지역의 기후와 풍토에 맞춰 오랜 기간 가꿔온 토종 종자의 다양성을 급속하게 파괴해버린다. 중국에는 1949년 10,000가지 품종의 밀이 있었으나, 1970년대에는 불과 1,000가지 품종만 남았다. 미국도 비슷하여 양배추 품종 가운데 95%, 옥수수는 91%, 콩은 94%, 토마토는 81%를 잃어버렸다. 유엔식량농업기구(FAO)는 지난 한 세기 만에 전 세계 인류가 수천 년 이상 가꿔온 다양한 농산물 품종의 약 75%가 사라졌다고 밝혔다.[13]

최근 바나나의 멸종 위험이 수년째 제기되고 있다. 사실 이번이 처음도 아니다. 현재 우리가 즐겨 먹는 바나나 품종은 '캐번디시'지만 우리 조부모 세대가 맛본 바나나는 이와 다른 '그로 미셸'이라는 품종이었다. 20세기 초 파나마에서 시작한 바나나 곰팡이질병인 파나마병이 급속하게 번지면서 '그로 미셸' 품종은 삽시간에 죽어 나가기 시작하여 1950년대에 이르러선 생산성이 없어질 정도였다. 그 결과 새로운 품종을 찾아 개량 재배한 것이 캐번디시다. 캐번디시는 그로 미셸만큼 단맛이 강하지는 않지만 너무 빨리 익거나 멍들지 않아 해외수출용으로 적합하여 현재 전 세계에 판매되는 상업용 바나나의 99%가량을 차지하고 있다. 그러나 이 바나나도 1980년대 대만 바나나의 70%를 사멸시킨 'TR4'라 불리는 새로운 곰팡이질병에 노출되어 미래가 불투명하다.

---

13 FAO, State of the World's Plant Genetic Resources, (Rome 1996).

이 질병은 동남아시아, 인도, 호주 등으로 번져 나가더니 최근 바나나 생산의 중심지인 중남미에 도달했다. 세계 최대 바나나 수출국인 에콰도르, 코스타리카, 콜롬비아 등이 모두 이 지역이 속한다. 세계식량농업기구(FAO)에 따르면 에콰도르는 전 세계 수출용 바나나의 30%를 담당하고 있다. 그런데 왜 바나나는 유독 멸종 위험에 이리도 쉽게 처하는 걸까? 이유는 품종의 획일성에 있다. 현재 식용 바나나인 캐번디시는 아예 씨가 없거나 있어도 유성생식을 하지 못하게 품종이 개량된 형태다. 오직 꺾꽂이 방식으로만 재배되다 보니 전 세계 모든 바나나는 유전적 다양성이 없는 한 바나나의 복제품인 셈이다. 때문에 이 품종을 전염시킬 수 있는 질병이 발생했을 때 전 세계가 속수무책으로 당할 수밖에 없다. 1845년 아일랜드 감자 대기근에 100만 명이 넘는 아사자가 발생한 것도, 1970년대 미국에서 발생한 옥수수마름병으로 1,000만 에이커 이상의 옥수수 밭이 피해를 보았던 것도 단일작물 재배가 불러온 비극이다.

잊고 지내기 쉽지만 세계 경제의 40% 이상이 생물로부터 기원하고 있다. 우리는 생물을 먹고, 나무로 집을 짓고, 면화와 양털로 옷감을 짠다. 인간의 가장 기본적 필요재인 의식주를 시작으로 종이, 의약품, 화장품까지 매일 수만 종의 생물이 경제 활동에 활용되고 있다. 신종플루의 치료제 역할을 했던 타미플루는 중국에서 자생하는 팔각회향을 원료로 개발되었다. 이렇게 유용한 생물을 찾아내어 인류를 구원할 수 있는 바탕은 다양한 유전자에 있다. 품종 다양성은 유전적 변이의 저장창고이며, 위험을 분산시키는 중요한 방법이다. 그런데 유전자조작 농산물은 가장 중요한 곡물들을 세계가 대처할 수 없는 방식으로 단일화시키고 있다. 어느 누구도 유전자조작 농산물이 앞으로 자연에 어떤 영향을 미칠지 알 수 없다. 다만 아무 일이 없기를 믿고 싶을 뿐이다.

2012년 8월, 셀라리니 박사가 주도하는 프랑스 캉(Caen) 대학의 연구진은 2년간 쥐를 대상으로 몬산토가 개발한 제초제내성 NK603 옥수수의 섭식실험을 진행한 결과 쥐에서 간, 신장 등의 손상과 종양 유발 확률이 높았다는 논문을 발표하여 유전자조작 식품의 안전성에 관한 논쟁에 다시 불을 붙였다. 이 연구 이전에도 다양한 관점에서 '유전자조작 농작물이 과연 안전한가'에 대한 논란이 끊임없이 제기되어 왔다.

유기농업은 다음 세대를 위한 배려, 환경과 생존의 기회에 대한 공정함을 유지할 수 있는 상호관계를 만드는 것을 원칙으로 삼고 있다. 당연히 병해충을 이기기 위해 화학농약이나 유전자조작 종자를 사용하지 않는다. 종자 그 자체가 지닌 다양성을 믿고, 그 힘으로 내일을 지키고자 한다.

2012년 세계 유전자변형 작물 재배비율

작물	전체 재배면적A (단위: 100만ha)	GMD 재배면적B (단위: 100만ha)	비중(B/A)
콩	100	80.7	81%
목화	30	24.3	81%
옥수수	159	55.1	35%
유채(카놀라)	31	9.2	30%

자료 : ISAAA(2012)

지구를 희생하고 얻는 고기

'공장 닭'의 그림자

지난 2012년 여름의 일이다. 104년 만에 발생한 최악의 가뭄, 한 해 태풍 네 개가 한반도를 방문하는 50년 만의 진기록을 거쳐 18년 만이라는 사상 유래 없는 폭염이 8일째 계속되고 있던 때였다. 출하를 앞둔 육계가 대량 폐사했다는 전화를 받고 현장을 방문했다. 오후 5시쯤이었는데 하우스로 지어진 축사 바닥에는 하얗게 죽어 나자빠진 육계가 가득했다. 축주는 계속되는 폭염에 축사 온도를 낮추기 위해 하우스 천장에 물을 뿌렸는데 그날 저녁 출하를 앞두고 이제 끝났다는 생각에 방심을 했는지 물 뿌리는 걸 깜빡 잊어버려 한 시간 사이에 닭들이 폐사했다며 안타까워했다. 이날 뉴스에는 연일 계속되는 폭염에 닭과 오리 등 가축이 전국적으로 100만 마리 이상이 폐사했다는 보도가 나왔다.

우리나라 육계 사육농가들은 90% 이상이 유통주체와 계약을 맺어 닭을 기른다. 이를 계열화라고 하는데 국내에서 가장 먼저 시도된 분야가 육계다. 육계는 보통 입식 후 35일을 길러 출하하는데 다른 축종에 비해 상대적으로 사육주기가 짧아 시장가격의 등락폭에 영향을 많이 받는다. 한꺼번에 닭이 쏟아져 나오면 생산비를 건질 수 없을 정도로 가격이 폭락하고, 가격이 높을 때는 천정부지로 올라 투기산업이란 말이 많다. 많이 출하하는 농가는 일 년에 여섯 번 닭을 시장에 내놓는데 한 번만 잘 맞춰도 먹고 산다는 생각에 무리를 하기 쉽고, 때를 못 맞춘 농가는 손실을 크게 입는다. 때문에 농가들은 안정적인 수익이 보장되는 계열화 사업에 큰 매력을 느끼고 있다. 계열 주체들은 과거 투기 산업이었던 육계 산업을 소득이 안정된 산업으로 끌어 올렸다고 평가하지만, 농가들 입장에서는 계열주체에 종속돼 '소작농' 신세가 되었다는 불만도 만만치 않다. 계열주체가 지정한 병아리를 입식하고 사료를 공급받아 시키는 대로 키우지만 그 과정에 발생하는 위험은 농가가 짊어지게 되어 있다. 잘 기른다고 큰 소득이 나는 것도 아니다.

그러니 육계사육 농가 대부분은 한정된 시간에 최대한 수익을 올리기 위해 두세 가지 방법을 동원한다. 우선 같은 면적에 기르는 닭의 수를 늘린다. 육계는 평균 $3.3m^2$당 60마리 정도를 넣는다. 닭 한 마리가 차지하는 면적이 A4용지 한 장도 안 된다. 출하를 앞둔 양계장에 가보면 바닥이 온통 하얗다. 닭들이 움직일 틈이 전혀 보이지 않는다. 재래식 축사가 아닌 시설이 잘 갖춰진 무창계사의 경우 입식 밀도가 70마리를 훌쩍 뛰어넘기도 한다. 무창계사는 창문이 없는 축사 형태로 내부 환경을 인공적으로 제어할 수 있어 사육 밀도를 높일 수 있다.

두 번째는 항생제의 사용이다. 갓 태어난 병아리의 무게는 40g 정도인데 이 병아리가 35일 동안 사료를 먹고 출하될 때의 무게는 평균 1.8kg이 된다. 태어난 무게의 45배다. 한 달 만에 45배로 몸집을 불린 어린아이를 상상해보라. 어떻게 이런 일이 가능할까? 공장식 축산은 생산성이라는 목표를 향해 무자비하게 전진한다. 다른 부작용이나 가능성은 모두 배제하고 지난 30년간 '몸집이 크고 사료를 적게 먹으면서 성장이 빠른 닭'의 형질에 맞춰 육종에 육종을 거듭했다. 그리고 승자가 모든 것을 차지한다. 전 세계적으로 오직 세 개의 육종회사가 전 세계 닭의 75% 이상을 공급하고 있다. 우리나라에서 사육되고 있는 육계 품종은 3~4가지에 불과하고 이들 종계는 99% 수입하고 있다. 이렇게 육종되어 단일화시킨 형질의 닭을 A4 용지 한 장보다도 못한 공간에 몰아넣고 배설물과 깃털, 먹다 흘린 사료들이 뒤엉킨 바닥에서 기른다. 축사 안에 들어가면 숨을 쉬기 어렵다. 이런 공간에서 닭들이 35일을 버텨주어야 하니 항생제를 사용할 수밖에 없다. 기계적으로 입식하며 한 번, 백신 놓으며 한 번, 출하 10여 일 전 마지막으로 한 번. 이것도 질병이 돌지 않았을 때 상황이고, 질병이 발생하기 시작하면 어느 정도의 항생제를 사용해야 하는지 끝 모를 전쟁이 시작된다.

축산농가는 이렇게 길러낸 닭을 출하하고 받은 수수료로 연료비, 약품비, 깔짚비, 전기세, 수도세, 운반비 등을 지불하고 나면 겨우 인건비가 남는다. 축사 시설을 임대해서 기르는 임대농은 임대비를 지급하느라 자칫하면 인건비도 남기지 못한다. 농가가 한 마리라도 더 넣어야겠다는 욕심이 생길 만도 하다. 그러다 폭염을 견디지 못한 닭들이 쓰러지면 그 피해는 고스란히 농가가 짊어진다. 이제는 계열화를 벗어나려고 해도 출하처를 찾을 수 없을 뿐더러 도축장을 잡기도 어렵다. 계열 주체가 종계장부터 도축장까지 모두 겸하고 있어 우선순위에서 밀리니 출하시기에 출하하는 것도 전쟁이다.

그렇다고 계열주체가 독점적 위치라는 장점을 살려 닭의 사육 수를 조절하여 적정한 시장가격이 유지되도록 하는 것도 아니다. 오히려 국내 최대 육계 계열주체가 앞장서서 닭고기 수입을 주도함으로써 국내 육계 산업에 큰 피해를 미쳐 축산농가가 규탄 집회를 한 일이 있다. "육계사육 17년, 빚만 늘어 신용불량자 신분으로 전락했다." 집회에 나온 한 축산농가의 쓸쓸한 자조다. 사육 농가들은 육계 계열화 사업에 대해 빈약한 사육 수수료, 노비문서보다 못한 사육계약서 등 강한 불신을 나타내며 목소리를 높였지만, 이마저도 출하처를 잃을까 두려워 오래가지 못했다.

다국적 기업이 권하는 고기

주부인 나는 퇴근하는 길에 동네 마트에 들려 장을 본다. '오늘은 또 무엇으로 저녁을 차릴까?' 살림을 하는 주부라면 누구나 이런 고민을 할 것이다. 근래 우리 주부들의 장바구니에 가장 자주 담기는 품목이 고기다. 닭고기, 오리고기, 돼지고기, 소고기. 6,000원짜리 닭 한 마리를 사서 김치와 감자를 넣고 찜을 하면 온 가족이 둘러앉아 배불리 먹을 수 있는 훌륭한 저녁 식사가 된다. 어느 날은 멀리 칠레나 덴마크에서 물 건너 온 돼지고기를 세 근에 만 원이라 써 붙여 놓은 표지판 앞에서 망설이기도 하고, 다음 날은 호주산 소고기를 두 근에 만 원씩 판다는 판매원의 말에 얼른 줄을 서기도 한다. 도대체 어떻게 이렇게 가격이 싼지 어리둥절하다. 다른 식재료에 비하면 고기와 달걀이 가장 싸다는 생각이 든다. 일주일에 두세 번은 삼겹살, 돈가스, 가끔 별식으로 오리로스를 하거나 소고기구이를 내기도 한다. 야구 경기가 있는 주말 저녁에는 치킨도 빼놓을 수 없다. 아침에는 달걀프라이와 김이 표준 메뉴가 된 지 오래다.

이렇게 고기가 풍성한 식탁을 차리면서도 왠지 모르게 마음 한편이 무겁다. 저녁상에 앉아 남편과 "요즘은 있는 사람은 채소를 먹고, 없는 사람은 고기를 먹는다는데 우리도 고기를 줄여야 하지 않을까"라는 말을 늘어놓지만 아이들이 잘 먹는 모습을 보면 흐뭇하기도 하다. 그러다 퇴근길에 들린 마트 스피커에서 "한정판매 파격 세일! 브랜드 닭, 두 마리 8,000원"을 들으며 장을 보고 집에 도착하면 장바구니 안에 들어 있는 두 마리 닭을 발견하게 된다. 우리에게 고기 먹을 것을 권하는 사회에서 버텨내기가 쉽지 않다. 고기 소비가 빠르게 늘어나는 데도 다 이유가 있다. 세계 역사상 지금처럼 싼 가격으로 고기를 먹을 수 있던 시대가 없었다. 참 이상한 일이다.

누가 우리에게 이렇게 닭을 권하고 있는 걸까? 닭을 기르는 축산농가는 수지를 맞추기 어려울 정도로 근근이 버텨내고 있다. 그마저도 계속 줄고 있어 기업형 축산농가만 남게 될 거란 예측이 많다. 의심이 가는 곳은 종계를 공급하고, 사료를 대주는 다국적 거대기업이다. 우리나라에 육계는 '로스', '아바 에이커', '코브' 등 3개 품종이 전체의 85%를 차지하고 있는데 로스와 아바 에이커는 영국에 본사를 두고 있는 아비아젠이라는 회사에서 공급한다. 우리나라만의 상황이 아니다. 두세 군데의 거대 다국적기업이 전 세계 육계를 찍어내듯 생산하여 공급함으로써 지역 풍토에 강한 토종닭들이 사라져버렸다. 유전적 다양성은 파괴되고, 위험은 증가하였지만 그 대가는 몇몇 소수 기업들의 주머니에 흘러들어 간다.

가축이 먹는 사료는 더 심각하다. 우리나라에서 닭과 돼지를 기르는 데 드는 생산비 중 사료비가 차지하는 비중은 50%를 넘는다. 닭 한 마리 길러내는 데 2,000원이 든다고 하면 이 중 1,000원 이상을 사료 값이 차지한다. 이렇게 국내에 소비되는 사료곡물의 사용량은 2010년 기준 935만 톤이 달하며, 이 중 97.6%에 달하는 913만 톤을 해외에 의존하고 있다.[14] 그런데 세계 곡물시장을 조종하는 주인공은 곡물유통 분야의 절대강자 ABCD 기업이다. ABCD 기업이란 A: 에이디엠(Archer Daniels Midland), B: 번기(Bunge), C: 카길(Cargill), D: 루이스 드레퓌스(Lousis Dreyfas)를 지칭한다. 이들 4대 기업은 전 세계 곡물 교역의 70% 이상을 통제하고 있을 뿐 아니라 이들의 사업 영역도 비료, 종자, 저장, 수송, 투자·위험관리, 바이오에너지, 생산, 마케팅 등으로 매우 광범위하다. ABCD 기업의 2011년 매출량은 총 3,185억 달러(약 350조 원)에 달했는데 2010년에 비해 25%나 증가한 수치이다. 당연히 우리나라에 수입되는 곡물의 대다수 또한 이들 4대 곡물메이저 기업이 중계하고 있다.[15]

최근 발표된 통계를 보면 2012년 전 세계 곡물 생산량은 23억 톤 정도이다. 2013년은 전년에 비해 생산량은 줄고 소비량은 늘어날 것으로 예측하고 있다. 요즘은 미국을 필두로 옥수수나 대두를 이용한 바이오연료 생산이 곡물의 큰 소비처가 되고 있다. 중국, 인도의 경제 성장으로 인한 육류 소비의 증가 또한 곡물 소비를 부추기고 있다. 최근 몇 년간 예측하기 어려운 기상 이변으로 곡물 생산량이 감소한 것이 더해

---

14 유승환 외, 수입사료 곡물의 국내생산을 위한 농업용수 및 농경지 필요량 계측, 2011, 한국국제농업개발학회지, 24(3), pp. 259-264.

15 곡물유통 분야 세계 주요기업 R&D 동향, 농림수산식품 R&D해외동향, 제 2012-5호

져 곡물 가격이 많이 올랐다. 2005년도와 비교하여 2011년 양돈 배합 사료 가격은 두 배가 넘게 올랐지만, 출하 가격은 생산비를 밑돈 지 한 참이다.

우리는 곡물 가격이 이렇게 오른 것이 어쩔 수 없는 수요공급의 불균형에 따른 결과라 알고 있지만, 사실 투기자본의 농간에 따른 영향도 크다. 곡물 생산량의 대부분은 생산한 나라에서 소비하고 있으며, 교역에 사용되는 물량은 전체 생산량의 채 15%가 되지 않는다. 투기적 거래가 개입하기 쉬운 구조라서 곡물 교역이 이루어지는 선물시장은 강력한 자금 동원력을 지닌 거대 자본들의 놀이터가 되어버렸다. 이들은 인위적으로 곡물 가격을 왜곡함으로써 막대한 수익을 챙기고 있다. 4대 곡물메이저 기업 중에서도 가장 거대한 카길은 2003년부터 '블랙리버에셋매니지먼트(Black River Asset Management)'라는 헤지펀드를 운영하고 있다. 카길은 미국에서 규모가 가장 큰 비상장 회사로 2012년 매출액은 약 151조 원을 기록했다. 이런 엄청난 규모에도 불구하고 설립자인 카길과 맬린란 가족의 자손이 회사 자본의 85%를 소유하고 있다. 카길은 대한민국 사료시장 1위 기업이기도 하다.

2011년 유엔식량농업기구(FAO)는 곡물 관련 선물 거래에서 실제 농산물 거래는 2%에 불과하고, 나머지 98%가 시세차익을 노린 투기적 금융자본들의 거래라고 폭로했을 정도로 시장 왜곡이 심각한 수준이다. 오죽하면 전 세계 경제학자 461명이 주요 20개국(G20) 재무장관에게 공동서한을 보내 과다한 곡물 투기를 막기 위한 대책을 시급히 마련해야 한다고 촉구했을까. 그럼에도 불구하고 G20에서 급격한 식량 가격 폭등을 규제하자는 프랑스의 의견은 미국의 반대에 부딪쳤다. 그 배

후에 곡물 가격 상승기에 높은 수익을 올리는 이들 곡물메이저 기업이 있다는 것은 2011년 ABCD 기업의 매출 증가만 보더라도 쉽게 예측할 수 있다.

곡물 생산이 불러온 가뭄

곡물 가격의 상승은 필연적으로 환경 파괴를 불러온다. 미국 일리노이 주에 본사를 두고 있는 에이디엠(Archer Daniels Midland)은 대두, 옥수수 가공, 비료, 식품, 사료첨가물 등을 생산하는 기업으로 브라질 최대 대두 가공업으로 유명하다. 에이디엠은 카길에 이어 세계 2위의 곡물 메이저에서 최근 미국 에탄올 생산의 20%를 차지하는 세계 최대 바이오연료 사업체로 떠올랐다. 이 기업은 상황에 따라 곡식을 사료용으로 파는 게 유리한지, 연료로 만들어 파는 게 유리한지 저울질하며 이익을 극대화한다. 그 과정에서 곡물 생산에 필요한 땅을 확보하기 위해 아마존 삼림을 베어내고 농경지로 전환해왔다. 이렇게 지구의 허파를 파괴한 대가로 얻은 대두와 옥수수는 아이러니하게도 청정연료로 각광을 받고 있다.

2008년 최고의 권위를 자랑하는 학술지인 〈사이언스〉에 의미 있는 연구가 발표되었다. 우리가 청정연료라고 착각하고 있는 바이오연료는 사실 석유나 석탄 같은 화석연료보다 지구온난화를 악화시킨다는 것이다. 이 연구를 진행한 티모시 서칭어(Timothy Searchinger) 프린스턴 대학 교수는 바이오연료 작물을 키우고자 삼림을 베고 밭을 일구는 일은 휘발유가 방출하는 탄소보다 더 많은 막대한 양의 탄소를 대기 중으로 배출하는 결과를 낳으며 이러한 토지 사용 문제를 고려하면 현재

사용 중이거나 미래에 이용할 계획인 대부분의 바이오연료는 온실가스를 크게 증가시킨다고 밝혔다.[16]

최근 몇 년간 브라질 현지 언론은 암울한 소식을 세계에 전하고 있다. 브라질 곳곳이 최악의 가뭄으로 주요 강이 메말라 식수원과 교통수단을 잃어버린 사람들이 늘고 있다. 브라질 북동부는 2012년 수개월간 비가 거의 내리지 않아 450개 도시에 400만 명에 가까운 주민들이 고통을 겪었다. 열대우림 아마존 삼림지역도 예외는 아니다. 이상 고온과 가뭄으로 바닥을 들어낸 강이 처참하다. 많은 과학자들은 아마존에 불어닥친 시련이 해를 더할수록 깊어질 것으로 예상한다. 아마존 유역에서 삼림이 줄어들면서 대기 중 수증기 양이 감소하고 결국 비가 오지 않은 현상이 생기고 있어 삼림 파괴가 가뭄의 직접적 원인이라 지적한다.

미항공우주국(NASA)이 2000년부터 2008년까지 브라질 서부 혼도니아의 동일 지역을 촬영한 사진 몇 장을 공개한 일이 있다. 이 사진만으로도 최근 얼마나 빠른 속도로 아마존 삼림이 파괴되고 있는지 한눈에 알 수 있다. 아마존뿐만 아니라 아프리카, 동남아시아를 비롯해 곡물 생산이 가능한 기후대에 위치한 세계 각국의 삼림 역시 비슷한 상황이다. 나사의 전문가는 이러한 삼림 파괴를 통해 인간이 식량 등의 이익을 얻을 수 있을지 모르지만 동식물의 멸종, 기후 변화, 인권 학대와 같은 심각한 위기를 피할 수는 없을 거라고 말한다.

---

16 Timothy Searchinger, et al., 2008, Use of U.S. Croplands for Biofuels Increases Greenhouse Gases Through Emissions from Land Use Change. (www.sciencexpress.org / 7 February 2008)

순환해야 지속 가능하다

닭 사육을 통해 배우는 순환의 지혜

1998년 봄 일이다. 그 당시는 농촌진흥청 국립축산과학원에서 1년에 한두 차례 토종닭 병아리를 분양해 주었다. 이웃 한 분이 집에서 놓아 기른다고 토종닭 100여 마리를 분양받는다 해서 어쩌다 함께 병아리를 받으러 갔다. 태어난 지 일주일쯤 지난 병아리가 올망졸망 어쩌나 예쁜지 키울 데도 없는 나도 억지로 열 마리를 받아왔다. 그 해는 신혼 첫해로 조그만 빌라에서 살 때였다. 햇빛이 잘 드는 베란다에 큰 상자를 가져다놓고 병아리를 풀어놓았더니 삐악삐악거리며 모이도 잘 쪼아 먹었다. 보고 있자니 뿌듯했다. 저녁에 집에 돌아온 남편에게 병아리를 보여주며 자랑을 했다. 신혼초, 내가 하는 일은 뭐든 좋게만 봐주던 남편은 같이 잘 키우자며 웃어 넘겨주었다. 상자에 덮개를 씌워 빛을 가려도 병아리들이 한밤중까지 쉼 없이 삐악거리는데 그 소리까지 귀엽게 들렸다.

그렇게 한 달을 열심히 사료를 사다 나르자 예상치 못했던 일이 벌어졌다. 병아리들이 어느새 중닭이 되어버린 것이다. 상자를 더 큰 것으로 바꾸고 관리를 할 생각을 했지만, 베란다에서 풍기는 냄새를 맡는 것도 고역이었고, 모이를 줄 때 날아오르려는 닭들을 억지로 잡아넣으려니 마음이 편치 않았다. 닭들도, 나도 행복하기 어려울 지경에 이르러 이웃집 닭장으로 닭들을 보냈다. 얼마 지나지 않아 우리 닭들이 복날 백숙이 되었다는 걸 알고 나서야 생각 없이 가축을 기르지 말아야 한다는 걸 깨달았다. 닭을 보내기까지 몇 날 며칠을 전전긍긍했던 기억이 오래전의 일이지만 지금도 생생하다.

2012년 농촌진흥청과 세계유기농운동연맹(IFOAM)이 공동으로 유기농 발전의 견인차 역할을 담당할 유기농 전문가를 양성하기로 협약을 맺었다. 세계유기농운동연맹의 경험과 지식을 바탕으로 국내 유기농 확대에 도움이 될 수 있는 해답을 참여자 스스로 찾아나가는 역동적인 프로그램이다. 영광스럽게도 내가 이 프로그램의 첫 번째 참여자가 되어 세계유기농지도전문가 코칭 과정을 이수하게 됐다. 프로그램이 시작되는 첫 해인 2013년에는 나를 포함하여 두 명의 코치가 열네 명의 유기농지도전문가와 함께 유기농 지도 매뉴얼을 만드는 작업에 돌입했다. 유기농업을 하려는 농민과 이들과 함께하는 지도사에게 현실적인 도움이 되는 유기농 매뉴얼을 만들기 위해 머리를 맞대어 고민하고, 사례를 연구하고 있다. 과정의 일환으로 친환경농업특구인 경기도 양평군에서 추진하고 있는 친환경농업 지원방식을 듣고, 현장을 방문하는 기회를 누렸다. 양평군 용문면에서 유기적 방법으로 딸기농사를 짓고 있는 농가를 방문했다가 닭을 기르는 이유를 듣고 무릎을 쳤다. 농장주는 40대의 젊은 농군이었는데 잘 지은 800여 평의 딸기 하우스 안에서 차분한 목소리로 농장을 운영하는 방식을 설명해주었다.

"저희 농장은 농사를 짓기 위해 외부에서 들어오는 자원을 최소화하고 있습니다. 모든 자원이 외부에서 들어오거나 낭비됨 없이 농장 안에서 순환하며 농사짓는 것이 제 꿈입니다. 그래서 저는 30여 평의 닭장을 지어놓고 100여 마리 닭을 키우고 있습니다. 제가 키우는 딸기는 밑거름이 많이 필요한 작물이 아니여서 이 정도 닭에서 나오는 똥을 발효해서 쓰는 것만으로도 충분합니다. 거름을 많이 주고 키우려면 작물에 병이 오기 쉽고, 관리도 훨씬 힘들어집니다. 닭에게는 농장에서 나오는 채소 찌꺼기, 남은 음식물, 무항생제 사료 등을 먹이고 있습니다. 아침마다 달걀 걷어오는 재미도 쏠쏠합니다. 체험 오시는 손님들께 삶아 드리기도 하지요. 저희 양평군은 일 년에 한 번 미리 신청한 농가를 대상으로 팔당호에서 잡힌 외래종 물고기를 액비로 만들어 쓰라고 공급해줍니다. 이 물고기를 가져가다 당밀과 미생물을 섞어 발효시키면 1~2년 후에는 훌륭한 아미노산 액비가 됩니다. 보통 딸기 웃거름으로 이런 아미노산 액비와 퇴비 우린 물을 사용합니다. 물론 노력이 많이 듭니다. 우리 부부가 하루라도 성실하게 일하지 않으면 농장이 운영되기 어렵습니다. 그래도 자부심을 가지고 열심히 하다 보니 체험객도 많이 오시고, 직거래도 늘고 있어 감사한 마음으로 살고 있습니다."

그저 예쁘다고 닭을 데려와 좁은 베란다에서 고생시킨 경험이 있는 나는 이 농부의 진심이 마음에 와 닿았다. 닭 기르는 일도 필요를 생각하고, 내게 맞는 일인가를 따져보아야 한다. 살아 있는 생명을 거두는 일이 생각처럼 녹록하지 않다.

세계유기농운동연맹 아카데미 콘래드 원장과 우리 유기농지도전문가들은 과연 유기농을 어떻게 정의할 것인가에 대해 많은 이야기를 나누었다. 우리가 생각하는 유기농은 유별난 사람들이 까다롭게 추구하는 농업 방식이 아니다. 자연에 끼치는 해를 최대한 줄이고, 우리 후세에도 이어갈 수 있는 방식이라면 꼭 유기농이라 이름 붙이지 않아도 좋다고 생각한다.

관행농업의 방식으로 과거에 반만년 이어온 농업의 역사를 앞으로도 몇 백 년, 몇 천 년 계속할 수 있으리라 생각하는 사람은 별로 없을 것이다. 세계가 당면하고 있는 에너지의 고갈도 문제지만 현재 지구의 살갗인 토양의 40%가량이 식량을 지탱하는 농경지로 사용되고 있다는 것도 깜짝 놀랄 만한 일이다. 단일 산업으로 지구온난화에 가장 큰 영향을 미치는 분야가 농업이다. 단지 생존에 가장 중요한 역할을 하는 식량 문제를 놓고 지구온난화와 결부하여 쉽게 간섭을 하거나 대책을 내놓을 수 없어 침묵하고 있을 뿐이다. 농업이 계속되려면 지속 가능한 순환형 농업으로 완전히 탈바꿈해야 한다.

순환 농업을 말할 때 빼놓을 수 없는 것이 분뇨이다. 작물을 키워내는 유기질 양분으로 사람과 가축의 분뇨만큼 유용한 것을 찾기 어렵다. 1909년, 당시 미국 농림부 토양관리국장이었던 프랭클린 킹 박사는 중국, 한국, 일본을 여행하며 이들 나라가 어떻게 한자리에서 몇 천 년을 이어 농사를 짓고 있는지를 살펴 '4천 년의 농부'라는 책을 유작으로 남겼다. 그의 눈에 비친 농부들은 자연에서 곡식을 얻은 만큼 부지런히 양분을 자연으로 되돌려주는 생태순환을 반복하고 있었다. 그 중심에 서 있던 양분이 사람과 가축의 오줌, 똥인데 그만큼 귀하게 대접 받았다. 분(糞)은 한자로 쌀 미(米)와 다를 이(異)가 합쳐진 모습이다. 쌀 이 다른 형태로 바뀐 것이 분(糞)이라는 옛사람들의 생각을 이 한 글자 에서도 알 수 있다. 사람이나 가축이 음식물을 삼키면 장기와 미생물 은 힘을 합쳐 열심히 분해하여 필요한 양분을 만든다. 그 과정에서 완 전히 분해하지 못한 찌꺼기, 미생물의 사체 등이 배출되는데 처음 갖고 있던 영양분이 많이 줄어들기는 하지만 장 속에 있는 수천 여 종의 미 생물이 힘을 보태 영양분이 풍부하고 미생물이 먹기 좋은 상태로 만들 어놓는다. 이런 배설물은 땅속 미생물에게 귀중한 양식이 되어 흙을 생 명이 넘치는 곳으로 유지시킨다.

최근 정부에서 수립한 자연순환농업 활성화 대책의 큰 그림은 4천 년 농부의 지혜를 담고 있다. 가축분을 잘 부숙시켜 논밭에 작물을 기 르는 거름으로 써서 화학비료 사용을 줄이고, 땅을 기름지게 하자는 내용을 골자로 하여 2007년도에는 '가축 분뇨의 관리 및 이용에 관한 법률'이 제정되기도 했다.

땅을 망치는 똥

사실 없어서 걱정이던 똥을 가지고 법률까지 제정하게 된 데에는 우 리의 식습관 변화가 큰 역할을 했다. 1970년대만 하더라도 한 사람이 한 해 동안 5kg의 고기를 먹었다. 경제가 좋아지고, 미국식 식생활이 보 급되며 1990년대에는 20kg로 늘었고, 2010년도에는 39kg으로 20년 사 이 두 배가 증가했다. 고기 소비량이 두 배가 늘어난 20년 동안 우리나 라에서 사육되는 돼지의 숫자도 453만두에서 988만두로 곱절이 넘게 늘었다. 이렇게 가축의 숫자가 늘면서 넘쳐나게 된 분뇨는 처리하기 어려운 골치 덩어리 신세로 전락했다. 땅이 품어줄 수 있는 적은 양이라면 생 똥은 밭에 뿌려 양분으로 쓸 수 있지만, 많은 양은 땅을 죽이는 독이 된다. 그래서 그냥 쓸 수 없고, 미생물의 분해를 거쳐 퇴비의 형태로 만들어 사용해야 한다. 적은 양이라면 퇴비 만들기가 어렵지 않은데 몇 천 두, 몇 만 두에서 쏟아져 나오는 소와 돼지의 분뇨를 처리하는 일은 만만치 않다.

우리나라는 1980년대부터 값싼 화학비료와 함께 풍부해진 가축분 퇴비를 농경지에 과다하게 사용해왔다. 작물은 공기 중 이산화탄소와 뿌리에서 흡수한 물로 광합성을 통해 포도당을 만들어낸다. 이 포도당을 기본으로 뿌리에서 흡수한 질소, 인산, 칼륨과 같은 필수 원소들이 더해지며 자라난다. 가축분 퇴비는 보통 작물에 필요한 이런 양분을 모두 갖고 있지만 필요한 양분 사이에 균형이 잡혀 있지 않은 상태이기 때문에 땅이 소화해낼 수 있는 만큼 사용해야 한다. 필요 이상 가축분을 과다하게 사용하면 땅이 품어줄 수 있는 질소와 인산의 양을 넘어 물과 토양을 오염시킨다. 과잉으로 묻힌 인산은 토양 속의 철이나 알루미늄과 결합하여 땅에 축적된다. 인산염은 땅을 굳게 하고, 미생물과 작물이 모두 살 수 없는 척박지로 만들어버린다. 작물도 질소가 넘쳐 병해충에 약해지니 농약을 사용해야 하는 악순환을 반복한다. 우리나라에서 단위면적당 사용되는 질소의 양은 OECD 회원국 가운데 단연 1위다. 실제로 농경지에 투입되는 전체 양분 가운데 50% 정도만 작물에 사용되고 나머지는 토양에 축적되거나 물에 씻겨 내려 환경을 오염시킨다. 양분 과잉 문제는 우리나라 농업의 큰 숙제이다.

가축이 많아지니 처리하기 어려운 분뇨를 모아 바다에 버리게 되었다. 이를 해양 투기라고 하는데, 2006년의 기록을 보면 우리나라에서 발생한 가축 분뇨의 6.5%가 바다에 버려졌다. 가축 분뇨뿐 아니라 처리가 어려운 하수 오니, 산업폐수 등도 해양 투기를 많이 하고 있다. 1988년 55만 톤의 폐기물을 시작으로 2011년까지 총 1억2천만 톤 이상을 바다에 버렸다. 우리나라는 OECD 회원국은 물론 폐기물 해양 투기 방지를 위한 런던협약에 가입해 있는 국가 중 현재까지 유일하게 해양 투기를 하고 있는 나라이다. 우리가 잠시 편하자고, 후세에 물려주어야 할 바다를 죽이고 있는 꼴이다. 때문에 우리나라도 2012년도 가축 분뇨를 시작으로 2014년까지 모든 폐기물에 대한 해양 투기를 전면 금지하기로 했다.

처리하기 어려워 바다에 버리던 분뇨를 이제는 어떻게든 해결해야 하는 숙제가 주어졌다. 해양 투기 금지가 예고된 2007년부터 가축 분뇨 공동자원화 사업이 적극적으로 추진되어 분뇨의 퇴·액비 자원화가 이루어지고 있지만 아직 온전하지 않다.

봄나들이 간 시골길에서 코를 움켜쥐게 만드는 불쾌한 냄새를 한 번쯤은 맡아보았을 것이다. 냄새가 어찌나 지독한지 맡아본 사람은 모두 고개를 절레절레 흔들게 된다. 이 냄새는 대부분 길 가장자리 밭에 뿌려놓은 발효가 덜된 퇴비에서 풍겨 나오는 경우가 많다. 봄철 작물을 심기 위해 밭에 미리 퇴비를 뿌려 놓아야 하는데 이를 위해 농가 대부분은 닭이나 돼지의 똥이 섞인 축분 퇴비를 구입한다. 퇴비 공장에서 구입한 축분 퇴비는 분해가 덜된 상태로 판매되어 밭에 뿌려 놓으면 지독한 똥 냄새를 풍긴다. 이른 봄부터 밭을 가꾸려고 부지런히 퇴비를 뿌린 농부만 죄 없이 민망해진다.

액비도 마찬가지이다. 분해가 덜된 액비를 논밭에 필요 이상 많이 뿌리면 작물이 웃자라 비바람에 쓰러지고, 병해충도 많이 발생한다. 이런 일을 한두 번 겪게 되면 다음부터 액비 쓰기가 꺼려진다. 이 때문에 제대로 사용하면 훌륭한 보물이 될 것이 애물단지로 전락해 이러지도 저러지도 못하고 있는 곳도 많다. 농업기술센터에서 액비를 분석하여 농경지에 뿌릴 수 있는 기준을 정해주고 있지만, 가장 중요한 일은 제대로 만들어진 퇴·액비를 필요한 농경지에 필요한 만큼만 사용하는 합리성이다.

가축 사육이 많이 늘었다. 한육우는 역사상 최고로 많은 숫자인 300만 두를 넘어선 과잉 상태가 2년 넘게 지속되고 있다. 수소 한 마리 팔아 송아지 값과 사료비를 제하면 오히려 손해인 경우도 많다. 암소는 새끼를 낳아 파는 것으로 사료비를 대는데, 송아지 값이 형편없으니 돈벌이가 되지 않는 정도를 떠나 손해가 크다. 돼지도 마찬가지다. 2010년 말 구제역 사태 이후 모자란 숫자를 채우느라 너도 나도 사육을 늘려 적정 두 수를 훌쩍 뛰어넘었다. 키우면 키울수록 손해라는 얘기가 들린 지 오래다. 산란계도 많아 계란이 넘치고 있다. 알 하나 팔 때마다 밑지고 있지만 버틸 때까지 버텨보자는 마음으로 손해를 감수하고 있는 실정이다. 모든 가축 사육농가들이 과잉 생산으로 인한 고통의 시기를 보내고 있다.

이들 가축이 쏟아내는 분뇨도 적정하게 처리하기 어려운 만큼 많다. 기르는 사람이 제값 받고, 축분도 안성석으로 처리하려면 가축 수를 줄여야 한다. 소득이 되지 않으니 새로 가축을 키우기도 어려운 시기지만 이럴 때일수록 왜 키워야 하는가를 고민해보는 것도 좋을 듯하다.

내 땅에 필요한 양분만큼, 내가 감당할 수 있을 만큼 기르는 가축은 시장 가격이 아무리 내려간다 하더라도 큰 짐이 될 리 없다. 딸기 농가가 키우는 닭 100여 마리가 시장가격과 무관하듯 내 땅에 필요한 양분의 순환을 생각하며 키우기 시작하는 가축이 우리나라 축산업의 시작이 되길 바란다.

what

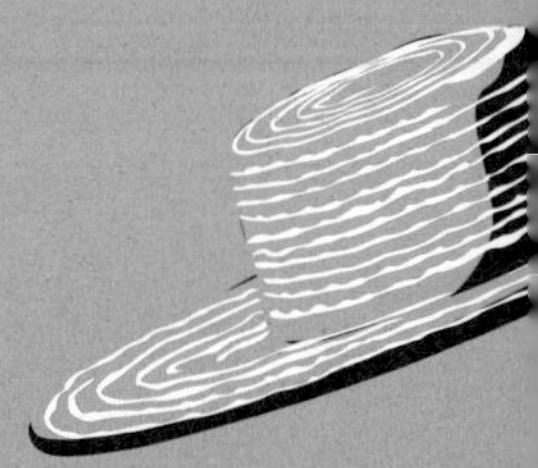

무엇을 할 것인가?

지속 가능한 생산시스템을 구축하기 위한 노력

지금까지 '왜' 유기농업을 해야 하는가에 대해 살펴보았다. 현재의 농업방식이 지구 생태계에 미치는 파괴적 영향은 도저히 지속 가능한 방식이라 말하기 어렵다. 때문에 우리는 그 대안을 신속히 논의해야 하고, 유기농업이 지닌 가능성에 주목해야 한다.

유기농업의 정의나 기술은 추구하는 목표나 지역에 따라 다를 수밖에 없다. 또한 시대나 상황에 따라 유기농업의 정의도 '유기'적으로 변화하기 때문에 그 정의를 놓고도 지루한 논의가 계속되고 있다. 전 세계 유기농운동을 통합하고 대표하는 세계유기농운동연맹(IFOAM)의 주요 목표 중 하나는 유기농업에 관련된 정보를 제공하고, 그 정보가 전 세계에 활용될 수 있도록 돕는 일이다. 2008년 6월 이탈리아 비그놀라에서 열린 IFOAM 총회에서 채택된 유기농업의 정의는 다음과 같다.

'유기농업은 토양, 생태계 그리고 인간의 안녕을 유지하는 생산시스템이다. 생태계에 해를 끼칠 수 있는 자재의 사용보다는 지역 상황에 맞는 순환형 생산체계, 생물 다양성을 근간으로 삼는다. 유기농업은 공유하는 환경에 보탬이 되도록 전통과 과학 그리고 창의를 조합하며, 참여하는 모든 사람 간의 공정한 관계와 생활의 질을 높이는 데 일조한다.'

사실 유기농업의 실제적 의미를 두고 많은 혼동이 있는데, 'Organic'는 '동·식물, 즉 생명체에서 만들어졌다'는 의미인 동시에 생명체의 유기적 구조를 뜻하기도 한다. 따라서 'Organic'은 정확한 용어가 아니다. 일부 농민들은 유기농업을 화학농약이나 화학비료 대신 퇴비와 같이 자연재료를 활용하는 농법이라고 생각한다. 특히 우리나라는 친환경농업의 개념 자체를 단순히 합성 또는 화학비료와 살충제를 사용하지 않는 데 중점을 둔다. 그래서 유기농업을 사전적으로 '화학비료, 유기합성농약, 생장조절제, 제초제, 가축사료 첨가제 등 일체의 합성화학 물질을 사용하지 않거나 줄이고 유기물과 자연광석, 미생물 등 자연적인 자재만을 사용하는 농업'으로 정의하고 있다. 그러나 유기농업은 단순히 어떤 자재를 사용하느냐 하지 않느냐의 문제가 아니다. 어떤 자재를 '왜' 금지하는가를 알면 답은 자연스레 나온다. 유기농업은 현재 지구 생태계에 가장 큰 영향을 미치는 인간 활동인 농업의 생산시스템을 지속가능한 방식으로 바꾸자는 의지의 표현이자 실천양식이다. 토양, 식물, 가축, 곤충, 농민 등 생태계 모든 요소가 서로 유기적으로 연결된 생명체로 따로 떨어져 분리할 수 없으며, 농산물 생산에서 최소한의 위해를 가하는 방식을 찾는다. 따라서 제초제나 화학비료를 삼가고, 녹비를 포함한 윤작, 혼작 등의 경작방식을 대안으로 삼는다.

세계 각국이 처한 상황이나 입장에 따라 유기농업을 대하는 태도가 다양한 만큼 유기농업이 무엇인지 진지하게 고민하고 정리할 필요가 있다. 2부에서는 IFOAM의 교육 매뉴얼을 기초로 유기농업에 대해 알아보고자 한다. IFOAM의 유기농 기준은 추구하는 원칙이 무엇이며 그에 기반을 두어 어떤 방법과 자재가 허용되는지를 설명한다. 이 기준은 다양한 종류의 농업 방식이 공유하는 최소한의 공통기반을 규정하는 데는 적합하지만, 어떤 것이 이상적인 유기농 방식인지에 관해서는 많은 지침을 제시하지는 않는다.

유기농업의 4대 원칙

유기농업의 4대 원칙은 2005년 IFOAM 호주 애들레이드(Adelaide) 총회에서 채택되었다. 이 원칙은 수십 년에 걸친 과정을 통해 유기농업 원칙에 대한 공동의 이해에 합의하여 유기농업이 성장하고 발전할 수 있다는 전제하에 채택되었다. 따라서 단순히 유기농업이 농약을 사용하지 않는다는 것보다 훨씬 많은 것을 의미한다는 사실을 보여준다. 바로 유기농업이 전 세계에 무엇을 기여할 수 있는지, 농업 전반을 어떻게 발전시킬 수 있는지 그 비전을 제시한다. 우리 모두는 매일 음식을 섭취해 생명을 유지하므로 농업은 인류의 가장 기본적인 활동이다. 농업에는 그 지역의 역사, 문화, 공동체 가치가 내재되어 있다. 유기농업의 4대 원칙은 농업이 생태계 내에서 서로 주고받으며, 미래 세대에게 남길 유산을 쌓아가는 방식에 초점을 맞추어 가장 넓은 의미를 포함하고 있다. 유기농업은 건강, 생태, 공정, 배려의 4대 원칙을 바탕으로 삼는다.

건강의 원칙

토양, 작물, 가축, 인간, 지구는 결코 서로 분리될 수 없는 일체를 이룬다. 유기농업은 그 전체의 건강을 유지하고 증진해야 한다. 이 원칙은 개인과 공동체의 건강이 생태계 전체의 건강과 불가분(不可分)의 관계에 있다는 사실을 강조한다. 토양이 건강해야 작물이 잘 자라고, 건강한 작물이 가축과 사람의 건강을 증진시킨다는 의미이다. 건강은 생명체의 온전한 상태를 일컫는다. 단순히 병에 걸리지 않는 상태가 아니라 육체적·정신적·사회적·생태학적 건강을 유지한다는 의미다. 면역력, 회복능력, 재생능력이 건강의 핵심 요소다.

농사, 농산물 가공, 유통, 소비 등 모든 과정에서 토양에 살고 있는 미생물로부터 인간에 이르기까지 모든 생명체와 생태계의 건강을 유지하고, 증진하는 것이 유기농업의 역할이다. 특히 유기농업은 질병을 예방하고 건강을 증진하는 몸에 좋은 고품질 식품의 생산에 그 목적을 둔다. 따라서 건강에 해로울 수 있는 화학비료, 농약, 가축용 항생제, 식품첨가제 사용을 마땅히 삼가야 한다.

생태의 원칙

유기농업은 살아 있는 생태계에 기초하여 그 속에서 이루어져야 하며, 생태계를 모방하고 유지해야 한다. 예를 들어 작물은 살아 있는 토양, 가축은 농장, 물고기와 해양생물은 수중 환경과 같이 살아 있는 생태계에 뿌리를 두어야 한다는 말이다. 유기농업에서 생산은 자연의 주기를 따르고 생태 균형에 맞추어야 지속 가능하다.

유기농업은 또한 현지의 조건, 생태, 문화, 규모에 적합해야 한다. 물자와 에너지의 재활용, 재생, 효율적인 관리를 통해 농업의 투입 요소를 줄여야 환경이 유지되거나 개선될 수 있고, 자원을 절약할 수 있다.

유기농업은 영농시스템 설계, 서식지 확보, 유전적 다양성 유지를 통해 생태 균형을 맞추어야 한다. 유기 상품을 생산하고, 처리하고, 거래하고, 소비하는 사람은 조경, 기후, 서식지, 생물 다양성, 공기와 물 등 모두가 공유하는 환경을 보호하고 개선시켜야 한다.

공정의 원칙

유기농업은 공유하는 환경과 삶의 기회에서 공정성을 보장하는 관계를 바탕으로 시행되어야 한다. 공정은 사람과 사람 사이, 그리고 사람과 다른 생물 사이의 관계에서 평등, 존중, 정의를 바탕으로 공유하는 세계를 관리하는 것을 의미한다.

공정의 원칙은 농민, 근로자, 가공자, 유통자, 상인, 소비자 등 유기농에 참여하는 모든 이해관계자들에게 공정성을 보장하는 관계를 실천해야 한다는 점을 강조한다. 유기농업은 관련된 모든 사람에게 높은 삶의 질을 제공하고, 식량주권 확보 및 빈곤 완화에 기여해야 한다. 아울러 품질 좋은 농산물을 충분히 공급하는 것을 목표로 삼는다.

이 원칙에 따르면 가축에게도 생리, 본능적 행동, 건강에 적합한 삶의 조건 및 기회를 제공해야 한다. 생산과 소비에 사용되는 천연자원과 환경자원은 사회적 또는 생태적으로 공정하게 관리되어야 하며, 미래 세대를 위해 소중히 보존되어야 한다. 공정성을 확보하기 위해서 공개적이고 평등하며 환경적·사회적 실질비용을 충당할 수 있는 생산, 유통, 거래 시스템이 필요하다.

유기농업은 현재뿐 아니라 미래 세대, 환경의 건강과 안정을 보장하는 신중하고 책임 있는 방식으로 진행되어야 한다. 유기농업은 내외적 요구와 조건에 반응하는 살아 숨 쉬는 역동적인 시스템이다. 유기농업을 실천하는 사람들은 효율성과 생산성을 높일 수는 있지만, 그 과정에서 인간과 생태계의 안정을 위태롭게 해서는 안 된다. 따라서 새로 개발되는 기술은 그에 맞게 적절히 평가되어야 하며 기존의 기술도 재검토되어야 한다. 생태계와 농업에 대한 우리의 이해가 불완전할 수밖에 없다는 사실을 감안하면 신중해야 한다.

이 원칙은 유기농법의 관리, 개발, 기술에서 예방 조치와 책임 있는 행동이 핵심 요소라는 점을 강조하고 있다. 유기농업을 건강하고, 안전하며, 생태학적으로 건전하게 추진하기 위해서는 과학이 뒷받침되어야만 한다. 그렇다고 과학적 지식이 전부는 아니다. 오랜 세월을 걸쳐 검증된 실제경험, 축적된 지혜, 전통적이고 토착적인 지식에서 유효한 해결책은 나오기 때문이다. 유기농업은 유전공학 같은 예측 불가능한 기술을 거부하는 대신 검증된 적절한 기술을 채택함으로써 중대한 위험을 미연에 방지해야 한다. 유전공학은 한 지역의 문제가 아니라 지구상 모든 사람에게 영향을 미치는 중대한 농업의 변환이므로 이를 우려하는 많은 사람의 가치와 필요성을 반영하고, 모두가 참여하는 투명한 과정을 통해 결정을 내려야 한다.

유기농업의 목표

산림의 토양 비옥도와 생태 균형

식물은 흙에서 영양소를 흡수해 잎이나 가지와 같은 유기물을 만들어낸다. 이 유기물은 잎이 떨어지거나 식물이 죽으면 다시 땅으로 돌아간다. 곤충을 비롯해 다양한 동물들이 유기물의 일부를 먹고 배설물을 통해 영양소를 흙으로 돌려보낸다. 흙 속에서는 수많은 토양생물이 유기물을 분해해 다시 영양소를 만든다. 식물은 뿌리로 그 영양소를 거의 완벽하게 흡수한다.

자연 생태계의 핵심은 토양과 토양의 비옥도다. 산림의 자연 순환은 떨어진 낙엽이 토양을 덮고, 이렇게 쌓인 유기물이 오랜 기간을 거쳐 토양 침식을 막아주고 토양을 비옥하게 만든다. 유기물질이 지속적으로 공급되면 수많은 토양생물이 충분한 영양을 얻어 살아가는 데 이상적인 환경이 만들어진다. 그 결과 토양이 부드러워지고 많은 양의 물을 흡수하고 저장할 수 있다.

산림에는 아주 다양한 식물들이 서식한다. 그 식물들은 크기나 습성뿐 아니라 생장에 필요한 조건도 다양하다. 동물도 그 시스템의 일부다. 한 생명체가 사라지고 나면 즉시 다른 생명체가 그 공백을 메운다. 따라서 공간, 햇빛, 물, 영양소가 최적으로 활용된다. 그 결과 아주 안정된 시스템이 만들어진다.

자연 생태계에서는 병해충이 생기게 마련이지만 큰 피해를 주는 경우는 드물다. 작물 다양성이 병해충의 확산을 막기 때문이다. 식물은 대부분이 병충해를 스스로 이겨낸다. 아울러 곤충이나 새 같은 다른 생명체가 여러 해충을 제어해준다.

유기농장의 토양 보호와 생태 균형

유기농업에서 양분 관리는 생분해성 물질이 바탕이 되는데, 양분은 분해될 수 있는 식물이나 동물의 잔류물을 뜻한다. 양분 순환은 퇴비, 멀칭, 녹비, 윤작 등의 방법으로 이루어진다. 가축은 양분의 순환 과정에서 중요한 역할을 한다. 가축이 흙의 양분을 흡수하여 자라난 사료를 먹고 축분을 다시 흙으로 돌려보냄으로써 양분의 재순환이 가능해진다. 신중하게 관리하면 침출, 토양 침식, 가스화에 따른 영양소 손실을 최소화할 수 있다. 이런 과정은 농장 외부에서 농장 내로 외부 물질의 투입에 대한 의존을 줄여주고 비용도 절감할 수 있다. 그러나 농산물을 판매하여 농장에서 빠져나간 양분만큼은 다른 방식으로 채워야 한다.

유기농업을 실천하는 농민들은 토양의 비옥도 유지와 개선을 가장 중요하게 생각한다. 그래서 유기 퇴비로 토양생물의 활동을 자극하고 화학 살충제나 화학비료로 토양생물을 해치는 일을 삼간다. 또 멀칭과 지피작물 등을 사용해 토양 침식을 막으려고 힘쓰고 있다.

유기농장에는 나무를 포함해 여러 작물이 혼작 또는 윤작으로 재배된다. 가축도 통합된 농장 시스템의 일부다. 다양성은 자원을 최적의 상태로 활용할 수 있게 해줄 뿐 아니라 특정 작물에 병해충이 발생하거나, 시장가격이 하락할 때 경제적 안전장치 역할도 한다.

유기농업을 하는 농민은 경제적 피해가 발생하지 않는 수준으로 해충이나 질병을 관리하려 한다. 작물의 건강과 저항력을 강화하는 것이 주안점이다. 이로운 곤충은 서식지와 먹이를 제공하여 번성하는 것을 도와준다. 해충이 위험한 수준에 도달하면 천적과 식물약제를 사용한다.

유기농의 올바른 정의

유기농업은 자연의 법칙을 따르려고 한다. 이 말은 '유기농장이 최대한 자연계와 가까워야 한다'는 뜻일까? 유기농 운동을 하는 사람 중에는 자연농법에 집중하는 농민도 있고, 순전히 상업적인 접근법을 취하는 농민도 있지만, 과반수는 그 두 극단의 중간에 있다. 대다수 농민은 생계를 위해 농장에서 충분한 생산을 얻고 싶어한다. 그들이 직면하는 어려움은 자연의 원칙을 따르면서 높은 생산성을 달성하는 것이다.

일부 지역에서는 다년생작물이 자연과 같은 상태로 재배된다. 영양 공급이나 병해충 방제를 하지 않으면서도 지속적으로 수확하는 상태를 말한다. 따라서 유지하는 데 비용은 적게 들지만 일정 기간이 지나면 산출이 줄어들게 된다. 이러한 방치된 농산물의 일부 또한 유기농 승인을 받는다. 유기농 기준의 최소한 요건에 부합하기 때문이다. 그러나 이런 접근법이 농민에게 장기적 시각을 제공하는지는 의문이다. 유기농은 식량 안보에 기여하려는 지향점을 지닌다. 때문에 자연 그대로 방치한 상태의 유기농은 올바른 전략이 아니다.

지속 가능성 목표

유기농업은 지속 가능성을 지향한다. 지속 가능성이 과연 무엇을 의미할까? 농업의 맥락에서 볼 때 지속 가능성은 기본적으로 농업자원을 성공적으로 관리해 인간의 필요성을 충족시키는 동시에 환경과 천연자원을 보존하는 것을 의미한다. 따라서 유기농업의 지속 가능성은 생태적·경제적·사회적 측면을 포함하는 넓은 의미로 파악되어야 한다. 그 세 가지 차원의 목표가 달성되어야 농업시스템이 지속 가능하다고 말할 수 있다.

1. 생태적 지속 가능성

- 외부 투입요소를 최소화한 영양소의 재순환.
- 토양 및 물을 오염시키는 화학 물질의 사용 금지.
- 생물 다양성 증진.
- 토양 내 부식 축적을 통한 비옥도 개선.
- 토양 침식과 다짐 현상 예방.
- 가축 복지를 고려하는 농장 운영.
- 재생에너지 사용.

2. 사회적 지속 가능성

- 자급과 소득을 위해 충분한 생산.
- 건강한 식품으로 가족에게 안전한 영양 공급.

•남녀 모두에게 바람직한 노동조건.

•현지 경험과 전통의 존중.

3. 경제적 지속 가능성

•만족스럽고, 믿을 만한 생산량.

•외부 투입 자재와 투자에 들이는 최소 비용.

•농작물의 다양화를 통한 안정적 소득 증대.

•품질 개선과 농장 현지가공을 통해 부가가치 창출.

•경쟁력 강화를 위한 높은 효율성.

유기농업과 다른 농법의 차이

지속 가능한 농업

녹색혁명이 불러온 부정적인 환경 영향이 갈수록 심해지기 때문에 농업의 지속 가능성은 널리 인정되는 목표가 됐다. 지속 가능한 농업은 환경적으로 건전하고, 자원을 보존하며, 경제적으로 실행 가능하고, 사회에 도움이 되며, 상업적으로 경쟁력이 있는 농업을 표방한다. 따라서 지속 가능한 농업의 목표는 유기농과 공통점이 많을 수밖에 없다.

그러나 어느 정도까지 지속 가능성이 이루어져야 하며, 어떤 방법과 투입 요소가 용인될 수 있는지에 관해서는 합의가 도출되지 않았다. 따라서 화학비료나 살충제, 유전자변형 생물을 사용하는 농업도 나름대로 지속 가능성을 추구한다고 말할 수 있다. 예를 들어 집약적 표준농법(IP: Integrated Production)이나 병해충종합관리(IPM: Integrated Pest Management)도 특정한 고(高)독성 살충제 사용을 삼가고, 다른 살충제 사용도 적정 수준까지 줄인다.

저투입 지속농업(Low External Input Sustainable Agriculture: LEIA 또는

LEISA)이나 친환경농법 같은 영농시스템에서는 농약 사용을 일체 금지한다. 이 농법은 농장 내 각 요소를 연결해 상호 보완성과 최대한의 시너지 효과를 이루기 위해 현지의 가용자원을 최적화하는 것을 추구한다. 외부 투입요소는 생태계에 부족한 요소를 보충하고, 가용한 생물·물리·인적 자원의 가용성을 높이기 위해서만 사용된다. 따라서 서로 다른 농업시스템을 확실히 구분하기는 매우 어렵다.

전통농업이 유기농업일까?

농약이 대규모로 사용된 것은 1960년대부터였다. 따라서 '녹색혁명'의 영향을 받지 않은 전통농업은 화학비료, 살충제, 유전자변형 생물을 전혀 사용하지 않는다는 점에서 유기농업의 가장 중요한 기준을 자동적으로 충족시킨다.

지난 수십 년 동안 농업의 초점은 대체적으로 자체소비를 위한 자급농업에서 금전적 소득을 올리기 위한 시장 판매용 생산시스템으로 바뀌었다. 많은 나라에서 인구 밀도가 크게 높아졌고, 전통농업은 대부분 농민의 기대만큼 생산량을 맞출 수 없었다. 휴경 기간이 짧아지고, 과방목이나 기업형 재배가 늘어나면서 전통농업은 심각한 위기에 직면했다. 동시에 수확량이 더 많은 작물 종이 도입됐는데, 그러한 작물들은 병해충에 더 취약했다.

유기농은 인구 증가가 불러온 식량 수요 증가에 부응하는 동시에 농지의 장기적 생산성을 약화시키지 않기 위해 노력한다. 유기농의 여러 방법 및 기법은 세계 전역의 다양한 전통농업 시스템에서 취합되었다. 그러나 전통농업이 전부 유기농이라 말할 수는 없다. 유기농업은 전통농업이 지닌 지혜 위에 다양한 현대기술을 결합했다. 예를 들어 병해충 방제를 위한 길항미생물의 사용, 수확량이 많으면서도 질병 저항성이 강한 종자의 도입, 효율성 높은 녹비작물의 이용 등을 들 수 있다.

특정 전통농업이 유기농으로 간주될 수 있을지 여부는 유기농 기준을 충족하느냐의 여부에 달려 있다. 예를 들어 일부 전통농업은 가축 사육시 유기농업이 추구하는 충분한 공간과 자유로운 이동이 보장되지 않거나, 벌목과 화전으로 토양 침식을 야기하여 유기농업의 기준과 상충된다.

집약적 표준 농법(IP)

집약적 표준 농법은 지난 몇 년 사이에 특히 경제 과도기에 있거나, 산업화된 국가에서 중시되었다. 농약 사용을 금지하지는 않았지만 사용량을 줄이는 것을 목표로 삼고 있으며, 작물 보호를 위해 생물방제와 화학 농약 혼합방식을 사용하고 있다. 병해충 종합관리(IPM: Integrated Pest Management)는 병해충 발생이 미리 정해진 한계점에 도달하게 되면 화학농약을 사용하고, 작물 생장을 위해서는 화학비료가 사용될 수 있지만 최대 사용량이 규정된다.

집약적 표준 농법의 기준은 명확하지 않으며, 규정으로 만들어졌다고 해도 나라마다 차이가 난다. 일부 국가는 집약적 표준농업을 위한 상표 및 관리시스템을 만들었다. 어떤 나라에서는 이런 방식을 '녹색생산'이라고 부른다.

집약적 표준농업은 무엇보다 '관행농업(conventional agriculture)'과 같은 접근법을 따르는 동시에 생산물의 품질과 환경에 미치는 부정적 효과를 줄이려고 노력한다. 유기농의 전체론적인 이해와는 거리가 멀지만 많은 농민이 따르기 쉽기 때문에 관행농업과 비교하여 더 건강한 환경에 상당한 기여를 할 수 있다.

'녹색혁명'은 과연 녹색(친환경)이었을까?

화학비료와 살충제 사용은 1960년대 이래 대부분의 국가에서 유행하고 있다. '녹색혁명'으로 불리는 새로운 일련의 농업기술은 농지 면적당 산출량을 증가시키는 데 초점을 맞췄다. 그 기술은 다음과 같다.

- 고수확 품종(HYV: High Yielding Varieties)의 단작.
- 주로 기계를 사용하는 집약적 경운.
- 잡초 제거를 위한 제초제 사용.
- 해충과 질병을 제거하기 위한 살충제, 살균제 사용.
- 집중 관개와 함께 화학비료(N, P, K)의 집약적 사용.

'녹색혁명'의 초기 성공 후 이런 방식에는 원치 않는 부작용이 많이 따른다는 사실이 분명해졌다. 토양, 물, 생물 다양성 같은 천연자원뿐 아니라 인간의 건강에도 나쁜 영향을 미쳤다.

- 토양: 비옥했던 방대한 농지가 토양 침식, 염류화 또는 일반적인 비옥도 상실에 의해 토질이 나빠졌다.
- 물: 농약의 집중 사용과 과도한 관개로 인해 담수자원이 오염되거나 과잉 사용됐다.
- 생물 다양성: 야생 식물, 재배 작물, 가축 품종이 멸종됐고 풍경이 따분해졌다.

• 인간의 건강: 해로운 살충제가 식품이나 식수에 잔류되어 농민과 소비자의 건강을 위협한다. 육류에 함유된 항생제, 광우병 감염, 유전자변형생물(GMO)에 따른 건강 위험이 늘어난다.

그 외에도 이런 농업은 외부 투입요소의 과도한 사용과 석유와 같이 한정된 비재생자원 에너지를 많이 소비하여 지속 가능한 방법이라 볼 수 없다.

녹색혁명의 성공과 단점

녹색혁명 기술의 도움으로 작물 수확량이 크게 늘었다는 점은 인정받아 마땅하다. 특히 유럽과 북아메리카의 온대 지역에서 큰 효과가 있었다. 선진국 외에 많은 개발도상국도 선진국에 미치지는 않았지만 어느 정도 녹색혁명에 성공했다. 예를 들어 인도는 과거에는 심한 기근이 자주 발생했지만 이제는 곡물 생산의 자급자족을 이루었다.

그러나 개발도상국가에서 녹색혁명은 지역에 따라 효과가 상당히 달랐다. 비옥한 곡저평야(谷底平野)나 관개된 농지에서는 녹색혁명 기술로 산출량이 상당히 늘었지만 열대 지역의 대부분 농지를 구성하는 척박한 땅에서는 거의 효과를 내지 못했다. 비옥한 농지는 주로 부유한 농민이 소유하기 때문에 가난한 농민은 신기술의 혜택을 많이 받지 못했다. 그 이유 중 하나는 열대 토양에서는 비료의 효율성이 떨어진다는 사실이다. 온대 지역의 토양과 달리 열대 토양은 화학비료를 효율적으로 유지할 수 없기 때문에 영양소가 토양에서 쉽게 씻겨나가거나 질소 가스로 증발한다. 따라서 사용한 비료의 많은 양이 소실된다.

상대적으로 인건비가 저렴한 대신 농자재가 비싼 나라에서는 농자재 구입비가 생산 비용의 상당 부분을 차지한다. 이런 농자재는 융자로 구입되는 경우가 많아 수확한 농산물을 팔고 난 뒤 상환해야 한다. 그런데 토양 비옥도가 떨어져 수확량이 기대보다 적거나 방제 불가능한 병해충으로 인해 작물을 완전히 망쳐도 농민은 이미 사용한 농자재 구입비를 부담해야 한다. 따라서 많은 농민이 부채를 지게 되고 해가 갈수록 '부채의 덫'에 더 깊이 빠져든다. 보조금의 삭감으로 농자재 가격은 계속 오르는데 농업 생산물의 가격은 계속 떨어지면서 관행농업으로 농민이 충분한 소득을 올리기는 더욱 어려워지고 있다.

살충제의 부작용

어떤 곳에서는 살충제가 '약'으로 불린다. 병에 걸린 작물을 회복해 준다는 사실 때문이다. 그러나 대다수 화학살충제는 아래와 같이 원치 않는, 다양한 부작용을 일으킨다.

- 해충이 아닌 유익한 곤충까지 없애기 때문에 새로운 질병이나 해충이 생기기에 적합한 조건이 되는 경우가 있다.
- 살충제 대부분은 토양생물에도 해롭다. 토양생물은 작물의 건강을 유지하는 데 중요한 역할을 한다. 따라서 살충제를 사용하면 시간이 지날수록 더 많은 살충제가 필요할 수 있다.
- 살충제를 뿌릴 때 농민도 중독될 위험이 있다. 추정에 따르면 세계 전체에서 농약 중독으로 사망하는 농민이 연간 20만 명에 이른다.
- 살충제의 일부는 수확된 농산물에 계속 잔류하면서 소비자에게까

지 영향을 준다. 또 살충제는 지하수로 스며들어 식수를 오염시킨다.

- 일부 살충제는 매우 집요해 분해되지 않고 체내에 축적된다. 그 효과는 장기적으로만 나타나는 경우가 많으며 만성질환, 기형아, 암 등을 일으킬 수 있다.

산업화된 선진국에서는 살충제 대다수가 이미 사용이 금지되었다. 너무 위험하기 때문이다. 그러나 세계 여러 나라에서 그중 일부가 아직도 판매되고 있다. 잠재적 위험에 대한 인식이 아직 낮기 때문이다. 일부 개발도상국가는 사용이 금지된 살충제의 엄청난 재고를 처리하는 일이 큰 골칫거리다. 그 대부분은 선진국 기업들이 판매한 것이다.

유기농의 혜택

관행농업과 비교할 때 유기농의 이점은 다음과 같이 요약될 수 있다.

- 토양 보존과 토양 비옥도 유지.
- 지하수, 하천, 호수 등 수자원 오염 감소.
- 새, 개구리, 곤충 등 야생생물의 보호.
- 생물 다양성 증가, 풍경의 다양화.
- 동물 복지.
- 비재생 외부 농자재와 에너지 사용량 감소.
- 식품의 살충제 잔류 위험 감소.
- 축산물에 호르몬과 항생제 오염 위험 감소.
- 생산물의 맛과 저장성 등 품질 제고.

유기농은 새로운 개념이 아니다. 농약 사용이 보편화하기 전에도 이미 혁신적인 농민과 연구자들은 농업 생태계의 더 깊은 이해를 바탕으로 전통적인 농업기술을 개선하려고 노력했다. 근래 유기농은 여러 나라에서 크게 성장했지만, 아직은 전체 농업 부문에서 아주 적은 비율을 차지할 뿐이다. 유기농은 우리가 생각하는 것 이상의 혁신적 농업 방식으로 유기농의 바람직한 발전을 위해 농민과 유관기구 간의 협력이 필요하다.

W h y

what

How

토양

토양 비옥도

토양: 살아 있는 생명체

토양은 작물의 가장 중요한 생산요인인 동시에 농민의 영향을 가장 많이 받는다. 토양은 다양한 생명체가 가득한 복잡한 시스템으로 그 자체를 살아 있는 생명체로 볼 수 있다. 서로 유기적으로 연결된 식물, 동물, 미생물의 서식지로 시간에 따라 유기적으로 변화하기 때문이다.

토양은 살아 있는 생명체이며 끊임없이 변화하는 과정에 있다. 토양 생명체가 없으면 토양은 죽은 것이다. 미생물이 모두 나쁘지는 않다. 대다수 토양 미생물은 농민에게 아주 중요한 도움을 준다. 토양 생태계를 구성하는 요소들 사이의 관계는 복잡하며 방해요인에 매우 민감하다.

토양의 구성 요소와 구조

1. 무기물

토양은 무기물, 유기물, 구멍(공극)으로 구성된다. 무기입자는 심토(하

층토)와 암석이 물리적·화학적 풍화작용을 통해 더 작고 작은 입자로
으스러져서 생긴다.

토양 무기입자는 크기에 따라 네 가지로 분류된다.

- 자갈과 돌: 2mm 이상인 입자.
- 모래: 0.05mm와 2mm 사이인 입자. 손가락 사이에서 느껴질 수 있다.
- 미사(silt): 0.002mm와 0.05mm 사이인 입자.
- 점토(clay): 0.002mm보다 작은 입자.

모래, 미사, 점토는 육안으로는 쉽게 구별하기 어렵지만 그 차이를
아는 것이 중요하다. 토양의 속성은 서로 다른 크기의 입자들이 어떻게
섞여 있는지에 크게 좌우되기 때문이다. 점토와 미사, 모래가 골고루 섞
인 토양은 농사를 짓는 데 이상적이다. 그런 토양을 양토라고 부른다.

토양 무기입자에 포함되어 있는 영양소는 풍화작용을 통해 서서히
방출된다. 식물 뿌리와 일부 미생물들은 토양 입자에서 영양소를 녹여
내 자신들이 성장하는 데 사용할 수 있다. 식물이 유기물을 만들어 생
리작용을 하려면 무기물이 필요하다.

2. 토양유기물

토양은 무기입자 외에도 유기물을 포함한다. 토양유기물은 넓은 의
미로 토양에 들어 있는 모든 유기물질을 말한다. 뿌리, 줄기, 잎 등의 식
물 잔재, 미생물과 미소동물, 동식물 사체 그리고 이 동식물 잔해 중 미
생물의 분해를 거쳐 남은, 더 이상 분해되지 않는 물질인 부식을 모두

포함한다. 토양 내 유기물은 토양 비옥도에 대단히 중요한 역할을 하는 데, 열대 지방의 대다수 농업용 토양에서는 유기물이 전체 고형물 중 극히 일부로 1%에 불과한 곳도 많다. 우리나라의 토양유기물 수치도 평균 3%에 미치지 못할 정도로 낮다. 그러나 아무리 적은 양이라도 유기물은 토양 비옥도에 굉장히 중요하다.

유기물은 주로 토양의 상위층에 있다. 따라서 끊임없는 변화 과정을 거친다. 토양유기물의 활성화된 부분은 토양생물에 의해 추가적으로 분해될 수 있다. 그 유기물이 다시 결합하면 아주 안정된 부식질 구조가 형성되어 토양 속에 오랫동안 유지될 수 있다. 이런 장기적인 토양유기물 또는 부식질은 토양 구조를 개선하는 데 막대한 기여를 한다.

토양 구조의 의미

무기질입자와 유기물 외에도 토양에는 미세한 구멍이 나 있는데, 이 공간에는 공기나 물이 가득하다. 이런 입자와 구멍의 공간적인 구성을 '토양 구조'라고 부른다. 작은 구멍들은 수분을 보존하기에 안성맞춤이며, 큰 구멍들은 빗물이나 관개용수의 신속한 침투에 도움이 될 뿐 아니라 토양에서 물을 빼내 통기에도 도움이 된다.

바람직한 구조를 지닌 토양에서는 무기입자와 토양유기물이 안정된 덩어리 구조를 형성한다. 유기물이 접착제 역할을 해 토양입자들을 뭉치게 만든다. 지렁이, 세균, 곰팡이 같은 토양생물이 그 과정을 돕는다. 따라서 토양에 유기물을 공급하면 토양 구조는 더 좋아질 수 있지만, 만약에 관리를 잘못하게 되면 토양 구조가 망가진다. 예를 들어 축축한 상태에서 경운을 하면 토양 다짐 현상이 생긴다.

대다수 사람은 과학이라면 철석같이 신봉한다. 따라서 농민도 토양 비옥도를 알기 위해 농장의 흙을 실험실에서 검사하고 싶을지 모른다. 그러나 화학적 토양 분석으로 토양 산도와 같이 중요한 정보를 알 수 있을지 모르지만 그런 분석 결과에 큰 기대를 해서는 안 된다. 예를 들어 토양 내 양분 분석과 관련된 기본적인 문제가 있다. 예를 들어 토양 내 인(P)의 함량이 높다 하더라도 인산염으로 축적되어 있으면 식물이 인을 제대로 흡수할 수 없는 경우도 많다. 따라서 샘플 토양을 용제로 처리해서 분석하기도 한다. 식물이 흡수할 수 있는 무기영양소 인을 파악하기 위해서다. 그런 방식은 관행농업에서는 현실적인 방식이 될지 모른다. 그러나 유기농 토양에서는 활발한 토양생물의 활동이 식물의 영양소 흡수를 더 용이하게 만들 수 있다. 따라서 그런 검사 결과는 완벽하지 않다. 질소와 같은 종류의 영양소도 단 며칠 사이 함량이 크게 차이가 나기 때문에 샘플이 채취되는 시점에 크게 좌우된다. 그럼에도 화학적 토양 분석이 유용한 경우도 있다. 토양의 산도(pH)를 측정하거나 칼륨(K)이나 아연(Zn) 같은 영양소의 결핍을 알아낼 때가 그렇다. 유기농업을 하는 농민은 토양유기물 함량을 파악하여 농장 관리계획을 세우고 싶어할 수도 있는데, 이때 토양 검사는 도움이 된다.

토양에 포함된 살충제 잔여물의 화학적 분석은 매우 복잡하다. 어떤 살충제를 찾는지 알아야 하고 비용도 많이 든다. 수분 보유능력이나 토양 구조와 관련된 물리적 검사는 흥미로운 정보를 가져다줄 수 있다. 그러나 토양 샘플은 아주 신중하게 채취되어야 한다. 반면 토양생물의 활동 같은 생물적 분석은 특별한 장비를 갖춘 실험실에서 실시되어야 하며 비교적 비용이 많이 든다. 따라서 농가 차원에서의 토양 분석 용도는 과학적 방법, 적합한 실험실 확보, 비용 등의 문제로 제한되어 있다. 토양 검사를 실시할 때는 관련 있는 부분을 조사해야 하며, 검사 결과는 냉철하게 논의되어야 한다.

전국 농업기술센터에서 토양 검사를 무료로 실시하여 영농을 돕고 있는 만큼 적극적으로 토양 검사를 실시할 필요가 있다. 완벽하지 않더라도 작물재배 전, 후 토양 검사를 통해 토양의 상태를 진단하여 그에 맞는 토양 관리가 가능하다.

토양의 소우주(Microcosm)

티스푼 하나 분량의 활성화된 토양에는 미생물 수백만 마리가 살고 있다. 일부는 동물성이고, 일부는 식물성이다. 토양생물의 크기도 갖가지다. 지렁이, 진드기, 톡토기, 흰개미처럼 맨눈으로 볼 수 있는 것도 있지만, 대부분은 너무 작아 현미경으로만 볼 수 있기 때문에 미생물이라고 부른다. 가장 중요한 미생물은 세균, 곰팡이, 원생동물이다. 토질과 비옥도에 미생물의 운동은 가장 중요한 요소지만, 미생물의 활동이 인간의 눈에는 보이지 않는다. 미생물의 종이 다양하고 개체 수가 많을수록 토양의 자연적 비옥도가 높아진다.

토양생물: 적인가 친구인가?

모든 미생물을 농업의 적이라고 생각하는 농민이 많다. 그들은 어떻게 하면 미생물을 없앨까 궁리한다. 물론 몇몇 토양 미생물은 작물에 해를 끼치는 병원성이다. 그러나 미생물 대부분은 토양 비옥도에 매우 중요하며 쓸모가 많다.

토양생물은 다음과 같은 이유로 중요하다.

- 유기물 분해를 촉진해 부식질을 만든다.
- 유기물과 토양 입자를 섞어 안정된 토양 떼알 구조를 만든다.
- 땅속에 작은 터널을 뚫어 식물 뿌리가 깊이 내리게 하고 토양의 통기 기능을 돕는다.
- 토양 무기입자로부터 영양소가 방출되도록 도움을 준다.
- 작물 뿌리를 상하게 하는 해충과 질병을 일으키는 미생물을 방제해준다.

대다수 토양생물은 토양 수분과 온도의 변화에 매우 민감하다. 식물 뿌리와 토양생물은 공기를 소비하기 때문에 토양 속의 공기 순환을 좋게 만드는 것이 매우 중요하다. 토양이 메마르거나 아주 축축하거나 온도가 너무 높으면 토양생물의 활동이 줄어든다. 유기물이 많고 토양이 따뜻하고 촉촉할 때 미생물의 활동이 가장 활발하다.

토지를 살리는 지렁이

지렁이가 살고 있는 토양이 비옥하다는 사실을 대다수 농민은 잘 알고 있다. 실제로 지렁이는 토양 비옥도에 매우 중요하다. 지렁이는 여러 가지 중요한 기능을 수행하기 때문이다. 예를 들어 죽은 식물을 토양 표면으로부터 제거해 유기물의 분해를 돕는다. 또 지렁이는 유기물을 소화하면서 토양의 유기물과 무기물을 혼합해 안정된 떼알 구조를 만들어 토양 구조를 개선한다. 지렁이 배설물에는 일반 흙보다 질소가 5배, 인산염은 7배, 탄산칼슘은 11배, 마그네슘과 칼슘은 2배나 많이 포함되어 있다. 무엇보다 지렁이가 뚫어놓는 작은 터널은 빗물의 침투와 배수를 촉진해 토양의 침식과 침수를 막아준다. 지렁이에게는 유기물의 충분한 공급이 필요하다. 또 적절한 온도와 습도도 필요하다. 때문에 직사광선에 노출되지 않도록 땅을 덮어주면 지렁이가 늘어나고, 자주 땅을 갈거나 살충제를 사용하면 지렁이 숫자가 줄어든다.

근균(mycorrhiza): 이로운 곰팡이

토양의 미생물 중 대부분은 곰팡이로 구성된다. 토양 곰팡이 중 대표적인 것이 식물 뿌리와 공생하는 근균(mycorrhiza)이다. 식물과 균류 둘 다 '윈-윈'이다. 식물은 균류가 모으는 영양소를 얻고, 균류는 그 대가로 식물에서 먹이를 받는다. 근균은 모든 종류의 토양에 존재하지만 모든 작물이 균류와 공생하는 것은 아니다.

근균은 다음과 같이 농민에게 여러 가지 이로운 기능을 수행한다.

- 식물의 근권(rooting zone)을 넓히고 작은 토양 공극에도 들어갈 수 있다.
- 토양 무기입자 중에서 인 같은 영양소를 녹여 식물에 전달한다.
- 토양 덩어리를 안정시켜 토양 구조를 개선한다.
- 수분을 보존해 식물에 물 공급을 도와준다.

근균 형성은 토양의 조건, 재배되는 작물, 그리고 관리 방식에 좌우된다.

토양 경운과 작물 잔사 등의 소각은 근균을 크게 해친다.

- 인과 같은 염류 과다와 화학 살충제는 근균과 식물 뿌리의 공생을 방해한다.
- 혼작과 윤작, 다년생식물 재배는 근균에 이롭다.
- 토양 피복은 온도와 수분을 안정시켜 근균 형성을 돕는다.

자연적으로 생성되는 근균이라고 해서 전부 토양에서 인을 흡수하는 데 똑같이 효율적이지는 않다. 그래서 특정 근균류의 인위적 투입도 도움이 된다. 그럴 경우에도 근균의 생존 조건을 적절히 갖추어주는 것이 중요하다.

무엇이 토양을 비옥하게 만드나?

    토양 비옥도를 작물 수확량으로만 측정하는 한 토양에 대한 인식은 계속 낮을 수밖에 없다. 그런 개념에서 말하는 토양이란 단지 식물이 자라는 배지이며, 식물영양소를 투입할 기반에 불과하다. 관행농업의 이런 단순한 접근법에 비해 유기농에서 말하는 토양 비옥도는 의미가 완전히 다르다. 토양의 비옥도를 향상시키고 유지하는 것이 유기농의 핵심이다. 유기농을 실천하는 농민에게는 작물에 영양을 공급하는 것이 토양에 영양을 공급한다는 뜻이다. 토양이 비옥해야만 건강한 작물이 나올 수 있다. 비옥한 토양이 모든 농가의 가장 중요한 자원이다. 따라서 유기농 농민은 토양 비옥도에 영향을 미치는 다양한 요인에 관해 충분히 이해하는 것이 매우 중요하다.

토양 비옥도에 영향을 미치는 요인들

• 토양의 깊이: 식물 뿌리가 이용할 수 있는 면적.

- 물 접근성: 수분 보유를 위한 지속적인 물 공급.

- 배수: 작물 대부분은 침수에 견디지 못한다.

- 통기: 뿌리의 건강한 성장과 토양 생명체의 활발한 활동에 필수적이다.

- 산도(pH): 작물에 따라 차이가 있지만 중성에 가까울수록 좋다.

- 무기물 구성: 풍화작용에 의해 방출되는 영양소의 양, 영양소 보유 능력, 토양 구조에 영향을 준다.

- 유기물: 분해에 의해 방출되는 영양소, 영양소 보유 능력, 수분 보유, 토양 구조, 그리고 토양 생명체에 영향을 준다.

- 토양생물 활동: 영양소 접근성, 수분 보유, 이상적인 토양 구조, 유기물 분해, 토양 건강에 필수적이다.

- 오염: 염분, 살충제 또는 중금속 농도가 높으면 식물의 성장이 억제된다.

토양 비옥도를 향상시키고 유지하는 방법

농민은 다양한 관리 기법으로 토양 비옥도를 개선할 수 있다. 그러기 위해서는 다음 사항을 이행하는 것이 중요하다.

- 토양 피복: 토양을 강한 햇빛과 폭우로부터 보호하여 토양 침식을 막고 수분을 보존한다. 식물 잔여물, 녹비작물, 지피작물로 땅을 덮는다.

- 균형 잡힌 윤작 또는 혼작: 토양 소모를 막기 위해 일년생작물을 적절한 순서로 재배한다.

- 적절한 경운 방법: 토양 침식과 다짐을 유발하지 않고 바람직한 토양 구조를 얻는 데 필요한 경운.
- 이상적인 영양소 관리: 작물의 각 성장단계에 꼭 필요한 퇴비와 비료를 준다.
- 토양생물의 균형 잡힌 영양 공급과 보호: 유기물을 투입해서 지렁이 같은 이로운 토양생물과 미생물의 활동을 촉진한다.

토양: 식물 뿌리의 왕국

식물의 뿌리는 적합한 조건을 찾을 수 있는 곳에서만 뻗어나간다. 느슨한 토양 구조, 충분한 영양소, 충분한 물이 그 조건이다. 높은 산도, 영양소 부족, 침수 등 하층토에서 일어나는 해로운 효과도 식물 뿌리의 성장을 방해한다.

밭의 토심이 얕을 때는 작물 뿌리가 뻗을 수 있는 공간이 한정된다. 심토가 다져졌지만 경운이 가능할 경우 깊은 갈이를 해주면 작물의 뿌리가 더 깊이 뻗어나갈 수 있다. 토양 구조를 안정시키고 심토에 영양소를 공급하려면 유기물(퇴비가 이상적이다)을 토양에 혼합하는 것이 중요하다.

지렁이가 파헤친 관형 채널이 많아 구조가 바람직한 토양은 물이 심토 깊이 침투하도록 돕는다. 지하수면이 높은 곳에서는 두둑하게 쌓은 이랑에 작물을 심거나 배수로를 파는 것이 해법이 될 수 있다. 그러나 토양이 침식되지 않도록 주의해야 한다.

식물 뿌리가 쉽게 뻗어나가고, 통기가 잘되고, 충분한 물이 공급되고, 토양생물의 활동이 활발하도록 하려면 좋은 토양 구조가 필수적이다. 점토 비율이 높은 일부 토양은 통기가 좋지 않다. 토양 구조를 개선하는 데 가장 중요한 일은 유기물 비율을 높이는 것이다. 유기물은 토양 입자들을 뭉치게 해 토양생물에 영양소와 서식지를 제공한다.

대다수 작물들은 뿌리의 침수를 견디지 못한다. 물론 벼, 사탕수수, 토란은 예외다. 식물마다 필요한 토양 비옥도와 토양 수분의 조건이 다르다. 토양의 성질에 따라 적합한 작물이 있다. 따라서 특정 밭에 어떤 작물을 재배해야 할지 결정할 때 토양의 속성이 반드시 고려되어야 한다.

토양 구조를 개선하는 활동

- 거름, 퇴비, 뿌리 덮개 등 유기물을 투입한다.
- 토양생물의 활동을 촉진한다.
- 뿌리 덮개나 지피식물로 지제부를 보호한다.

토양 구조를 손상시키는 활동

- 축축한 조건에서 경운하면 토양이 단단히 뭉쳐 토양 구조가 나빠진다.
- 너무 자주 경운하면 토양의 유기물 양이 줄어든다.
- 회전 경운 같은 집중적 기계경운은 토양의 떼알 구조를 파괴한다.

토양유기물의 중요성

토양의 유기물 양은 토양 비옥도를 좌우하는 가장 중요한 요인 중

하나다. 토양유기물은 유기농의 성공에 필수적인 기능을 한다. 유기물의 여러 기능을 잘 이해하면 토양 관리에서 올바른 결정을 내리는 데 많은 도움이 된다.

토양유기물의 형성

식물은 물, 공기, 영양소를 바탕으로 자란다. 동물, 토양 미소동물, 미생물에 의해 식물이 분해되면 식물에 들어 있던 성분들이 영양소나 가스로 다시 방출되어 새로운 식물의 성장에 이용된다. 분해 과정에서 그 식물의 일부는 어느 정도까지만 분해된다. 반쯤 분해된 성분이 합쳐져 짙은 갈색이나 검은색 '토양유기물'을 형성한다. 이런 유기물의 일부에는 나뭇잎, 섬유질, 나뭇조각 등이 여전히 눈에 보일 정도로 남아 있다. 그러나 대부분은 토양과 완전히 융합돼 형체가 구분되지 않는다.

식물을 분해하는 주인공은 토양 표면이나 토양 속에 살고 있는 크고 작은 생물이다. 그 생물들이 죽은 식물을 자르고 씹고 소화해 유기물을 토양에 배설한다. 그러면 미생물이 그 유기물을 먹이로 삼는다. 그러나 식물이나 동물의 모든 부분이 같은 속도로 분해되지는 않는다.

- 유기물에 영양소가 많을수록 토양생물과 미생물이 더 빨리 더 완전하게 그 물질을 먹어치운다. 이처럼 신속하게 분해되는 물질은 새순, 동물 배설물, 두과식물 등이다.
- 물질이 단단하고 영양소가 적을수록 분해하는 데 시간이 오래 걸린다. 섬유질이나 목질이 많은 오래된 식물, 침엽수는 분해하는 데 오랜 시간이 걸린다.

- 분해 속도는 토양의 습도와 온도에도 좌우된다. 토양생물은 따뜻하고 습윤한 조건에서 가장 활발하다. 따라서 유기물을 아주 빨리 분해하는 데 적합하다.
- 분해가 신속하고 완전하게 이루어지면 많은 영양소가 방출되지만 부식질은 적게 만들어진다. 단단한 물질이나 추운 기후 때문에 분해가 느리면 토양에 부식질이 더 많이 축적될 수 있다.

유기물은 왜 중요한가?

- 토양유기물은 많은 구멍을 갖춘 부드럽고 성긴 토양 구조를 만드는 데 도움을 준다. 그런 구조는 통기를 좋게 하며, 빗물이나 관개수가 더 잘 침투하게 해주고, 뿌리가 더 쉽게 뻗어나갈 수 있도록 해준다.
- 유기물 중 눈에 보이는 부분은 작은 스펀지 기능을 한다. 자기 무게의 5배 정도까지 물을 보유할 수 있다. 따라서 건기에도 식물에게 더 많은 물을 더 오래 공급할 수 있다. 특히 사질토에서는 토양 습도를 유지하는 데 유기물이 더 중요하다.
- 유기물은 접착제 기능을 한다. 토양 입자를 뭉쳐 안정된 떼알 구조를 만들어준다. 점토와 사질토에서 특히 그렇다.
- 유용 미생물과 지렁이 같은 토양생물은 유기물을 섭취해 분해를 돕는다. 이런 생물은 충분한 습도와 통기가 필요하기 때문에 토양 유기물이 적합한 환경을 제공한다.
- 유기물은 영양소를 보유했다가 지속적으로 방출하는 능력이 탁월

하다. 따라서 식물에 영양소를 공급하고 침출에 의한 영양소 손실을 줄여주는 토양의 비옥도를 강화해준다. 특히 사질토는 양분 손실이 심하기 때문에 유기물에 의한 양분 관리가 아주 중요하다.

•또 유기물은 토양 산도의 과도한 상승과 하락을 막아준다.

유기물은 영양소를 보유하고 방출한다

유기물은 식물 성장에 필요한 모든 종류의 영양소가 골고루 잘 섞여 있다. 분해가 진행되는 동안 유기물은 작물에 서서히, 지속적으로 영양소를 공급한다. 유기물은 토양에 첨가된 영양소의 치환장치나 흡수매개체로 기능한다. 산도가 높고 풍화가 많이 된 토양에서는 유기물이 토양의 양이온 치환능력(CEC)의 거의 전부를 책임진다. 또 역으로 영양소는 부식질과 결합해 식물 뿌리와 미생물의 활동에 의해 지속적으로 방출될 수 있다. 따라서 침출에 의한 영양소 손실을 줄여준다.

토양에서 유기물 양을 늘리는 방법

유기물은 영구히 분해과정을 거친다. 토양유기물 양을 유지하거나 늘리려면 유기물을 계속 투입해야 한다. 분해 속도는 기후와 해당 물질의 탄질율(C:N)에 좌우된다. 예를 들어 유기물은 춥고 건조한 조건보다 따뜻하고 습도가 높은 조건에서 훨씬 빨리 분해된다.

토양유기물 수준을 높이는 방법은 다음과 같다.

•작물 잔여물을 소각하거나 수거해 버리지 말고 밭에 그냥 두라. 잔사는 유기물의 주요 자원이다.

- 퇴비를 투입하라. 퇴비에 들어 있는 유기물의 일부는 이미 안정되어 있고 새로운 식물 물질보다 더 오래 토양에 남아 있기 때문에 아주 효과적이다.

- 유기(有機) 축산에서 생산된 거름을 투입하라. 거름에는 유기물이 풍부하게 들어 있기 때문에 유기물 양을 늘리는 데 도움이 된다. 동시에 거름에는 질소가 많아 토양생물의 활동을 촉진하기 때문에 분해 속도를 높이는 데도 도움이 된다.

- 식물 잔여물이나 왕겨와 같은 농산부산물로 토양을 덮어 두라. 특히 섬유질이나 목질이 풍부하고 단단한 잔여물을 토양에 투입하면 유기물 양이 늘어난다. 토양에 오래 남아 있고 침식을 막아주기 때문이다.

- 녹비나 지피작물을 사용하라. 동일한 밭에서 자란 녹비는 잎과 뿌리 모두 토양유기물 증가에 도움을 주지만, 다른 곳에서 자란 녹비를 쓰면 지상부만 활용되기 때문에 녹비를 심는 것이 도움이 된다. 식물이 어릴수록 더 빨리 분해되기 때문에 영양소가 신속히 방출되지만 토양유기물 증가에는 기여도가 적다.

- 적합한 윤작을 시행하라. 윤작에 토양유기물을 증가시키는 목초 같은 식물을 포함시켜라. 다년생작물과 뿌리 밀도가 높은 목초 같은 식물이 매우 이롭다.

- 토양 경운을 줄여라. 경운을 할 때마다 유기물 분해 속도가 빨라진다. 토양의 통기를 좋게 해주고 토양생물을 자극하기 때문이다.

- 토양의 침식을 방지하라. 토양 침식을 막지 못하면 위의 모든 방법이 헛수고다. 침식은 부식질이 가장 많고 가장 비옥한 토양의 일부

를 쏠어가기 때문이다.

토양의 유기물은 작물, 지피작물, 잡초에서 나오는 식물 잔여물이나 사용한 퇴비의 양에 좌우된다. 그러나 토양유기물 증가에 무엇보다 중요한 것은 양보다 질이다. 토양생물에 의해 쉽게 분해될 수 있는 녹비 등은 토양생물의 개체 수를 늘려주기 때문에 토양의 양양소가 많아질 뿐 아니라 안정된 유기물의 축적에도 큰 도움이 된다.

분해 가능한 물질의 부족 현상

유기농 토양은 종종 유기물 부족 현상을 겪는다. 쓸 만한 유기물을 충분히 얻는 일은 거의 불가능하기 때문이다. 토양을 비옥하게 만드는 데 이용될 수 있는 유기물의 생산과 식량이나 판매를 위한 작물의 생산은 서로 경쟁하게 마련이다. 따라서 토양 비옥도 개선을 위한 유기물의 생산과 작물 생산을 융합하는 방법을 찾는 것이 매우 중요하다. 지피작물이나 녹비를 사용하거나, 제철이 아닐 때 녹비로 윤작을 하거나, 비생산적인 땅에 생울타리를 심는 것이 적절한 방법이 될 수 있다. 작물 잔사와 농산부산물을 재활용하는 것이 매우 중요하다.

농장에서 유기물 생산을 늘리는 방법

• 휴경기의 녹비 재배를 윤작에 포함시켜라.
• 가능하다면 연중 내내 토양이 식물로 덮여 있게 하라.
• 가능하다면 농장에서 사료작물도 재배하라(목초, 사료용 생울타리 등).

- 비생산적인 공간(도로변, 밭 경계선, 가파른 경사면 등)을 활용해 나무나 생울타리를 심어라.
- 가능하다면 임업과 농업을 겸하는 체제를 갖추라.
- 질소를 고정하는 단목은 밭에서 뽑아내지 말고 가지치기를 자주 해주라.
- 수확이 끝난 밭에서 소들이 풀을 뜯거나 며칠 밤을 지내도록 하라. 이웃 소를 이용해도 좋다. 그 배설물이 토양을 비옥하게 만들어준다.

그러나 일부 지역에서는 식물이 아주 부족하고 토질이 너무 나빠 녹비작물조차 생산하기 어렵다. 그런 조건에서는 외부에서 거름을 조달해 먼저 토양 비옥도를 개선하는 것이 필요할지 모른다.

토양 경운

토양 경운은 토양을 느슨하게 만들고 뒤섞는 모든 기계적 조치를 포함한다. 쟁기질, 경운기 활용, 심토파쇄, 호미질, 써레질 등이다. 신중한 토양 경운은 토양의 구조를 좋게 하여 비옥도를 향상시킬 수 있지만 반대로 토양의 구조를 손상시킬 수도 있다. 경운은 토양 침식을 유발하고 유기물의 분해를 가속화하기 때문이다. 토양을 경운하는 데는 단 한 가지 해법이 있을 수 없고, 상황에 따라 다양한 선택이 가능하다. 따라서 작부 체계와 토양 형태에 따라 적절한 토양 경운 방식을 개발해야 한다.

토양 경운의 목표

토양을 경운하는 이유는 많다. 가장 중요한 이유는 다음과 같다.

- 식물 뿌리가 잘 뻗을 수 있도록 토양을 성기게 만든다.
- 통기를 좋게 해준다.

- 토양생물의 활동을 촉진한다.

- 물이 잘 스며들게 한다.

- 수분의 증발을 줄여준다.

- 잡초와 토양 해충을 방제해준다.

- 작물 잔사와 거름을 토양과 잘 섞어준다.

- 종자와 묘가 잘 자랄 수 있는 환경을 만들어준다.

- 이전의 농사로 생긴 토양 다짐 현상을 완화한다.

방해 요인의 최소화

토양 경운 활동은 토양 구조를 어느 정도 손상할 수 있다. 토양에서는 정기적인 경운이 유기물 분해를 가속화하여 영양소가 손실된다. 또 토양층을 뒤섞으면 특정 토양생물에 큰 손상을 줄 수 있다. 경운된 토양을 폭우가 시작되기 전에 적절한 물질로 덮어주지 않으면 토양 침식이 심하게 일어난다.

반면 경운을 전혀 하지 않으면 유기물과 토양생물이 풍부한 표토로 자연적인 토양 구조가 형성될 수 있다. 유기물이 급속히 분해되지 않고 밀도 높은 식물 뿌리가 양분 손실을 최소화한다. 영구적인 지피식물이 있거나 유기물이 충분히 투입되면 토양 침식은 문제가 되지 않는다. 무엇보다 노동력을 상당히 절감할 수 있다.

따라서 유기농 농민은 현지의 조건에 가장 적합한 토양 경운이 무엇인지 판단해야 한다. 경운을 전혀 하지 않는 방식은 다년생작물 같은 일부 작물에만 적용될 수 있다. 농민이 토양 경운의 혜택을 극대화하면서 부정적인 효과를 최소화하려면 개입 활동을 최소화하고 자연적인 토질을 보존하는 방법을 선택해야 한다.

토양 다짐 현상

토양이 축축한 상태에서 경운을 하거나 중장비로 짓누르면 토양이 딱딱해진다. 그러면 뿌리 성장이 억제되고 통기가 잘되지 않으며 침수가 생길 가능성이 크다.

토양 다짐 문제가 될 수 있는 상황이라면 다음 사안을 명심해야 한다.

- 토양이 축축한 상태에서 경운하거나 무거운 것에 눌리면 토양 다짐이 일어날 위험이 가장 크다.
- 비가 온 직후에 밭에서 차를 몰아선 안 된다.
- 축축한 토양을 경운하면 경반(지하 10~20㎝ 깊이에 생기는 굳은 토층)이 생길 수 있다.
- 모래가 많은 토양은 점토가 많은 토양보다 토양 다짐이 생길 가능성이 적다.
- 토양 유기물이 많으면 토양 다짐이 생길 가능성이 줄어든다.
- 토양이 다져지면 바람직한 토양 구조로 복구하기가 매우 어렵다.
- 건조한 조건에서 깊이 경운하거나 깊이 뿌리 내린 식물을 갈아엎으면 토양 다짐을 복구하는 데 도움이 된다.

토양 경운의 종류

경운 방식은 목적에 따라 다르며 수확 후, 파종이나 식재 전 등 식부의 각 단계에 따라서도 다르다. 수확 후 분해를 촉진하기 위해, 다음 작물의 묘상을 준비하기 전에 이전 작물의 잔사를 토양에 혼합한다. 작물 잔사와 녹비작물, 두엄은 표토층(15-20cm)에만 혼합해야 한다. 심토층에 혼입되면 분해가 느리고, 불완전해서 다음 작물을 손상시킬 수 있는 성장 방해 물질을 만들어내기 때문이다.

일년생작물이나 처음 심은 작물의 경우 1차 경운은 주로 쟁기 같은 도구로 이루어져야 한다. 원칙적으로 토양 경운은 표토층을 뒤엎고 중간층을 느슨하게 해주는 것이다. 깊은 경운은 토양층을 뒤섞어 토양생물에 해를 끼치며 토양의 자연 구조를 손상시킨다.

파종이나 식재 전에 하는 2차 경운은 토양 표면을 으깨고 부드럽게 해주는 것이 목적이다. 묘상 준비는 적정한 흙덩어리 크기로 토양을 성기게 해주어야 한다. 잡초가 많은 경우 묘상을 일찍 준비해야 한다. 그래야 작물을 심기 전에 잡초 씨가 싹튼다. 며칠 후 얕은 경작만 하면 어린 잡초를 쉽게 제거할 수 있다. 침수가 잦은 토양이라면 묘상은 두둑으로 만들어야 한다.

작물이 뿌리를 내리고 나면 호미질 같은 가벼운 토양 일구기가 잡초를 억제하는 데 도움이 된다. 그렇게 하면 토양의 통기도 좋아지고 동시에 토양의 수분 증발을 줄여준다. 작물이 일시적으로 영양소가 부족할 때는 얕은 토양 일구기로 유기물 분해를 촉진해 영양소를 공급할 수 있다.

토양 침식: 주요 위협

토양 침식은 토양 비옥도에 가해지는 가장 심각하며 복구하기 힘든 위협 중 하나다. 토양 중 가장 영양소가 풍부한 표토와 세점토를 휩쓸어 가기 때문이다. 거의 눈에 띄지 않을 정도로 침식률이 낮더라도 여러 해에 걸쳐 토양에 심각한 영향을 미칠 수 있다. 따라서 토양의 침식 방지는 대단히 중요하다. 특히 유기농은 토양 고유의 비옥도 유지에 좌우된다.

우리나라는 건기와 우기가 뚜렷하다. 요즘은 집중호우도 심해져 며칠 새 200~300mm의 비가 내리기도 한다. 결과적으로 비가 내릴 때 상당량의 소중한 표토가 유실될 수 있다. 토양에 도랑이 생겨 울퉁불퉁해지며 비옥도가 낮아진다. 가파른 경사면뿐 아니라 평지도 토양 침식으로 인해 심각한 영향을 받을 수 있다. 강우 외에 지나친 물 대기 또한 토양 침식을 유발하기 쉽다.

토양 침식의 조짐

농지가 토양 침식의 영향을 받는지 어떻게 확인할 수 있는가? 다음과 같은 몇 가지 지표가 있다.

- 도랑이 깊이 파이면 심각하고 명백한 토양 침식을 나타낸다.
- 토양 표면의 작은 홈은 심각한 토양 손실을 나타낸다.
- 큰 비가 내린 뒤 단단한 토양 표면의 형성은 토양 침식의 지표다.
- 도랑과 웅덩이에 고운 토양 물질이 쌓여 있으면 인접한 지역에 토양 침식이 일어났다는 증거다.
- 호우 중과 후 배수나 세류가 갈색을 띠면 유역의 확실한 토양 침식 지표다.
- 나무뿌리 또는 부분적으로 노출되거나 보이지 않던 돌이 보인다.

토양 침식을 막기 위한 전략
토양 침식을 막는 세 가지 일반적인 전략이 있다.

- 토양을 녹비나 지피식물, 농산부산물 등으로 덮어 강우의 침식 효과를 줄인다.
- 강우가 토양에 잘 스며들도록 토양 구조를 개선한다.
- 구조물을 이용해 경사면을 흘러내려가는 물의 유속을 줄인다.

침식에 취약한 지역에선 이들 세 가지 전략을 혼용하는 편이 이상적이다. 다음에서 이들 전략을 이행하는 방법에 관해 몇 가지 아이디어를 제시한다.

1. 천연림에서 배우는 교훈

천연림에는 소중한 표토의 침식을 막는 다양한 자연의 방식이 있다. 우선 우거진 수풀이 떨어지는 빗방울의 속도를 떨어뜨린다. 나무 꼭대기 잎사귀에 모인 큰 빗방울은 관목과 지상 식생의 초관에 걸린다. 물방울이 더 느린 속도로 땅에 떨어지게 되므로 흙덩어리에 미치는 충격이 줄어들게 된다. 땅에는 양치류, 이끼 또는 묘목 같은 살아 있는 식물 그리고 분해 중인 나뭇잎, 나무껍질, 잔가지 등이 덮여 있다. 표토에는 뿌리, 곰팡이, 조류가 집중적으로 번성하여 부식질이 풍부하다. 지렁이와 같은 다수의 토양생물에 의해 엉성하고 안정적인 토양 구조가 유지되어 빗물이 쉽게 스며들 수 있다.

2. 토양을 보호하는 밀집한 식생

과수원 같은 다년생식물 농장에서는 나무들 사이에 콩과작물, 잔디 또는 넝쿨 식물을 재배하는 방법으로 식생을 밀집하게 조성할 수 있다. 새로 조성된 과수원은 호밀과 같은 화본과 녹비작물과 헤어리베치 등 두과작물을 재배할 수 있다. 작물뿐 아니라 초본식물이나 잡초도 식피 역할을 할 수 있다. 작물과 경쟁이 너무 심해지면 잡초를 제거할 필요가 있다. 그럴 경우 쳐낸 잡초는 토양을 보호하는 멀치로 그 자리에 남겨 둬야 한다.

멀칭은 어떤 종류든 잘라낸 식물재료로 토양을 덮는다는 뜻이다. 멀치는 토양 침식을 막는 데 대단히 효과적이다. 몇 개의 잎사귀나 줄기도 강우의 침식효과를 크게 줄인다.

지피작물

토양을 덮어 비옥도를 높이는 식물은 모두 지피작물이 될 수 있다. 질소를 고정하여 토양 비옥도를 높이는 콩과식물, 또는 빨리 자라며 많은 양의 유기물을 생산하는 화본과작물도 가능하다. 지피작물의 가장 중요한 특성은 빠른 성장과 토양을 영구적으로 덮어 보호하는 능력이다.

다음은 이상적인 지피작물의 특성이다.

- 종자가 저렴할 뿐 아니라 입수·수확·저장·번식이 쉽다.
- 성장이 빠르고 단기간에 토양을 덮을 수 있다.
- 병해충에 내성을 지닌다.
- 유기물과 마른 재료를 다량 생산한다.
- 대기 중의 질소를 고정시켜 토양에 공급한다.
- 지피식물의 뿌리는 토양이 단단해지지 않도록 막으며 퇴화한 토양을 재생한다.
- 파종하기 쉽고 단작 또는 다른 작물과의 혼작으로 관리하기 쉽다.
- 사료와 곡식으로 사용될 수 있다.

재배방식 설계

경지작물에서 파종 및 재식 시점을 신중하게 잡으면 우기 중 피복을 씌우지 않은 토양이 씻겨나가지 않는 데 도움이 된다. 주요작물 수확 후 녹비작물을 파종할 수 있다. 경사면에서는 작물을 수직으로 심기보다 등고선을 따라 경사면을 가로질러 수평을 이루도록 재배해야 한다. 이 방법은 지표수의 속도를 줄이는 데 크게 기여할 수 있다. 토양 보호막 역할을 하는 지피식물의 생육에 시간이 걸리는 작물의 경우 콩이나 클로버처럼 빨리 자라는 종을 간작하면 주요 작물의 초기단계에서 토양을 보호할 수 있다.

식피가 영구히 정착하도록 하기 위해서는 다음과 같은 변수들에 신경을 써야 한다.

- 경작 타이밍.
- 재식 또는 파종 타이밍.
- 묘목 생산과 이식.
- 혼작.
- 간작.
- 지피작물.
- 멀칭.
- 제초 타이밍.
- 휴경기 녹비작물의 파종.

다음과 같은 측면도 고려해야 한다.

- 수확량에 예상되는 영향.
- 적합한 종자가 있는가?
- 종자 가격.
- 급수가 가능한가?
- 일손이 있는가?
- 부작물의 추가적인 사용.
- 위험 감소.
- 식량 확보.

물 보전

농수 부족은 어느 국가에서나 흔한 현상이다. 일부 지역에선 관개(灌漑) 없이 작물을 재배하기가 거의 불가능하다. 우기에 강우량이 많은 지역에서도 건기 중 작물에 공급되는 물이 부족할지 모른다.

유기농업은 농지 자원 이용의 최적화와 천연자원의 지속 가능한 활용을 목표로 삼는다. 따라서 적극적인 수분 보유, 빗물집수, 물의 저장은 유기농에서 대단히 중요하다. 관행농업에서 물 부족을 극복하는 첫째 방안은 보통 관개시설의 설치다. 하지만 유기농민들은 무엇보다 수분 보유 능력과 물의 토양 침투 능력 개선이 더 중요하다는 사실을 안다.

토양 속 수분 보존 방법

건기 중 작물에 물을 공급하는 것이 더 유리한 환경의 토양이 있는가 하면, 불리한 환경의 토양이 있기도 하다. 빗물을 집수해 저장하는 능력은 대체로 토양의 조성과 유기물의 함량에 좌우된다. 점토가 풍부한 토양은 사질 토양에 비해 최대 세 배의 물을 저장할 수 있다. 토양

유기물질들은 마치 스펀지처럼 물을 흡수하는 역할을 한다. 따라서 유기물이 풍부한 토양은 수분을 더 오랜 기간 보존한다. 유기물 함량을 높이기 위해서는 앞에서 설명한 대로 유기질 비료, 퇴비, 멀치 또는 녹비를 주는 방법이 있다. 토양 피복은 수분 증발을 크게 줄일 수 있다. 유기물 멀치는 태양의 직사광선을 가려주고 토양이 너무 달아오르지 않도록 막아준다. 마른 표토를 얕게 파헤치면 모세관을 파괴해 아래 토양층의 건조를 억제한다.

그러나 녹비나 지피작물이 반드시 토양의 수분 증발을 억제하는 적합한 방법은 아니다. 식피가 그늘을 제공해 토양에 내려쬐는 직사광선을 줄여주지만 잎을 통해 수분을 증발시키기 때문에 수분이 더 많이 필요하게 된다. 토양 내 수분이 귀해지면 주요 작물과 물을 두고 경쟁하는 식물을 전정하거나 쳐내서 멀치로 사용하는 방법이 있다.

빗물 집수

호우 중 토양으로 흡수되는 물은 일부에 불과하다. 상당 부분이 지표수로 흘러가버려 작물 관개에 활용되지 못한다. 흘러가는 빗물을 가능한 한 많이 토양에 잡아 두려면 강우의 토양 침투력을 확대해야 한다. 침투력 확대를 위해서는 양호한 토양 구조를 지닌 표토의 유지가 가장 중요하다. 가령 지렁이의 활동으로 토양에 구멍과 공극이 많이 있는 구조처럼 양호한 표토 구조를 만들려면 지피작물과 멀칭이 적합하다. 게다가 이들은 빗물의 흐름을 둔화시켜 토양으로 흡수될 수 있는 시간을 더 많이 준다.

경사면에선 등고선을 따라 판 도랑을 이용해 빗물의 침투를 촉진할 수 있다. 지표류가 도랑에 고인 동안 서서히 토양 속으로 침투할 수 있다. 가령 수목작물 주위의 반원형 제방도 비슷한 효과를 낸다. 경사면을 따라 흘러내려가는 물을 막아 작물의 뿌리 근처로 침투를 촉진한다. 평지에선 식물 주위에 구덩이를 파는 방법도 있다. 거기에 멀치 층을 더할 경우 이 같은 '물웅덩이' 효과가 증폭된다.

물 저장

우기에 남아도는 물을 저장했다가 건기에 활용할 수 있다. 관개 목적으로 빗물을 저장하는 방법은 많지만 대부분 노동집약적이거나 비용이 많이 든다. 연못에 물을 저장하면 물고기를 키울 수 있는 이점이 있지만 토양 흡수 및 증발을 통해 물 손실이 발생할 가능성이 있다. 물탱크를 만들면 이 같은 손실은 피할지 모르지만 적절한 건설자재가 있어야 한다. 물 저장시설이 필요한지 결정하려면 경작지 손실을 포함해 이해득실을 따져봐야 한다.

물 대기

유기농업에서도 요즘엔 방대한 지역의 토지에 관수를 한다. 관수를 하면 소득과 생활 향상에 도움이 되지만 관개농업에는 잠재적으로 몇 가지 부정적인 영향도 있으므로 다음의 문제들을 고려해야 한다.

• 호수·강 또는 지하수면에서 뽑아 올리는 물의 양이 보충되는 양보다 많으면 결과적으로 수자원이 고갈될 수 있다. 그것이 생태계에 미치는 영향은 잘 알려졌다.

- 건조 또는 반건조 지역에서의 과도한 관개는 토양 염류화를 유발할 수 있다. 최악의 경우 토양이 농업에 부적합하게 될 수 있다.
- 집중적인 관개는 토양 침식을 유발할 수 있다.
- 물을 뿌리거나 붓는 식으로 관수하면 표토의 구조가 손상될 수 있다. 토양의 단립구조가 파괴되고 공극에 토양입자가 축적될지 모른다. 그에 따라 단단한 표토층이 형성된다. 토양의 통기성이 악화되어 토양생물에 해를 입힌다.
- 부적절한 관개는 작물에 스트레스를 주어 병해충에 취약하게 만들 가능성이 있다. 대다수 건조지대 작물은 단기간이라도 침수의 영향을 받는다. 하루 중 날씨가 더울 때 물을 주면 식물이 쇼크를 일으킬 수 있다.

IFOAM 기본기준의 물 관련 내용

물은 영농에 소중하고 귀한 자원이다. 유기농은 일반적으로 천연자원의 보호와 지속 가능한 이용을 목표로 삼는다. 그러나 유기농 기준에선 물에 관해 다소 일반적인 유형의 선언만 몇 가지 제시한다. 물의 남용과 오염은 장소에 따라 규모가 크게 다르기 때문에 더 구체적인 기준을 만들기가 어렵다.

작물 선택

관개의 필요성을 결정하는 주요 요인은 작물과 적절한 재배방식의 선택이다. 당연히 모든 작물에 같은 양의 물이 필요하지 않다. 또한 모두 같은 기간 동안에 물이 필요한 것도 아니다. 가뭄에 대단히 강한 작물이 있는가 하면 몹시 취약한 작물도 있다. 깊게 뿌리를 내리는 작물은 깊은 토양층으로부터 물을 추출할 수 있기 때문에 일시적인 가뭄의 영향을 적게 받는다.

요즘엔 많은 작물이 관개의 도움으로 통상적인 농업기후 지역을 벗어나 재배될 수 있다. 그에 따라 위에 언급된 부정적인 영향뿐 아니라 몇몇 이점도 생길지 모른다. 관개 없이는 농사가 불가능한 토지의 경작이 가능해진다. 또는 병해충 압력이 적은 지역으로 옮겨 민감한 작물을 경작할 수도 있다.

점적관수 시스템

관수 시스템에는 고효율과 저효율의 방식이 있으며, 부정적인 영향이 더 크고 작은 방식이 있다. 관개가 필요할 경우 유기농 농가는 신중하게 시스템을 선택해야 한다. 물 공급원을 남용하지 않고, 토양을 해치지 않으며, 식물 건강에 부정적인 영향을 미치지 않는 시스템이 좋다.

한 가지 유망한 방안이 점적관수방법이다. 중앙의 물탱크에서 구멍이 뚫린 가는 파이프들을 통해 개개의 작물에 직접 물을 공급하는 방식이다. 소량의 물을 계속 흘려보냄으로써 충분한 시간을 갖고 작물의 근계에 침투할 수 있도록 한다. 이렇게 하면 물을 최소한 낭비하면서 토양에 부정적인 영향을 주지 않는다.

점적관수는 구축에 상당한 비용이 들 수 있다. 그러나 현지에서 확보 가능한 재료를 이용해 적은 비용으로 점적관수를 하는 농민들도 많다. 어떤 관개시스템을 선택하더라도 위에서 설명한 대로 토양 구조와 수분 보유력을 개선하는 보완적 수단을 결합하면 더 높은 효율을 달성하게 된다.

멀칭

멀칭은 나뭇잎, 초본식물, 잔가지, 작물잔해, 지푸라기 등과 같은 식물재료로 표토를 덮는 과정이다. 멀칭은 지렁이 같은 토양생물의 활동을 강화하고, 크고 작은 공극을 많이 지닌 토양 구조의 형성에 도움을 준다. 빗물이 공극을 통해 토양에 쉽게 침투해 지표수 유출을 줄일 수 있다. 멀칭 재료가 분해되면서 토양 속 유기물질 함량을 증가시킨다. 토양유기물질은 안정된 떼알 구조를 지닌 좋은 토양의 형성에 도움을 주어 토양 입자가 물에 쉽게 쓸려가지 않는다. 따라서 멀칭은 토양 침식 방지에 중요한 역할을 한다. 일부 지역에선 비닐이나 돌까지도 토양을 덮는 데 사용되지만, 여기에서 '멀칭'이라는 용어는 분해 가능한 유기성 식물재료의 사용만 가리킨다.

멀칭의 용도

• 바람과 물로 인한 침식으로부터 토양 보호. 토양 입자가 바람이나

물에 쓸려가지 않는다.

- 양호한 토양 구조를 유지하여 빗물과 관개수가 잘 침투하도록 한다. 단단한 토양 피각이 형성되지 않고 공극이 열려 있게 된다.
- 물의 증발을 억제해 토양의 습기를 유지한다. 건조한 지역이나 시기에 식물에 관개할 필요가 적어지거나 강우를 더 효율적으로 활용할 수 있다.
- 토양생물에 먹이를 주고 보호한다. 유기성 멀칭 재료는 토양생물에 훌륭한 먹이이며 그 성장에 적합한 환경을 제공한다.
- 잡초의 성장을 억제한다. 멀칭이 두터우면 잡초가 그것을 뚫고 자라나기가 어렵다.
- 토양이 너무 뜨거워지지 않도록 막는다. 멀칭이 토양에 그늘을 제공해 보존된 습기가 토양을 서늘하게 한다.
- 작물에 영양소를 제공한다. 유기성 멀칭 재료가 분해될 동안 계속적으로 영양소를 배출함으로써 토양을 비옥하게 한다.
- 토양유기물질의 함량을 높인다. 멀칭 재료 중 일부는 부식질로 변형된다.

멀칭 재료의 선택

멀칭에 사용되는 재료는 그 효과에 큰 영향을 미친다. 쉽게 분해되는 재료는 짧은 시간 동안만 토양을 보호하지만 분해되는 동안 작물에 영양소를 공급한다. 딱딱한 재료는 더 서서히 분해되며 그에 따라 더 오랜 기간 토양을 보호한다. 멀칭 재료의 분해를 가속화해야 할 경우 가축 분뇨 같은 유기질 비료를 멀치 위에 주면 질소 함량이 높아진다. 토양 침식 문제가 있는 곳에선 왕겨, 잔가지, 우드칩 등 서서히 분해되는 멀칭 재료가 빨리 분해되는 재료에 비해 더 오랫동안 보호기능을 한다.

다음은 멀칭재료로 사용 가능한 공급원들이다.

- 잡초나 피복작물.
- 작물 잔사.
- 초본식물.
- 나무의 전정 재료.
- 생울타리 자른 가지.
- 농산가공 또는 임업 부산물.

멀칭의 제약요인

멀칭에는 많은 이점이 있지만, 특정 상황에선 문제를 유발할 수도 있다.

- 일부 생물은 멀칭 층의 습하고 보호받는 환경에서 지나치게 번식할 수 있다. 민달팽이와 달팽이는 멀칭 층 아래서 급속도로 번식할 수 있다. 작물에 피해를 줄 가능성이 있는 개미나 흰개미에게도 이상적인 주거 환경이 될 수 있다.
- 작물 잔사가 멀칭 재료로 사용될 때 병해충이 지속될 위험이 증가하는 경우도 있다. 줄기 좀벌레 같은 해충이 목화나 옥수수 같은 작물의 줄기에 생존할지 모른다. 질병이 다음 작물에 전염될 위험이 있을 경우 바이러스나 진균병에 감염된 식물재료를 사용해선

안 된다. 이 같은 위험을 극복하는 데 윤작이 대단히 중요하다.

• 짚이나 줄기 등 탄소가 풍부한 재료를 멀칭 재료로 사용할 때 미생물들이 그 재료를 분해하기 위해 토양의 질소를 이용할지 모른다. 따라서 식물 생육에 필요한 질소를 사용함으로써 일시적으로 작물의 생육이 나빠질 수 있다.

• 멀칭의 주요 제약 요인은 대체로 유기물의 유무다. 유기물을 생산하거나 수집하는 데 대체로 일손이 필요하며 작물 생산과 충돌할 가능성이 있다.

질소 기아 현상

유기물을 토양에 주면 분해 기능을 하는 미생물이 급격히 늘어난다. 미생물이 성장하려면 식물과 마찬가지로 영양소, 특히 질소가 필요하다. 토양에 준 식물재료에 질소가 충분하지 않으면 미생물은 토양에서 질소를 얻는다. 이 같은 과정은 질소 기아 현상(nitrogen immobilization)으로 불린다. 질소가 일시적으로 미생물에 고정돼 일정 시간이 지난 뒤에야 배출되기 때문이다. 짚 또는 곡물 껍질, 목재를 포함하는 재료, 분해가 덜된 퇴비를 주면 질소 기아 현상이 발생할 수 있다. 이 동안 미생물이 질소를 두고 식물과 경쟁하며 작물이 영양 부족을 겪을 가능성도 있다. 이를 피하기 위해 주요 작물을 심거나 파종하기 최소 두 달 전에 오래되거나 거친 식물재료를 토양에 줘야 한다.

가능하다면 우기 전이나 그 초기에 멀칭을 해야 한다. 이때가 토양이 가장 취약하기 때문이다. 멀칭 층이 너무 두텁지 않을 경우 멀칭 재료 사이에 종자나 묘목을 직접 파종하거나 심을 수 있다. 채소밭에서는 어린 식물이 다소 튼튼해진 뒤에 멀칭을 하는 편이 최선이다. 신선한 멀칭 재료의 부패로 인한 산물에 피해를 입을지 모르기 때문이다. 파종이나 재식 전에 멀칭할 경우 어린 묘가 파고들어갈 수 있도록 멀칭이 너무 두껍지 않아야 한다. 뿌리를 내린 작물에도 멀칭할 수 있는데 땅을 판 직후가 가장 좋다. 줄 사이나 단일식물(특히 임목) 바로 주위 또는 전체 농지에 골고루 덮는다.

Tip

후쿠오카의 논 멀칭 시스템

일본에서 유기농을 개척한 후쿠오카는 멀칭을 바탕으로 유기농 쌀농사 시스템을 개발했다. 수확 한 달 전 벼 사이에 흰토끼풀을 파종한다. 그 직후 겨울작물 호밀을 파종한다. 수확한 뒤 볏짚은 논에 듬성듬성하게 깔아 멀칭 재료로 사용한다. 호밀과 흰토끼풀이 멀칭을 뚫고 자라나 호밀이 수확될 때까지 그 상태를 유지한다. 짚이 너무 서서히 분해되면 닭똥을 멀칭 위에 뿌린다. 이 같은 재배방식에는 토양의 경운이 필요하지 않으면서도 만족스러운 수확을 얻는다.

Why

what

How

작물

작물 양분관리

영양 균형

유기농에서 식물 영양에 대한 접근법은 관행농업과 근본적으로 다르다. 관행농업은 주로 쉽게 용해되는 화학비료를 이용해 식물에게 영양을 직접 공급하는 방식을 취한다. 반면 유기농은 토양생물에 유기물을 먹여 간접적으로 식물에 영양을 공급한다.

화학비료의 장점과 단점

화학비료를 사용하면 수확량을 크게 늘릴 수 있다. 화학비료는 쉽게 이용 가능한 형태로 작물의 생장에 필요한 다량의 양분을 공급한다. 이런 사실 때문에 질소비료가 특히 매력적으로 보이지만 부작용도 만만치 않다. 시비한 질소비료의 절반 정도가 식물의 생장에 사용되고 나머지는 토양에서 유출되거나 공기 중으로 증발한다. 집중 강우, 오랜 가뭄, 토양 침식 또는 유기물이 적은 토양 등 불리한 환경에서는 질소비료의 효율성이 더 낮을지 모른다. 예컨대 유출과 침출의 결과 지하수와 식수가 오염될 수도 있다. 경제·생태적인 문제점 외에 화학비료는 작물의 양분 불균형을 초래하여 병해충에 취약하게 만드는 등 악영향을 미칠 수 있다. 정리해보면 화학비료는 토양과 작물 건강에 다음과 같은 부정적인 영향을 미친다.

- 질소를 과다 공급하면 작물의 조직이 물러져 작물이 병해충에 더 취약해진다.
- 유익한 근균의 식물뿌리 정착이 감소한다.
- 질소를 과다 시비하면 근균에 의한 질소고정(nitrogen fixation)을 막는다.
- 복합비료(NPK)만 사용하면 토양의 미량원소(micro-nutrients)가 고갈된다. 복합비료가 미량영양소를 대체하지 못하기 때문이다. 그에 따라 수확량이 감소하고 식물과 동물의 건강이 악화된다.
- 토양유기물의 분해가 촉진돼 토양 구조가 퇴화되고 가뭄에 더 취약해진다.

반면 유기비료는 토양에 유기물질을 공급해 다음과 같은 긍정적인 효과를 불러온다.

- 영양소 공급의 균형을 이루어 작물 건강을 유지한다.
- 토양의 생물학적 활동이 강화돼 토양 내 유기물 및 무기물로부터 작물로의 영양소 이동과 독성물질 분해가 향상된다.
- 근균 정착이 강화돼 인의 공급이 향상된다.
- 토양에 완숙 퇴비를 주면 토양 전염 병원균을 억제하는 잠재력을

갖춘다.

- 토양 구조가 개선돼 뿌리의 생장이 강화된다.
- 부식질이 영양소 치환능력을 개선하고 토양산성화를 피한다.

토양유기물 관리를 통한 작물 양분 공급

유기농에서 작물의 양분은 토양유기물의 건전한 관리에 초점을 맞춘다. 토양유기물은 작물의 주요 양분 집합체다. 유기농가가 토양유기물로부터 영양분을 계속 공급받기 위해 이용하는 방식은 세 가지다.

- 유기물의 투입을 다양화: 토양에 공급되는 유기물의 양과 질이 토양 속 유기물의 성분에 영향을 미친다. 유기물의 규칙적인 공급이 작물의 영양 균형에 필요한 최선의 환경을 제공한다. 각각 2%, 1%, 0.5%의 토양 탄소농도를 유지하기 위해서는 습한 열대기후에선 ha 당 연간 8.5톤, 아습윤기후(subhumid climate)에선 4톤, 반건조기후에서는 2톤의 유기물이 필요하다고 추산된다.
- 적절한 윤작: 토양의 비옥도 유지에 필요한 영양소 양은 재배 작물에 따라 결정된다. 예를 들면 콩과 식물의 질소, 녹비작물의 탄소와 같이 양분의 수요와 공급이 최대한 일치하도록 윤작의 순서를 정한다.
- 양분 이동에 미치는 영향: 토지 경운은 흙에 공기를 통하게 하고 토양 미생물의 활동을 촉진한다. 적당한 시기에 적당한 깊이, 강도와 빈도로 토지를 경작하면 유기물의 분해로 생기는 영양소 배출에 영향을 미칠 수 있다. 토양 미생물의 활동은 작물에 충분한 양

분을 공급하는 데 매우 중요하다. 미생물이 성장에 적당한 환경을 만날 경우 유기물 분해가 대단히 효율적으로 이루어져 작물이 흡수하기 쉽게 만들 수 있다. 따라서 유기농에서는 생물 활동이 활성화되도록 토양 환경을 조성해 건강한 작물을 기르는 것이 중요하다. 토양 실험 결과 이용할 만한 양분이 적다고 하더라도 유기적으로 관리된 토양은 작물에 충분한 양분을 공급할 잠재력을 지닌다.

IFOAM 기준에서 규정하는 작물의 양분 공급

IFOAM 기준은 유기농업에서 작물에 양분을 어떻게 공급할 때 어떤 재료가 허용되며 무엇이 제한적으로 허용되고 무엇이 금지되는지를 규정한다.

작물 양분 관리에 관한 IFOAM의 주요 기준은 아래와 같다.

- 생분해 재료가 시비 프로그램의 토대를 이룬다.
- 농지에 투입되는 생분해 물질의 총량을 제한해야 한다.
- 가축우리에서 분뇨가 넘쳐 강이나 지하수를 오염시키지 않도록 해야 한다.
- 사람 배설물이 포함된 거름을 사람이 먹는 농작물의 비료로 직접 사용해선 안 된다. 먼저 퇴비화와 같은 위생처리를 해야 한다.
- 화학비료는 유기영양소 공급원의 보완재로만 사용해야 한다.
- 화학비료는 원래의 자연스러운 조성비로만 사용해야 한다.
- 질소를 포함하는 화학비료는 사용해선 안 된다. 칠레 초석(蛭石), 그리고 모든 복합질소 비료의 사용을 금한다.

• 무기질 칼륨 및 마그네슘 비료, 미량영양소, 중금속 성분이 비교적 많거나 기타 불필요한 물질, 예컨대 염기성광물질, 인광석, 하수 오니가 들어간 퇴비와 비료의 사용은 제한적으로만 허용된다.

작물의 주요 양분과 공급 방법

대량 원소와 미량 원소

작물이 건강하게 생장하려면 다양한 영양소가 필요하다. 영양소는 대체로 대량 원소와 미량 원소로 분류된다. 상당량이 필요한 대량 원소는 질소, 인, 칼륨, 칼슘, 마그네슘 등이다. 미량 원소는 식물이 자라는 데 매우 적은 양이기는 하지만 꼭 필요한 원소로 현재 철, 망간, 아연, 구리, 염소, 몰리브덴 등이 속한다. 유기비료는 대체로 모든 필수영양소를 균형 잡힌 비율로 충분한 양만큼 함유한다. 따라서 단일원소의 결핍은 대부분 퇴비, 구비와 기타 유기공급원을 이용해 예방할 수 있다.

질소(N)

작물 생육을 제한하는 가장 중요한 영양소 중 하나가 질소(N)다. 질소는 엽록소 생성에 필요하다. 엽록소는 잎에 녹색을 띠게 하고 영양소 흡수와 생육을 위한 에너지를 얻도록 한다. 단백질 구성요소인 아미노산의 한 성분이기도 하다. 질소는 유기물질에 결합되지 않을 경우 침출 또는 증발을 통해 토양에서 쉽게 유실될 수 있다. 질소의 중요한 공급원 중 하나는 두과작물에 공생하는 미생물을 통한 대기 중 질소의 고정이다. 콩류는 다른 작물에 질소를 공급할 수 있는 잠재력을 지닌다. 때문에 두류, 지피작물, 녹비, 생울타리 또는 나무 등 어떤 형태로든 두과작물은 유기농에서 중요한 역할을 한다.

콩류작물이 최고 수준의 질소고정 능력을 발휘하려면 양호한 생장환경이 필요하다. 어떻게 하면 질소를 충분히 공급할 수 있을까?

- 경운은 토양에 공기가 잘 통하게 하고 토양 미생물의 활동을 촉진한다. 그 결과 유기물로부터 질소가 이동하게 된다.
- 관개는 마른 토양의 미생물을 다시 활성화시킨다.
- 쉽게 분해될 수 있는 유기물을 흙에 섞으면 갇혀 있던 다량의 질소가 흙 속으로 배출될 수 있다.

인(P)

인은 에너지 이동이 일어나는 모든 과정에서 식물의 신진대사에 필수적인 역할을 한다. 뿌리의 생육을 개선하고 개화와 씨앗의 성숙을 촉진한다. 가축의 뼈 성장과 신진대사를 위해서도 필수적이다. 인 결핍은 식물생육을 저해해 뿌리의 성장이 부진하고 개화와 성숙이 지체된다. 식물이 뻣뻣해 보이고 더 오래된 잎사귀들이 처음에는 암녹색을 띠다가 불그스름한 빛으로 변한 뒤 죽고 만다.

토양에는 인이 부족하기 쉽다. 작물이 이용할 수 있는 인은 대체로 토양유기물에 붙어 있거나 토양 미생물 속에 섞여 있다. 반면 토양 용액에는 아주 소량의 인만 함유돼 있다. 일단 인이 토양 입자로 흡수되면 극히 소량만 용해되어 식물이 이용할 수 있게 된다. 그러나 식물 뿌리에 근균이 정착되면 식물이 인을 더 잘 흡수할 수 있다. 어떻게 해야 인이 더 많이 생길까?

- 인의 이동성은 토양의 수소이온농도지수 pH가 6.0~6.5일 때 가장 활발하다.
- 티오바실루스균(Thiobacillus)은 인광석을 분해하여 인의 이동을 돕기 때문에 토양에 인의 유출을 돕는 미생물이 많으면 좋다. 퇴구비를 만들 때 인광석 가루를 섞어야 가장 좋다. 그렇지 않으면 광물 입자에 인이 달라붙어 식물이 거의 흡수하지 못하게 된다. 유산균이 만들어내는 산은 토양 내 인산염을 가용화시키는 성질이 있으므로 유산균이 작물의 인 공급에 도움이 된다.
- 뿌리의 성장을 촉진해 인이 더 잘 흡수되도록 한다. 토양유기물의 비중을 높이면 뿌리의 성장이 촉진된다. 예를 들어 건조한 기후에는 지피작물이나 멀치 등으로 흙을 덮는 방법이 있다.
- 깊게 뿌리 내리는 작물을 재배한다.
- 인이 작물에 공급되도록 하는 데는 토양의 습도가 필수적이다.
- 현지 환경에 적응한 콩과식물을 재배하는 편이 바람직하다.
- 근균의 생육환경을 개선한다.

칼륨(K)

칼륨은 아미노산 합성에 필요하며 광합성 과정과 질병에 대한 식물의 저항력을 키우는 능력에 관여한다. 식물의 칼륨과 질소 비율은 일대 일이 이상적이다. 칼륨은 동물에게도 필수적이다. 보통 사료작물을 통해 충분히 공급된다. 흙 속에 있는 칼륨은 대부분 무기입자들 속에 섞여 있어 쉽게 흡수할 수 있는 상태가 아니다. 일부 칼륨은 무기입자의 표면에 흡수되어 작물이 더 쉽게 이용할 수 있는 상태가 된다. 점토와 미사에는 칼륨이 풍부하다. 칼륨은 새로운 조직에 가장 필요하며 식물 내에서 이동성이 아주 높다. 따라서 칼륨이 부족하면 식물의 오래된 부위부터 먼저 죽게 된다. 토양에 질소와 칼륨이 부족하면 식물의 발육이 지체되어 잎이 작으며, 열매도 크기가 작고 수도 적다. 대체로 토양 내 모재인 암석의 풍화를 통해 칼륨이 공급될 수 있다. 칼륨의 필요성은 경작하는 작물 유형과 강한 연관성이 있다. 덩이줄기 작물은 특히 칼륨 공급 부족에 민감하게 반응한다. 어떻게 칼륨 공급을 개선할까?

- 칼륨을 함유하는 작물 잔사, 특히 짚과 구비를 재활용한다.
- 영구 지피식물을 사용하고 흙 속의 부식질 비중을 높여 토양의 침출을 피한다.
- 토양을 피복한다.

양분 순환: 농지의 양분 관리 최적화

자연의 양분 재활용

자연에서의 양분 재활용은 지상생물과 지하생물의 밀접한 관계에서 비롯된다. 식물은 대체로 지상에 드러난 부분보다 뿌리에 생물량이 더 많이 생긴다. 뿌리는 끊임없이 빠르게 분해되며 토양생물의 중요한 식량 공급원이 된다. 토양생물은 생전에는 그들의 활동을 통해, 그리고 사후에는 영양소를 배출함으로써 새로운 식물의 성장을 돕는 먹이로 재활용된다. 식물이 죽으면 재활용된 식물재료가 다시 재활용되어 토양생물의 먹이가 된다. 그렇게 순환을 마무리하며 서서히 토양 비옥도를 향상시킨다.

농지의 양분 재활용

농업에서는 자연과 반대로 더 많은 농산물을 수확하기 위해 농지를 비옥하게 한다. 외부 투입자원에 많은 부분을 의존하고 싶지 않다면 양분을 효율적으로 이용해야 한다. 농지의 양분을 더 잘 관리해야 한다는 뜻이다. 이는 최대한 농장 내부에서 영분이 순환할 수 있는 폐쇄된 양분 순환의 개념이다. 농지의 양분 관리를 최적화하는 방법에는 세 가지 원칙이 있다.

원칙1: 손실을 최소화한다

- 양분의 대량 손실은 침출에서 비롯된다. 침출은 토양의 낮은 양분 보유 능력 때문이다. 토양 내 양분 보유 능력이 높은 부식과 같은 유기물 수치를 높이면 양분 침출을 줄일 수 있다.
- 가축 배설물이나 거름이 물에 잠긴 상태로 있거나 햇빛에 노출될 경우 다량의 질소가 손실될 수 있다. 적절한 보호와 저장으로 저장된 배설물이나 거름에서 용출되기 쉬운 양분이 유실되지 않도록 방지할 수 있다. 장마철에 물이 고이는 웅덩이에 배설물이나 거름이 저장되는 경우가 종종 있다. 그럴 경우 웅덩이 바닥으로 양분이 침출되거나 또는 고인 웅덩이에서 증발되어 질소가 빠져나간다.
- 토양이 침식되면 토양은 가장 비옥한 부분을 잃게 된다. 토양 내 대부분의 영양소와 유기물은 표토에 집중되어 있다. 촘촘한 지피 작물을 유지하고 계단형 농지 같은 구조물로 토양 침식을 예방할 수 있다.
- 병든 경우가 아니라면 작물 잔사는 소각하지 말고 피복재로 사용한다.
- 콩과작물에 의해 고정된 질소의 손실을 막으려면 질소요구량이 많은 종으로 혼작 또는 윤작을 한다.
- 영양소를 흡수할 식물이 없거나 그럴 능력이 없을 때 토양유기물

에서 양분이 배출되면 상당한 손실이 발생한다.

- 질소는 암모늄 형태로 쉽게 증발되어 손실된다. 농지에 거름을 친 뒤 첫 두 시간 동안 가장 많은 손실이 발생한다. 따라서 구비(廐肥)는 저녁 때 줘야 한다. 밤에는 서늘하고 습도가 높아 손실이 적다. 구비와 액상구비는 작물이 짧은 시간에 흡수할 수 있는 양을 줘야 한다. 살포 직후 표토에 스며들어야 한다.

원칙2: 양분의 농장 내 폐쇄 순환

- 작물 잔사, 농산부산물, 거름의 재활용을 극대화한다. 나뭇잎, 가지, 콩깍지, 껍질, 짚, 뿌리 모두 다양한 양분의 소중한 공급원이며 작물에게 돌려줘야 한다.

- 빈 구석에 심은 뿌리 깊은 나무와 관목은 침출된 영양소를 거둬들이며 가지치기를 많이 할 경우 다량의 피복 재료를 공급할 수 있다.

- 퇴비는 농지 내 거의 모든 종류의 유기물을 이용해 만들 수 있다. 양분을 재활용하는 수단일 뿐 아니라 부식질은 토양의 '양분 보유 능력'을 증대시켜 양분 손실을 최소화한다.

- 멀칭은 손쉬운 양분 재활용 방법이다. 토양의 습기를 유지하며 토양생물에 먹이를 공급한다.

- 유기물을 태운 재는 칼륨, 칼슘, 마그네슘 같은 원소가 고도로 농축된 혼합물이다. 농지에 뿌리거나 퇴비에 섞어 넣을 수도 있다.

- 식물마다 필요한 영양소가 다르다. 혼작과 윤작이 토양 속 양분의 활용을 최적화하는 데 도움을 준다.

원칙3: 외부 투입 자재의 최적화

- 가능하다면 다른 농장에서 발생한 잉여 농산부산물을 활용한다. 커피 콩깍지, 사탕수수 찌꺼기, 쌀겨, 목화줄기 등 저렴한 각종 농산부산물이 가까운 곳에 있다면 퇴비를 만드는 데 사용할 수 있다.
- 인광석이나 백운석 같은 광물은 미량 원소 공급에 도움을 주고 침출이 적게 되며 화학비료보다 토양에 덜 해롭다.
- 질소고정 식물은 공짜로 질소를 제공한다. 지피작물, 식용곡물, 생울타리 또는 나무로 심을 수 있으며 땔감, 피복재, 사료도 제공한다.

작물 잔사 소각: 왜 해로운가?

농산부산물을 제거할 때 흔히 소각을 한다. 일손을 덜어주기 때문이다. 재에 영양소가 포함되어 작물이 직접 흡수할 수 있다. 그러나 소각에는 많은 단점이 있다.

- 다량의 탄소, 질소, 황이 가스로 배출되어 손실된다.
- 재의 영양소는 비가 오면 쉽게 씻겨 나간다.
- 식물성 재료는 불태워버리기에는 너무나도 소중한 토양유기물 공급원이다.
- 소각은 유익한 곤충과 토양생물을 해친다.

유기농에서는 가령 병해를 입은 작물이나 내한성을 지닌 다년생잡초와 같이 예외적인 경우에만 식물성 재료를 소각한다. 그보다는 멀칭이나 퇴비로 사용해야 한다.

혼작과 윤작

전통농업 방식은 같은 시공간에 다양한 작물을 재배하는 경우가 많다. 농민이 윤작 또는 혼작하는 데는 갖가지 이유가 있지만, 그 바탕을 이루는 과학적 연관성을 모르는 농민이 많아 잠재력을 활용하지 못한다.

식물 종마다 근계(root systems)가 다르다

대체로 식물은 깊게 뿌리를 내리지만 어떤 식물은 뿌리가 옆으로 뻗어나가기도 한다. 식물들은 품종에 따라 전형적인 근계를 형성하는 것 이외에도 토양 특성에도 반응한다. 땅속 어디에 물이 있는지, 유기물 또는 비료로부터 영양소가 배출되는 곳이 어디인지, 돌이나 단단한 경반층이 뿌리의 생장을 방해하는지에 따라 뿌리는 다양한 발육 상태를 보인다. 작물이 땅속에 뿌리를 내리는 방식은 또한 어느 정도 재배하는 농민의 영향을 받는다. 그 예로 예컨대 특정한 혼작, 경운, 배토, 성토 같은 문화적 관행을 들 수 있다. 어떤 작물이 서로 조화를 이루어 가장 잘 자라는지, 어떤 순서의 경작이 가장 적절한지 판단하려면 다른 작물들이 땅속에 어떻게 뿌리를 내리는지 알아야 한다.

작물마다 다른 욕구

작물 종류 또는 나아가 품종마다 욕구가 다르다. 영양소, 물, 빛, 기온 그리고 공기에 대한 욕구가 기본이다. 높은 수확을 올리는 데 필요한 영양소 총량은 작물마다 다르다. 영양소요구량은 또한 발달단계에 따라 달라질지도 모른다. 일부 작물은 특정 원소에 대한 요구가 특히 많다. 어떤 작물은 완벽한 양지를 좋아하는 반면, 어슴푸레한 빛을 선호하는 작물도 있고 그늘 속에서 가장 잘 자라는 종류도 있다. 일광 조건에 거의 반응하지 않는 식물도 있지만, 모든 식물에게는 빛이 필요하다. 일광 조건이 이상적이지 않으면 작물은 스트레스를 받고 제대로 발육하지 못한다. 작물에게 필요한 빛의 양은 대체로 작물 상태와 관계가 있다. 불리한 조건의 땅에서 자라는 작물은 이상적인 토양 조건에서 성장하는 작물보다 그늘을 선호한다.

혼작에 대한 일반적이고 구체적인 결론

- 뿌리 간의 경쟁을 최소화해야 한다. 특히 영양소가 가장 많이 필요한 단계에 경쟁은 생산량 하락으로 이어진다.
- 뿌리는 가능한 한 많이 뻗어야 한다.
- 뿌리가 튼튼한 작물은 뿌리가 잘 자라지 않는 작물과 혼작 또는 교대로 경작해야 한다.
- 작물 간 양분 경쟁을 최소화하도록 작물 간격을 유지해야 한다.

- 뿌리를 깊게 내리는 작물은 뿌리가 얕은 작물과 함께 키우는 방법이 최선이다.
- 다년생작물을 계절성 작물과 혼작하면 좋다.
- 콩과작물은 질소요구량이 많은 작물과 혼작하거나 그 이전에 재배하는 것이 좋다.
- 혼작하는 작물은 생장습성과 일광 요구량이 달라야 한다.
- 혼작할 때 가장 활발한 영양소 흡수기간이 작물끼리 겹쳐선 안 된다.

혼작

혼작은 같은 경작지 내에서 동시에 2종 이상의 작물을 재배하는 것으로 정의된다. 적당한 작물을 결합하면 단위면적당 총 수확량을 늘릴 수 있다. 이는 기본적으로 효율적인 공간 활용과 작물 간의 유익한 상호작용 덕분이다. 혼작의 추가적인 혜택은 다음과 같다.

- 다변화: 경지에서 더 다양한 작물을 재배할 수 있다. 따라서 농민은 하나의 작물에만 의존하지 않고 농산물을 이상적으로 계속 수확할 수 있게 된다.
- 병해충 감소: 일부 식물종의 퇴치 또는 유인 효과가 다른 작물들에 대한 해충의 공격을 방지한다. 다양성 덕분에 병에 대한 저항력이 높아지고, 해충과 세균이 특정 식물종을 찾아가기가 더 어려워진다.
- 토양 비옥도 관리 개선: 콩과작물과 혼작하면 생육 후기에 비(非)

콩과작물의 질소 공급이 개선된다.

- 제초: 이상적인 경우 혼작은 토양을 더 빨리 덮고 밀집된 형태로 자라서 잡초를 더 효율적으로 억제한다.

혼작에는 여러 가지 가능한 방법이 있다.

- 혼작: 2종 이상의 작물을 동시에 같은 공간에 파종하거나 주작물을 보호할 목적으로 주위에 다른 작물을 파종하기도 한다.
- 줄 경작: 2종 이상의 작물을 동시에 넓은 간격으로 이웃 열에 파종한다.
- 순차 경작: 첫째 작물 수확 전에 둘째 작물을 파종한다.
- 나무와 한해살이 작물의 혼작.

혼작 사례

- 작물의 먹는 부위에 따라: 잎채소와 뿌리채소를 혼합한다. 상추와 당근.
- 식물의 분류에 따라: 콩과작물과 양배추 또는 가지과(다량의 질소 시비 필요).
- 작물의 생육기간에 따라: 빨리 자라는 채소와 느리게 자라는 다른 채소. 무와 양배추 또는 호박과 상추 또는 사탕무.

단작의 문제점

동일한 토지에서 같은 작물을 여러 해 동안 연속 재배하면 전반적으로 수확량이 감소하거나 같은 양을 수확하는 데 더 많은 비료가 필요하다. 그리고 작물이나 경작지의 상태나 생산성에도 문제가 생긴다. 하나의 작물이 특정 조합의 영양소를 사용하면 땅이 메마르게 된다. 작물 특유의 토양전염성 병해충도 번성할 가능성이 높다. 작물이 조성하는 환경에 잘 적응한 잡초가 번식해 제초에 더 많은 노력이 필요할지 모른다.

윤작의 이점

같은 경작지에서 다양한 작물을 순차적으로 재배하면 작물마다 나름의 특유한 방식으로 흙을 이용해 영양소 고갈의 위험이 줄어든다. 균형을 이루도록 작물을 교대로 재배하면 토양 전염병의 발생도 억제된다. 따라서 같은 작물 그리고 같은 과(科) 작물 간의 경작 휴지기를 지켜야 한다. 생명력이 강한 잡초가 생기지 않도록 하려면 잡초 억제력이 뛰어난 작물을 먼저 심은 다음 초기 생육이 느린 작물을 재배해야 한다. 뿌리를 깊게 뻗는 작물과 옆으로 퍼지는 작물 간, 그리고 줄기가 높이 뻗는 작물과 잎이 크고 무성하게 자라 땅을 빨리 덮는 작물 간의 교체도 잡초 억제에 도움이 된다. 윤작은 토양유기물질을 보존하는 데도 중요한 도구이다. 이상적으로 윤작은 토양유기물의 함량을 보존 또는 나아가 증대시킨다.

퇴비

화학비료가 유통된 이래 퇴비, 특히 유기비료의 잠재력이 흔히 낮게 평가되고 있다. 일부 지역에서는 농산부산물뿐 아니라 구비가 생산되기도 하지만, 소각되거나 버려지는 경우가 많다.

유기비료의 가치

유기비료는 식물이나 가축에서 나오는 모든 영양소 공급원을 포함한다. 하지만 불행히도 영양소 공급원으로서 과소평가되는 경우가 많다. 유기비료는 화학비료와는 판이하게 다르다. 유기물을 포함한다는 점이 근본적으로 다르다. 유기물로 인해 영양소 공급이 더디지만, 한 번에 여러 종의 영양소를 공급한다. 따라서 토양의 질을 향상시키는 데 주로 사용된다.

구비의 적절한 처리

구비는 가축 분뇨와 축사에 까는 짚이나 목초로 이루어진다. 구비는 대단히 소중한 유기비료다. 구비의 몇몇 특성과 효과는 다음과 같다.

- 다량의 영양소를 함유한다.
- 구비 중 질소가 포함된 부분만 작물에 직접 공급된다. 반면 나머지 부분은 구비가 분해될 때 배출된다. 가축 오줌 속에 포함된 질소는 단기간 이용이 가능하다.
- 가축의 똥과 오줌이 섞이면 균형이 잘 잡힌 작물 영양소 공급원이 된다.
- 구비에서 나오는 인과 칼륨 성분은 화학비료와 비슷하다. 닭의 구비는 인이 풍부하다.
- 유기비료는 토양의 유기물질 비중을 높여 토양의 비옥도를 향상시킨다.

구비 저장법

질 높은 퇴비를 얻으려면 이상적으로는 구비를 수거한 뒤 일정기간 동안 저장해야 한다. 구비는 잘 발효되어야 최선의 결과를 얻는다. 가령 물웅덩이 같은 혐기 조건에서 저장된 퇴비는 질이 떨어진다. 구비의 수거는 축사에 가축을 가둬 둘 경우에 가장 쉽다. 구비를 저장할 때는 짚, 잡풀, 왕겨, 톱밥과 혼합해 액체를 흡수하도록 해야 한다. 짚을 벤 뒤 도로변에 펼쳐놓아 짓이겨지도록 만들면 긴 지푸라기보다 더 많은 물을 빨아들일 수 있다. 일반적으로 구비는 축사 옆 퇴비장에 쌓아놓는다. 어떤 경우든 구비가 햇빛, 바람, 비를 맞지 않도록 보호해야 한다. 영양소 손실을 막으려면 건조뿐 아니라 침수도 피해야 한다. 저장장소는 물이 스며들지 않고 약간 경사져야 한다. 축사의 퇴비더미에서 흘러 나오는 액체와 오줌을 받는 고랑이 있으면 이상적이다. 퇴비더미 주변의 이랑은 오줌과 물의 통제되지 않은 유출입을 막는다.

상업적 유기질 비료

영양소 재활용이 체계적으로 이루어지면 외부에서 유기질 비료를 들여올 필요가 거의 없다. 외부 유기질 비료는 양분 재활용의 보완재로 써야지 대안은 되지 못한다. 사용할 만한 유익한 유기물 공급원은 많다. 적은 비용으로 확보할 수 있을 경우 특히 더 가치가 있다. 상업적 유기질 비료는 주로 농산물 가공 또는 식품산업 폐기물의 부산물이다. 유기질 비료를 구입할 때는 영양소와 독성물질 성분, 가격에 따라 신중하게 선택해야 한다. 이 같은 유기질 비료는 농가에서 나온 다른 유기질과 혼합해 퇴비를 만드는 방법이 최선이다. 고가의 유기질 비료는 대체로 안정적으로 고수익을 올리는 작물에만 사용하는 편이 합당하다.

액상 유기비료

비료를 땅속에 주기보다 작물의 잎을 통해 공급해주면 영양소가 20배가량 빨리 흡수된다. 따라서 일시적인 영양소 부족을 극복하는 데 액상비료의 엽면시비가 도움이 된다. 유기농에서 액상 유기비료는 주로 생육기간 중 성장을 촉진하는 데 사용된다. 액상비료는 퇴비나 쌀겨, 청초, 깻묵 등의 식물재료로 만들어진다. 양분이 풍부한 재료를 며칠 또는 몇 주간 물에 푹 담가 발효과정을 거치거나 공기를 불어넣어가며 우려 퇴비차(compost tea) 형태로 만들기도 한다. 자주 저어주면 미생물의 활동이 활발해진다. 그렇게 얻은 액체를 작물의 잎이나 땅에 살포한다.

무기비료

무기비료도 유기농업에서 허용되는 비료다. 땅속의 자연석이 원료다. 그러나 유기비료의 보완재로만 사용하는 편이 바람직하다. 쉽게 용해되는 원소를 함유할 경우 토양 생태계를 방해해 작물 영양의 불균형을 초래할 수 있다. 몇몇 경우 무기비료가 환경적으로 문제를 유발한다. 수집과 운반에 에너지가 소모되며 자연 서식지가 파괴되는 경우도 생기기 때문이다.

미생물비료

일각에서는 토양에 미생물을 투입해 분해 과정을 강화하고 병해를 방제하도록 장려한다. 미생물은 일반적으로 곧바로 사용 가능한 시비용 및 작물보호용 제품으로 판매된다. 이 같은 미생물비료는 미생물을 설탕 또는 전분 등이 포함된 유기질 재료에 배양해 이루어진다. 이들 재료는 특정 미생물을 배양한 생물체이므로 조심스럽게 사용해야 한다. 유효기간이 지나면 미생물들이 죽을 가능성이 있기 때문에 사용하지 말아야 한다.

특정 제품의 효과를 알아보려면 소규모 테스트를 통해 제품을 사용한 적이 없는 농지와 비교하는 방법이 추천된다. 하지만 명심해야 할 사실은 미생물비료가 농지의 적절한 유기물 관리를 대체할 수 없다는 점이다. 구매한 제품에 들어 있는 세균과 곰팡이의 대다수는 일반적으로 흙 속에 존재한다. 따라서 미생물제제는 특정한 생물의 비중을 높인다. 직접 미생물비료를 만들어 비용을 절약하는 농민도 있다. 일부 미생물은 무기화를 통해 토양에 양분을 추가한다. 대기 중의 영양소를 고정하는 방법으로 질소를 추가하는 미생물도 있다. 근균과 아조토박터(Azotobacter) 등이다. 근균 같은 미생물은 작물에 인을 공급하는 데 도움을 준다. 아조스피릴륨(Azospirillum)과 아조토박터는 질소를 고정할 수 있는 박테리아이다. 슈도모나스(Pseudomonas)는 식물의 뿌리가 죽거나 물이 흘러나올 때 방출하는 각종 화합물을 이용할 수 있는 세균 종류로 인을 가용화할 수 있으며 토양 전염 식물병해 억제에 도움을 줄 가능성이 있다.

볼리비아의 보카시(Bocashi)와 액상 생물비료 체험

볼리비아의 소규모 농민인 돈 다비드(Don David)는 보카시를 세 차례 만들어 논에 줬다. 보카시는 발효시킨 미생물비료다. 보카시를 뿌려서 기름지게 만든 논에서 윤작을 한다. 첫해는 감자, 둘째 해엔 옥수수, 다음엔 콩, 꽃이나 알팔파 이어서 다시 감자를 재배한다.

돈 다비드는 좋은 결과를 얻었다. 옥수수는 더 크게 자랐고, 감자 수확량은 배로 늘었다. 화학비료 사용을 완전히 중단했다. 작물을 파종할 때 보카시 외에도 액상 생물비료를 준다. 액상 생물비료는 발효시킨 혼합 퇴비로 만든다. 작물이 생장하는 동안 2주에 한 번씩 스프레이로 뿌려준다. 돈 다비드에 따르면 보카시와 생물비료를 줬더니 토양이 다시 비옥해지고 작물이 병해충으로부터 스스로를 더 잘 지킬 수 있게 됐다. 생산이 증가하고 품질 또한 좋아졌다.

보카시 제조법

1)짚 소재부터 시작해 흙, 가축분, 목탄, 겨, 석회 순으로 재료를 반복해서 겹겹이 덮는다.

2)당밀을 물에 풀어 재료 더미에 섞는다.

3)재료 더미가 평평하고 50cm 정도 높이가 되도록 고르게 펼쳐놓는다. 그리고 자루로 덮어 발효과정 중 따뜻하게 온도를 유지한다.

4)조합할 때만 물을 사용한다. 일단 정확히 농도를 맞추면 물은 더 이상 필요하지 않다.

5)발효에는 2주가량이 걸리며 더미에서 열이 방출되지만 손을 댈 정도는 아니다.

6)첫 2주 동안 추운 지역에서는 하루에 한 번, 더운 지역에서는 하루에 두 번씩 재료 더미를 뒤집어줘야 한다.

완성되기까지 14일 안팎이 걸리는데, 한 달 동안 묵혀 둔 뒤 사용하는 편이 좋다.

퇴비 만들기

퇴비화는 식물이나 동물에서 나온 유기물을 쌓아올리거나 구덩이 속에서 부식질로 변환하는 과정이다. 토양에서 유기물의 무질서한 분해에 비해 퇴비화 과정의 분해는 더 빠른 속도로 이뤄지고, 고온에 도달하며 더 질 높은 제품을 만들어낸다. 퇴비화 과정은 세 개의 주요 단계로 대별될 수 있다. 발열단계, 냉각단계, 숙성단계이다. 그러나 이런 단계를 분명하게 구별할 수는 없다.

발열단계

- 퇴비더미를 쌓아올린 뒤 3일 이내에 더미 속 온도가 60~70°C로 올라가며 대개는 2~3주 동안 이 수준을 유지한다. 분해는 대부분이 발열과정에서 이뤄진다.

- 이 단계에서는 주로 세균이 활발한 움직임을 보인다. 쉽게 분해될 수 있는 재료가 세균에 의해 분해되는 과정에서 에너지가 발생하면서 온도가 높아진다. 고온은 퇴비화 과정의 전형적이고 중요한

부분이다. 열은 병원균, 잡초 종자, 기생충란 등을 파괴한다.

- 이 퇴비화 과정의 첫 단계에서 세균 개체군의 급속한 발달로 인해 산소요구량이 대단히 많아진다. 퇴비더미의 고온은 박테리아에 산소가 적절히 공급된다는 신호다. 재료더미에 공기가 충분하지 않을 경우 세균의 활동이 저해되어 온도가 오르지 않고 불쾌한 냄새가 나게 된다.

- 미생물이 잘 활성화되기 위해서는 습한 환경이 필요하기 때문에 습도 또한 퇴비화 과정에 필수적이다. 발열단계에 수분이 가장 많이 필요하다. 이 단계에서 생물학적 활동이 활발하고 열에 의해 증발이 많이 일어나기 때문이다.

- 열이 높아짐에 따라 퇴비더미의 질소질 분해로 수소이온지수(pH)도 올라간다.

냉각단계

- 세균에 의해 쉽게 소화되는 재료가 일단 분해되면 퇴비더미의 온도가 서서히 내려가 25~45°C를 유지하게 된다.

- 온도가 내려가면서 곰팡이가 정착해 짚, 섬유, 목재의 분해를 시작한다. 이 분해 과정이 둔화되면 퇴비더미의 온도는 상승하지 않는다.

- 온도가 떨어지면 분해물질의 pH는 하락한다.

숙성단계

- 숙성단계 중 영양소가 무기화하며 부식산과 항생물질이 증가된다.

- 이 단계에서 붉은 지렁이를 비롯한 토양생물이 퇴비더미에 자리

잡기 시작한다.

- 이 단계가 끝날 때쯤 퇴비의 원래 부피가 절반가량 줄어들고, 토양의 색이 짙고 기름져 보이면 모든 준비가 완료된다.
- 이 시점부터는 더 오래 저장할수록 비료로서 질이 떨어지는 반면 토양 구조를 개선하는 능력이 증대된다.
- 숙성단계에서는 발열단계보다 퇴비에 필요한 수분이 훨씬 적다.

퇴비 재료의 선택

퇴비 재료의 구성은 대단히 중요하다. 재료의 탄질율(C:N)과 구조는 퇴비화 과정에 커다란 영향을 미친다. 질소가 풍부한 재료(낮은 C/N 비율)는 흔히 수분도 높아 구조가 조밀하며 퇴비화할 경우 공기가 잘 통하지 않는다. 구조가 성겨 공기가 잘 통하는 재료는 일반적으로 질소 함량이 낮아서 세균이 활성화되기에 적당하지 않다. 따라서 서로 다른 성질의 재료를 혼합하면 영양소 구성 및 퇴비화에 적당한 구조를 형성하는 데 도움이 된다.

재료, 크기, 혼합

퇴비화에 적합한 재료

- 식물재료: 수분이 많은 청초는 질소가 풍부하며, 마른 풀은 탄소가 풍부하다. 겨울을 난 호밀이나 보릿짚이 볏짚보다 탄소가 많다. 왕겨, 나뭇가지, 나뭇잎 등은 탄소질이 풍부하지만 훌륭한 퇴비 재료이다.
- 가축 분뇨: 소, 돼지(칼륨과 인 풍부), 가금류(인 대단히 풍부), 염소,

말 등.

- 나뭇재: 칼륨, 나트륨, 칼슘, 마그네슘 등 포함.
- 인광석: 인은 유기재료와 잘 결합하며 토양광물에는 잘 들러붙지 않는다. 따라서 흙에 직접 주기보다 퇴비더미에 뿌리는 편이 낫다.
- 소량의 흙, 특히 점토가 풍부한 흙 또는 돌가루는 퇴비의 품질을 개선한다. 다른 재료와 혼합하거나 퇴비더미에 씌워 영양소 손실을 줄이는 데 사용한다.

퇴비화에 적합하지 않은 재료

- 녹병이나 바이러스 같은 질병의 영향을 받는 식물재료.
- 생명력 강한 다년생잡초는 먼저 햇볕에 말려야 한다.
- 금속이나 플라스틱 등 천연이 아닌 재료.
- 딱딱한 침이나 가시가 달린 재료.

재료가 미세하고 표면이 클수록 세균이 소화하기 더 쉽다. 거친 재료의 이상적인 길이는 2~5cm로 부피 큰 재료와 작은 재료를 잘 혼합해 퇴비더미에 공기가 잘 통하도록 해야 한다.

퇴비화에 적합한 재료 혼합법

- 수피, 우드칩 등 형체를 갖춘 부피 큰 재료 1/3.
- 짚, 나뭇잎, 작물 잔사 등 탄질율이 높고 부피가 적당한 재료 1/3.
- 쌀겨 가축분처럼 탄질율이 낮고 부피가 작은 재료 1/3.
- 거기에 흙 10%.

퇴비더미 쌓기

- 퇴비 재료를 알맞게 준비한다. 거친 목재는 토막 내어 표면적을 넓게 만들어 미생물 분해를 촉진한다.
- 건조할 경우 혼합하기 전에 퇴비 재료에 물을 흠뻑 준다.
- 퇴비더미 바닥에 가늘고 굵은 나뭇가지들을 놓아 여분의 물이 잘 빠지도록 한다.
- 탄소가 풍부한 재료와 질소가 풍부한 재료를 번갈아가며 겹쌓는다.
- 매 겹마다 거름이나 이미 만들어놓은 퇴비를 뿌리면 퇴비화 과정이 촉진된다.
- 퇴비 사이사이에 흙을 얇게 깔면 질소 손실을 막는 데 도움이 된다.
- 초기단계에 짚이나 잎을 10cm 두께로 덮고 마지막 단계에 물이 스며들지 않는 포대나 비닐로 덮으면 칼륨과 질소가 퇴비더미에서 쓸려나가는 것을 막는다. 건조한 기후에선 퇴비 위에 15cm 두께로 진흙을 덮는다.
- 습기가 부족하면 때때로 퇴비더미 위에 물이나 묽은 거름을 뿌려 준다.

퇴비더미 뒤집기

퇴비더미를 쌓은 뒤 2~3주가 지나면 원래 크기의 절반 정도로 줄어든다. 이때 뒤집어주면 좋다. 퇴비를 뒤집으면 퇴비화 과정이 가속화되지만 필수적이지는 않다. 뒤집기의 이점은 다음과 같다.

- 공기가 잘 통해 퇴비화 과정이 촉진된다.

- 퇴비더미 바깥쪽에 있던 재료가 속으로 자리를 바꿔 적절히 분해
  될 수 있게 된다.
- 퇴비화 과정이 잘 진행되는지 확인해 문제가 있을 경우 조치를 취
  할 수 있다.

지렁이를 이용한 퇴비제조(Vermi-Composting)

지렁이는 우분, 잡풀 등의 유기물을 우수한 부식질로 바꾸는 데 대단히 효율적이다. 일반적으로 가열단계를 거친 퇴비더미는 양분의 손실을 피할 수 없다. 그러나 지렁이 퇴비화는 가열단계를 전혀 거치지 않으면서 유기물을 짧은 기간 내에 퇴비화시키는 장점이 있다.

지렁이 배설물은 유기물과 결합한 안정된 흙덩어리다. 영양소 함량이 높고 수분 보유능력도 좋다. 게다가 배설물은 작물의 생육을 촉진하는 효과도 있다. 몇몇 경험 많은 농민은 지렁이 분변토 우린 물을 작물 영양제로 이용한다. 지렁이 분변토 우린 물은 진딧물 제거에도 도움을 줄 수 있다. 지렁이는 습도 및 온도 변화에 대단히 민감하며 지렁이의 먹이, 즉 퇴비 재료를 계속 공급해줘야 한다. 개미와 흰개미의 공격도 받는다. 따라서 바닥을 단단하게 해야 포식자들로부터 지렁이를 보호할 수 있다. 퇴비를 치우려면 더미의 상단을 건조하게 해서 지렁이들이 안쪽으로 더 깊숙이 파고들도록 한다. 지렁이 퇴비는 분명 대단히 좋은 거름이지만, 일반적인 퇴비화 방법에 비해 인력과 계속적인 관리가 필요하고, 계절적 제약도 받는다.

퇴비의 이점

퇴비화 과정에서 일부 유기물이 부식질로 변형된다. 부식질은 미생물에 의해 쉽게 분해되지 않고 버티는 물질로 토양에서 오랜 기간 유기물로 유지되며, 토양 개량에 결정적 역할을 한다. 퇴비의 다른 성분은 작물에 종합적인 양분을 제공한다. 퇴비는 작물 생장에 영양을 공급하며 장·단기적으로 모두 영향을 미친다. 또한 pH가 중성이기 때문에 산성 토양을 개량하고 토양 전염균을 억제할 수 있다. 숙성된 퇴비는 작물에 유익하며 부패 과정에서 배출되는 독성 물질과는 달리 작물의 뿌리와 토양 속 미생물의 생육을 방해하지 않는다.

퇴비화는 분명 많은 이점을 지니지만 퇴비 생산을 시작하기 전에 고려해야 할 몇 가지 요소가 있다. 분해과정 중 일부 유기물질과 영양소가 빠져나가며, 노동 집약적이고, 제대로 된 퇴비를 만드는 일은 지속적인 관심이 필요하다.

퇴비 주기

하나의 확정적인 숙성 단계는 없다. 퇴비의 숙성과정은 무한하다. 재료의 원래 형체를 알아볼 수 없게 되면 곧바로 퇴비로 사용할 수 있다. 그때가 되면 퇴비는 짙은 갈색이나 거무스름한 색깔로 변하고 좋은 냄새가 난다. 대다수 유기농가에게 퇴비는 귀하고 소중한 거름이지만, 모든 농지에 시비할 만큼 충분한 양을 생산하기는 불가능하다. 따라서 농민은 어디에 퇴비를 줘야 가장 유익할지 신중히 생각해봐야 한다. 종묘장에서 묘목이나 대묘를 심을 때 높은 효율을 얻을 수 있다.

Why

what

How

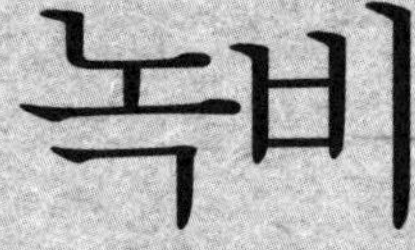

녹비의 이해

녹비란 무엇인가?

녹비는 주요 작물의 양분을 비축하기 위해 재배하는 식물이다. 적당히 자라 유기물이 비축되면 표토에 갈아엎는다. 대체로 개화하기 전에 쳐내기 때문에 녹비 재배는 윤작에서 콩과작물 재배와 다르다. 녹비는 질소질이 높은 신선한 유기물로 일단 토양에 매립되면 분해가 쉬워 빠르게 양분을 배출한다. 녹비는 양분으로서 가치가 높지만 멀칭 재료인 짚이나 우드칩은 탄소질이 높은 재료로 분해가 느려 토양유기물 수치를 높이는 데 기여한다. 농지에 녹비작물을 재배하기 어려울 때는 다른 곳에서 베어다가 땅속에 갈아엎는 방법도 있다. 예를 들어 관목을 가지치기했다거나 우거진 잡초를 다량으로 확보해 녹비나 멀칭 재료로 사용할 수 있다.

녹비에는 많은 이점이 많다

• 뿌리는 땅속을 파고들어 토양을 푸석하게 만들고 영양소와 결합

해 물에 씻겨나가지 않도록 한다.

- 잡초를 억제하고, 토양을 침식과 일광으로부터 보호한다.
- 두과작물을 사용할 경우 대기 중의 질소가 땅속에 고정된다.
- 강낭콩, 완두콩과 같은 녹비는 사료나 식용으로 사용할 수도 있다.
- 녹비가 분해되면서 각종 영양소를 알맞게 혼합해 배출한다. 주요 작물이 그 영양소를 흡수해 수확량을 늘린다.
- 땅에 묻힌 녹비는 토양생물의 활동을 촉진시키고 토양 속 유기물 질을 증대시킨다. 이는 토양 구조와 수분 유지능력을 개선한다.

따라서 토양 비옥도와 경작된 주요 작물의 영양을 적은 비용으로 개선하는 방법이다. 그러나 녹비를 재배하기 전에 다음 사항들을 고려해야 한다.

- 농지를 경운하고, 씨를 뿌리고, 녹비를 베고, 갈아엎는 데 노동력이 필요하다.
- 녹비를 주요 작물과 간작할 경우 영양소, 물, 햇빛을 차지하기 위해 서로 경쟁한다.
- 땅이 부족할 경우 녹비보다 식량작물을 재배하고 작물의 잔사를 재활용하거나, 녹비작물을 주요 작물과 간작하는 편이 더 합리적일지 모른다.
- 녹비의 혜택은 장기적으로 나타나며 당장 가시적인 효과가 보이지는 않는다.

질소고정 식물

질소고정 과정

간과하기 쉽지만 공기는 질소의 유일한 1차 공급원이다. 질소를 78% 포함한 공기는 이 소중한 식물영양소인 질소를 무한정 공급할 잠재력이 있다. 그러나 대부분의 경우 따로 공급하지 않으면 질소가 부족하여 작물이 잘 자라지 못하는 경우가 태반이다. 식물이 공기에서 직접 질소($N2$)를 흡수하지 못하며 대신 변형된 형태로 필요하기 때문이다.

콩과나 미모사과의 일부 식물은 뿌리로 대기 중의 질소를 고정해 영양소로 이용하는 능력이 있다. 콩과식물은 근류균이라는 박테리아와 공생하는 방법을 이용한다. 근류균은 뿌리에서 자라는 눈에 잘 띄는 혹에 기생한다. 이들 박테리아는 공기 중으로부터 질소를 흡수한 다음 변형시켜 숙주식물이 이용할 수 있도록 만든다. 질소고정 과정은 화학비료를 생산하는 합성방식이든, 근류균에 의한 생물적 방식이든 대단히 많은 에너지를 소비한다. 근류균은 필요한 에너지를 식물의 뿌리에서 얻는다. 논에서 자라는 남조류, 예컨대 '아졸라(azolla)'는 자체 광합성을 통해 에너지를 생산하기도 한다. 자연 발생적으로 생기는 근류균 종류는 특정한 숙주식물 또는 숙주식물군과 공생하는데, 이것은 일반 질소고정균과 중요한 차이점이다.

식물과 근류균 간의 파트너십은 보통 대단히 특정적이다. 이런 이유 때문에 콩과식물이 농지에서 처음 재배될 때 박테리아를 접종할 필요가 있기도 하다. 영양소, 물 공급, 토양산도를 포함한 토양질, 온도와 일광 조건이 양호할수록 콩과식물이 박테리아에 에너지를 더 잘 공급해 자신에게 필요한 질소를 공급받을 수 있다.

질소고정 수목

질소고정 수목은 일년생과 다년생 관목으로 크게 나눌 수 있다. '임간재배(alley cropping)'에서 다년생 관목을 주요 작물 사이의 열에 재배한다. 우리나라에서는 비타민나무나 아카시나무, 프리지아 등을 질소고정 수목으로 활용될 수 있겠으나, 아카시나무는 성장 속도가 빠르고 나무가 커서 농경지에서는 활용하기에 부적합하다. 질소고정 수목의 이점은 다음과 같다.

- 시비와 토양 비옥도: 질소고정 수목의 잎과 가지는 질소와 기타 식물영양소가 풍부하다. 그리고 비료의 소중한 무료 공급원이다. 뿌리를 이용해 토양의 질소성분을 직접적으로 늘리고 토양유기물질을 증대시킨다. 집약재배의 결과 농지의 영양소가 고갈되면 질소고정 관목이나 수목을 심어 영양소 비중을 늘리고 비옥도의 복원을 촉진할 수 있다.

• 나무와 목재: 질소고정 수목이 일부 고급목재를 제공한다. 빨리 자라는 질소고정 수목은 우수한 땔나무와 석탄 또한 생산한다.

• 사료와 식량: 일부 질소고정 수목의 자양분 많고 소화하기 쉬운 잎들은 훌륭한 동물사료가 된다. 깊이 뻗는 뿌리는 건기 중에도 멀어져가는 수분에 도달해 신선한 영양분을 제공할 수 있다. 여러 종의 질소고정 식물이 인류의 식량을 생산한다(카로브콩, 차풀나무와 타마린드 등).

• 보호와 버팀대: 질소고정 수목은 생울타리로 재배해 작물을 야생동물, 가축, 그리고 사람으로부터 보호할 수 있다. 임관이 밀집한 나무는 방풍림으로 키울 수 있다. 더운 기후에선 질소고정 수목을 키워 그늘을 만들 수 있다. 카카오나 커피 같은 작물의 중요한 부가적 혜택이다. 질소고정 수목은 참마, 바닐라콩, 후추 같은 만성작물(climbing crops)을 지탱하는 버팀대 역할을 할 수 있다.

녹비 이용법

녹비 품종 선택과 파종

녹비작물로 사용할 수 있는 식물은 특히 두과작물을 포함해 다양하다. 알맞은 품종의 선택이 중요하다. 무엇보다 강우와 토양 등 현지 생육환경에 적응력이 있고, 윤작에 적합하고, 다른 작물에 병해충을 옮길 위험이 없어야 한다.

- 윤작을 할 경우에는 파종시기를 선택할 때 다음 작물을 심기 이전에 녹비를 쳐내 땅속에 묻을 수 있도록 해야 한다.
- 녹비의 발아와 생장에도 물이 필요하다!
- 개별적인 상황에 맞게 이상적인 파종 밀도를 테스트해야 한다. 이는 어떤 식물 종을 선택하느냐에 따라 다르다.
- 일반적으로 추가적인 시비는 필요하지 않다. 농지에 두과식물을 처음 재배할 경우 종자에 특정한 근균을 접종해야 할지도 모른다. 콩과식물이 지닌 질소고정 능력의 혜택을 보기 위해서다.

녹비 갈아엎기

- 시기: 녹비를 갈아엎은 뒤 다음 작물을 심기까지의 시차가 2~3주를 넘어선 안 된다. 그래야 녹비가 분해될 때 영양소 손실을 막을 수 있다.
- 파쇄: 녹비는 식물이 아직 어리고 싱싱할 때 가장 잘 흡수된다. 녹비작물의 키가 크거나 부피가 크고 딱딱한 부분이 들어 있을 경우 분해하기 쉽도록 식물을 잘게 자르는 편이 좋다. 식물의 나이가 많을수록 분해가 오래 걸린다. 녹비작물을 묻기 가장 좋은 시기는 개화하기 직전이다.
- 묻는 깊이: 녹비는 땅속에 깊이 묻어서는 안 된다. 대신 표토에만 섞도록 해야 한다. 양토에는 5~15cm 깊이, 사질 토양에는 10~20cm 깊이가 적당하다. 우리나라처럼 온난다습한 기후에선 토양 표면을 덮어주는 멀칭 재료로 놓아 둬도 된다.

녹비시비 계획에 도움이 될 만한 추가적인 사항들

- 녹비를 주요 작물과 함께 또는 나중에 파종할 수 있는가?
- 1년 중 녹비가 영양분을 두고 작물과 경쟁하지 않는 기간이 있는가?
- 녹비와 주요 작물을 모두 경작할 만큼 물이 충분한가?
- 녹비는 빨리 자라고 깊게 뿌리 내리면서도 너무 빨리 번식해 잡초가 돼서는 안 된다. 그런 적당한 품종이 있는가?
- 너무 품을 많이 들이지 않고 재배할 수 있는가? 최소 경운으로 파종하고 나중에 토양 표면을 덮는 지피식물로 남겨 둘 가능성은?

Why

what

How

병해충과 잡초방제

유기농 병해충 관리와 작물 건강

병해충 관리는 상호 보완적인 다양한 방법으로 이루어진다. 대다수 관리방안은 병해충이 작물에 미치는 피해를 예방하기 위한 장기적인 활동이다. 유기농에서는 기존 해충 개체와 질병을 낮은 수준으로 유지하는 데 관리의 초점을 맞춘다. 반면 방제는 단기적인 활동이며 병해충 퇴치에 초점을 맞춘다. 대증요법을 쓰기보다 문제의 원인에 대처하는 유기농업의 일반적인 접근법이 병해충에도 적용된다. 따라서 방제보다 관리에 훨씬 더 높은 우선순위가 주어진다.

작물의 건강에 영향을 미치는 요인들

건강한 작물은 병해충에 덜 취약하다. 따라서 유기농가의 주요 목표는 식물의 건강을 유지하는 환경의 조성이다. 생물체와 환경 간의 상호작용은 식물의 건강에 중요하다. 우호적인 환경에서는 식물 스스로 병해충을 퇴치하는 방어 기능만으로도 충분하다. 잘 관리된 생태계는 병해충 개체군 수위를 낮추는 성공적인 방법이 될 수 있다. 특정 작물 품종은 다른 품종보다 더 효과적인 방어체계를 갖추고 있어 감염 위험이 적기 때문에 적정한 품종 선택이 필요하다.

작물의 건강상태는 상당 부분 토양의 비옥도에 좌우된다. 토양 내 양분의 균형이 잘 잡히면 작물이 더 튼튼해지고 따라서 병충해 방어력이 증가한다. 적당한 온도와 물의 충분한 공급 같은 기후조건도 식물의 건강에 결정적인 역할을 하는 또 다른 요인이다. 이 같은 조건 중 하나라도 적합하지 않을 경우 작물이 스트레스를 받을 수 있다. 스트레스는 식물의 방어기능을 약화시켜 병해충의 손쉬운 표적으로 만든다. 따라서 유기농가에게 가장 중요한 관건 중 하나는 식물을 건강하게 키우는 일이다.

식물의 면역체계

식물은 병해충으로부터 스스로를 보호하는 자체 방어 기작을 보유하고 있다. 이는 식물의 면역체계로 간주될 수 있다. 병해충은 무작위로 공격하지 않는다. 저항할 능력이 없는 식물만 노린다. 일부 식물은 하나 또는 그 이상의 병해충을 막거나 제한하는 능력을 보유한다. 이른바 내성이다. 내성 품종의 재배는 유기농업에서 병해충 피해를 줄이는 중요한 예방조치다. 많은 요인이 식물의 내성에 영향을 미친다. 그중 일부는 유전적 요인이며 나머지는 환경적 요인의 지원을 받는다. 다양한 병해충에 내성을 지닌 식물이 있는가 하면 하나의 특정 병해충만 이겨낼 수 있는 식물도 있다. 일부 식물은 생장기간 내내 내성을 유지하는 반면 특정한 생애단계에만 내성을 지니는 식물도 있다.

식물이 특정 병해충에 내성을 갖도록 하는 각종 방어 기작은 다음
과 같이 분류될 수 있다.

1. 비선호: 해충을 끌어들이는 자극이 없거나 해충을 억제하는 요인
   들이다. 그런 기작은 다음과 같다.
 • 특정 해충을 끌어들이지 않는 색상.
 • 해충이나 병원체에 필수적인 특정 영양소의 결핍, 대피소를 제공
   하지 않는 매력 없는 생육 형태 등.
 • 곤충의 움직임이나 식물 섭취를 방해하는 길거나 끈적끈적한 털이
   달린 잎.
 • 해충의 접근을 막는 강한 방향유 냄새.
 • 쉽게 침투할 수 없는 밀랍이 덮인 잎.

2. 적극적 방어: 식물은 자신을 공격하는 해충을 막고 해치거나 나아
   가 죽이는 방법으로 저항한다. 그러려면 식물이 해충이나 병원균
   과 접촉해야 한다. 그 기작은 다음과 같다.
 • 해충이나 병원균 신진대사의 기본 단계를 억제하는 물질의 축적.
 • 식물을 갉아먹는 해충 또는 병원균을 해치는 유독물질.
 • 끈적끈적한 물질을 분비해 해충의 이동을 방해하는 털.

3. 내성: 내성식물은 앞서 언급된 어떤 방식으로도 해충을 퇴치하지
   않는다. 대신 공격받은 잎을 신속히 재생해 생육과 작물 생산에 큰

영향 없이 원상을 회복한다.

내성 품종

내성이 뛰어난 품종을 선별하려면 환경조건에 따라 식물의 감염과 정과 기간을 잘 관찰해야 한다. 일단 내성 품종을 찾아내면 증식을 시켜야 한다. 우리나라에서는 고추 역병에 저항성을 지닌 PR 계통과 배추 뿌리혹병에 저항성이 있는 CR 계통의 품종이 유명하다.

접붙이기

접붙이기는 내성 품종을 얻는 유망한 기법이다. 고수확 작물을, 토양전염병 내성을 갖췄지만 소기의 수확을 얻지 못하는 품종의 대목과 결합한다. 다년생작물인 과수뿐 아니라 고추, 토마토와 같이 토양병에 취약하고 결실이 많은 작물에 접목묘가 일반적으로 보급되고 있다. 특히 고추나 토마토를 연중 재배하는 지역에서는 역병, 풋마름병 등 토양전염성 병원균에 의한 연작 장해가 많아 오래전부터 박과와 가지과작물의 재배에 접목묘를 이용하고 있다.

작물의 건강과 병해충 생태학에 관한 지식은 작물 보호에 효과적인 예방 조치를 선택하는 데 도움을 준다. 병해충 발생에 영향을 미치는 요인들이 많기 때문에 가장 민감한 시점에 개입하는 것이 중요하다. 이는 적절한 예방적 관리, 다양한 예방법의 적당한 조합 또는 선별적 방식의 선택을 통해 성취가 가능하다.

작물 보호를 위한 몇 가지 중요한 예방조치는 다음과 같다.

1. 적응성 갖춘 내성 품종의 선별

• 현지 환경 조건에 잘 적응된 품종을 선택한다. 그래야 건강하게 자라고 병해충에 더 강해질 수 있다.

2. 깨끗한 묘종의 선별

• 모든 생산단계에서 병원균 및 잡초 검사를 실시한 안전한 종자의 사용.

• 안전한 공급원의 모종 사용.

3. 적합한 재배방식의 사용

• 혼작 방식: 다른 작물을 함께 재배하면 해충이 먹이로 삼을 만한 숙주식물이 적고, 유익한 역할을 더 많이 하기 때문에 병해충 압력을 완화할 수 있다.

• 윤작: 토양 전염병 발생 확률을 낮추고 토양 비옥도를 높인다.

• 녹비와 피복작물: 토양 속의 생물활동이 증가하고 유익한 미생물이 많아질 수 있다. 하지만 경우에 따라서는 해충도 증가하기 때문에 적절한 식물을 신중하게 선택해야 한다.

4. 양분 균형 관리

• 적당한 시비: 작물의 생육이 안정적이면 감염에 덜 취약하다. 퇴비를 너무 많이 줄 경우 뿌리가 염해를 입어 2차 감염을 부를지도 모른다.

• 균형 잡힌 칼륨 공급은 미생물 감염 예방에 도움이 된다.

5. 유기물질 공급

• 토양 속 미생물 밀도와 활동량을 높여 병원균과 토양전염 진균 개체군의 밀도를 낮춘다.

• 토양 구조를 안정시키며 따라서 공기와 물이 더 잘 통하게 한다.

• 식물 자체의 보호 기능을 강화하는 물질을 공급한다.

6. 적절한 토양 경운법의 적용

• 감염된 식물 부위의 분해 촉진.

• 병해충의 숙주 역할을 하는 잡초 억제.

• 토양 병해를 억제하는 미생물 보호.

7. 물 관리

- 침수: 뿌리가 물에 잠기면 적물에 스트레스를 주어 병원균 감염을 부른다.
- 잎에 물을 주지 않는다. 수인성 질병이 물방울로 확산되며 진균병이 물에서 생기기 때문이다.

8. 천적 보호

- 천적이 자라고 번식하기에 이상적인 서식지를 제공한다.
- 천적을 해치는 제품 사용을 피한다.

9. 최적의 재식 시기와 간격의 선택

- 대다수 병해충은 특정 생육단계에서만 식물을 공격한다. 따라서 이 취약한 생육단계가 해충이 들끓는 시기와 일치하지 않도록 하고, 최적 재식 시기를 선택하도록 해야 한다.
- 식물 사이의 간격을 충분히 주면 질병 확산을 억제한다.
- 식물에 공기가 잘 통하면 잎이 더 빨리 건조해져서 병원균의 발생과 감염을 억제한다.

10. 적절한 위생대책의 적용

- 땅에서 감염된 잎이나 열매 등을 제거해 질병이 확산되지 않도록 한다.
- 수확 후 감염된 식물 잔사를 제거한다.

퇴비사용으로 어떻게 질병 문제를 줄일 수 있나

퇴비는 토양의 양분을 개선하는 것 외에도 질병을 억제할 수 있다. 이는 퇴비 속에 각종 미생물이 많이 존재해 병원균과 양분을 차지하려 경쟁하고, 병원균의 생존과 성장을 억제하는 항생물질을 생산하며 병원균에 기생하기 때문이다. 또한 작물 건강에 간접적으로 영향을 미치기도 한다.

베트남 북부 하이퐁의 농민들은 풋마름병에 감염된 토양에 퇴비를 주었을 때, 그 지역의 일반적인 영농방식으로 경작한 농지에 비해 토마토가 더 빨리 잘 자란다는 사실을 알고 있다. 토양 환경이 개선돼 질병 발생이 줄었기 때문이다.

종자 처리

씨앗에 달라붙은 종자 전염성 세균이나 곰팡이 포자를 사멸시키기 위해 적절한 방법으로 종자를 처리할 수 있다. 유기농업에는 크게 세 가지 종자처리 방법이 있다.

1.물리적: 종자를 뜨거운 물(보통 50~60ºC)에 담가 살균한다.

2.식물학적: 빻은 마늘 같은 식물 추출물을 종자에 얇게 입힌다.

3.생물학적: 길항진균(拮抗眞菌, antagonistic fungi)을 종자에 얇게 입힌다.

종묘회사에서 종자를 구입할 때 어떤 처리를 했는지 잘 살펴봐야 한다. 유기농업에선 화학처리가 허용되지 않기 때문이다.

미생물제제를 이용한 종자 처리

미생물제제를 종자에 입힐 수 있다. 이들 미생물은 흔히 토양전염 병원균의 활동을 억제하는 길항진균이나 유용 세균이다. 대표적인 예가 바실러스라는 세균이다. 모잘록병이나 뿌리썩음병을 유발시키는 푸사리움(Fusarium), 피시움(Pythium), 라이족토니아(Rhizoctonia) 같은 다양한 병원균의 억제를 위한 종자처리에 사용된다. 콩, 땅콩, 밀, 목화 등 다양한 작물에 효과적이다. 길항미생물은 모종의 뿌리 주변지역에서 번식한다. 이들은 새로 뻗어 나오는 뿌리를 공격하는 병원균의 활동을 방해하며 감염 위험을 줄인다.

작물 치료

작물을 보호하는 온갖 예방법으로도 경제적 손실을 막기에 부족할 경우 치료법이 필요할지 모른다. 치료행위는 작물이 이미 병해충의 영향을 받은 뒤 그 피해를 수습하는 방안을 의미한다. 유기농업에서 여러 가지 방안이 존재한다.

1. 천적이나 길항미생물을 이용한 생물학적 통제.
2. 살충효과가 있는 독성식물, 허브 등 식물추출물에 기초한 천연농약.
3. 트랩(함정) 또는 손으로 집어내는 방식의 기계적인 통제.

트랩

트랩은 특정 해충의 개체군을 줄이는 데 도움이 될 수 있다. 초기단계에 사용하면 대량번식을 막을 수 있다. 트랩에는 여러 가지가 있다.

•조명 트랩은 야간에 날아다니며 활동하는 해충을 유인한다.

• 함정 트랩은 기어 다니는 곤충과 달팽이를 빠뜨린다.

• 점착 트랩, 가령 색상을 이용한 포획장치는 특정 해충을 유인한다.

• 페로몬 트랩은 해충 암컷의 성호르몬을 배출해 수컷을 유인한 다음 빠져나가지 못하게 한다. 한 지역에 작은 페로몬 용기를 곳곳에 놓아두면 수컷이 혼란을 일으켜 짝짓기할 암컷을 찾아내지 못하게 된다.

우리나라에서 일부 유기농가는 전통방식이 결합된 트랩을 설치하기도 한다. 막걸리에 꿀이나 설탕을 섞어 고추 밭 곳곳에 걸어두고, 나방 성충을 유인해 포획한다.

천적

왜 일부 곤충은 어떤 작물에는 해롭고, 다른 작물에는 해롭지 않은 걸까? 왜 일부 질병은 어떤 시즌에는 큰 문제가 되지만 다른 시즌에는 전혀 발생하지 않는 걸까? 그 답을 알기 위해서는 해충과 병원체의 생애주기, 그리고 환경과 그들의 상호작용을 먼저 알아야 한다. 병해충 개체군에 영향을 미치는 요인들을 알면 관리방법에 관한 실마리도 얻게 된다.

병해충 생태학

생태학은 유기체와 환경의 관계에 관한 연구다. 곤충이나 질병의 환경은 물리적 요인과 생물학적 요인으로 이루어진다. 물리적 요인은 기온, 바람, 습도, 빛 등이며 생물학적 요인은 같은 종의 다른 개체들, 식량공급원, 천적 그리고 경쟁자 등으로 이루어진다. 농생태계에서는 곤충을 개체라기보다는 개체군으로 간주한다. 한 마리의 곤충이 잎사귀 하나를 갉아먹는다고 커다란 농지의 수확량이 감소하지는 않는다. 하지만 1만 마리의 애벌레 개체군이 이파리를 갉아먹는다면 그럴 가능성이 커진다. 곤충이나 병원균은 적당한 환경에서 빠른 기간에 대규모의 개체군으로 불어나 작물에 피해를 줄 가능성이 있다. 반면 기상 조건이 불리해 생애주기가 빨리 순환하지 못하거나 곤충이 갉아먹거나 병원균이 발육할 만큼 작물 품종이 매력적이지 않을 때는 피해가 심하지 않다. 또는 곤충을 잡아먹는 포식자 수가 많을 수도 있다. 따라서 생태학적 환경이 곤충 개체군의 성장을 결정하며 그것이 정말로 해를 입힐지 아닐지를 결정한다.

해충의 생애주기

해충은 생애의 모든 단계에서 식물을 공격할 수는 없다. 따라서 그들의 생애주기를 이해해야 한다. 곤충이나 병원균의 어느 발달단계에서 식물에 피해를 주는지, 그리고 그런 단계가 언제 어디서 발생하는지 알아야 효과적인 예방조치를 실행할 수 있다. 피해가 되는 해충에 관한 정보는 농촌진흥청에서 발간한 다양한 자료나 홈페이지에서 검색을 통해 얻을 수 있다.

대다수 곤충이나 병원균은 특정한 생육단계에 있는 작물을 선호한다. 따라서 해충 및 병원균 생애주기와 작물 생육주기 간의 상호작용도 마찬가지로 중요하다.

병해충과 포식자의 개체군 동태

앞서 언급했듯이 곤충, 진드기, 곰팡이, 세균 등은 환경 조건에 따라 발육한다. 환경 조건이 좋아지면 밀도가 증가하고 조건이 나빠지면 다시 감소한다. 이 같은 상호작용이 병해충과 포식자의 개체군 동태에 대단히 중요하다. 병해충 원인체가 적합한 발육환경을 만나면 개체 수가 증가하게 되는데, 이 원인체를 잡아먹고 사는 포식자도 먹이가 많아짐에 따라 숫자가 늘어난다. 포식자 개체 수가 증가한 결과 포식자의 먹이 역할을 하는 해충의 개체 수는 줄어든다. 해충 개체 수가 감소하면 결국 포식자의 식량공급원이 줄어 그 개체군의 규모도 다시 축소된다. 이때 해충 개체 수가 새로 증가하면서 전체 사이클이 다시 시작될 수 있다. 이것이 개체군 동태의 일반원칙이다. 식량자원이 포식자 개체 밀도를 제한하는 요소로 작용할 때 이 원칙이 적용된다.

병해충 방제를 위한 농약 사용의 주요한 부정적인 영향

농약의 남용과 오용은 전 세계 농업에 아주 심각한 문제를 유발했다. 아시아의 소작 농가들은 해충방제 전략을 재고해야 했다. 농약에 지나치게 의존한 탓에 새로운 해충이 발생하고, 인간의 건강에 문제가 생기고, 농자재 비용이 높아졌다.

- 천적이 사라져 해충 개체군의 부흥: 농약이 해충을 없애기는커녕, 문제를 키우는 원인이 되기도 한다. 많은 농약이 유익한 생물을 죽이기 때문에 살포 후에 해충이 더 빨리 번식할 수도 있다. 해충 개체군 확대를 억제할 천적이 없어진 탓이다. 같은 이유로 평범한 해충이 심각한 해충으로 변할 수 있다. 대표적인 예가 차응애다. 차응애는 천적이 많지만 농약을 많이 뿌린 농지에선 심각한 문제를

유발할 수 있다.

- 살충제 내성 개체군의 발달: 한 가지 살충제를 연속적으로 사용하면 표적 해충이 그 농약에 적응해 내성이 생길 수 있다. 내성이 생긴다는 말은 곤충이 죽지 않고 살충제를 견뎌낼 수 있다는 뜻이다. 주요 농작물의 해충 중 다수가 몇몇 살충제에 내성을 보인다. 그리고 이들 해충에 대한 화학적 방제 대안이 거의 남아 있지 않다. 내성을 갖춘 해충의 예를 들자면 복숭아혹진딧물, 배추좀나방 등이 있다.

천적의 특성

농지에는 많은 종류의 생물이 살고 있으며, 그들 모두가 '해충'은 아니다. 실제로 많은 곤충이 작물 생태계에서 유익한 기능을 할 수 있다. 그 밖에 지나가는 길에 작물이나 토양에서 휴식을 취하는 나그네이거나, 작물에서 살지만 작물을 먹지 않고, 천적으로서 해충 개체군에 영향을 미치지도 않는 중립적인 곤충도 있다. 작물을 먹는 곤충이라도 반드시 '해충'은 아닌 경우도 있다. 작물에 피해를 입힐 만큼 개체군 규모가 크지 않은 곤충들이 그러하다. 수확에 아무런 영향이 없도록 피해를 벌충할 수 있기 때문이다. 아울러 곤충들이 천적의 먹이나 숙주 역할을 할 수 있다.

천적은 작물의 병해충 방제를 돕기 때문에 '농민의 친구'다. 해충과 병원체의 천적들은 작물에 피해를 주지 않으며 인체에도 해롭지 않다. 천적은 네 그룹으로 나뉜다. 해충을 잡아먹는 포식자, 해충에 기생하는 포식기생자, 해충에 질병을 유발하는 병원체 그리고 선충이다.

포식자

- 일반적인 포식자로는 거미, 무당벌레, 딱정벌레, 꽃등에 등이 있다.
- 포식자들은 보통 사냥을 하거나 덫을 놓아 먹잇감을 잡는다.
- 포식자들은 다른 많은 종의 곤충을 잡아먹을 수 있다.

포식기생자

- 해충의 포식기생자는 일반적으로 좀벌이나 파리다.
- 유충만 기생을 하며 한 마리의 숙주 곤충의 위나 속에서 자란다.
- 포식기생자는 일반적으로 숙주에 비해 작다.

병원체

- 곤충 병원체는 곤충 체내에 침투해 죽일 수 있는 진균, 세균 또는 바이러스다.
- 병원체가 곤충 체내에 침투해 증식하려면 높은 습도와 적은 햇빛처럼 특정한 환경이 필요하다.
- 흔히 사용되는 곤충 병원체는 BT(Bacillus thuringiensis)균과 핵다각체(NPV) 바이러스다.

선충(Nematodes)

- 선충은 일종의 작은 벌레다.
- 뿌리혹선충과 같은 몇몇 선충은 식물의 뿌리를 공격한다. 곤충병원성 선충으로 불리는 다른 선충들은 곤충을 공격해 죽인다.
- 곤충병원성 선충은 보통 토양 속 또는 습한 환경 속의 해충에만

효과가 있다.

천적의 활성화와 관리

활동적인 천적 개체군은 병해충 원인체를 효과적으로 통제해 그들의 대량 증식을 막을 수 있다. 따라서 유기농가는 작물환경에 이미 존재하는 천적을 보전해 그들의 영향을 강화하도록 노력해야 한다.

그것은 다음의 방법으로 가능하다.

- 천연농약의 살포를 최소화한다.
- 농지에 일부 해충이 살 수 있도록 허용해 천적의 먹이나 숙주 역할을 하도록 한다.
- 혼작, 윤작과 같은 다양한 경작시스템을 구축한다.
- 천적에게 먹이나 보금자리를 제공하는 숙주식물을 포함시킨다.

생물방제

현재 병해충 및 잡초 관리에 사용되는 모든 방식과 접근법 중에서 생물방제가 가장 복잡하며 결과적으로 가장 이해가 부족하다. 생물방제는 천적을 이용해 병해충 개체군을 관리하는 방법이다. 농생태계는 복잡하고 장소와 시간에 따라 변화하는데, 이 생태계 안에서 생물을 이용해 예방을 기본으로 방제 방법을 사용한다. 천적의 활용에 관한 더 폭넓은 정보는 병해충 종합관리(IPM)에 관한 연구를 참고하면 된다.

천적 방사

논밭에 존재하는 천적 개체군이 해충을 방제하기에 너무 적을 경우 연구소나 사육장에서 기를 수 있다. 사육된 천적을 경작지에 방사해 현지의 개체군을 늘리고 해충 개체군 규모를 작게 유지한다. 천적의 방사를 통한 생물학적 방제에는 두 가지 접근법이 있다.

- 천적의 예방적 방사: 기후가 좋지 않거나 해충이 없는 탓에 한 경작이 끝난 후 다음 경작시까지 천적이 존속할 수 없을 때 사용하

는 방법이다. 그 뒤 천적 개체군이 정착해 시즌 중 성장한다.

- 해충 개체군이 작물에 피해를 유발하기 시작함과 동시에 천적을 방사한다. 흔히 병원체가 이런 식으로 사용된다. 숙주인 해충이 없는 작물 환경에서는 병원체가 존속하고 확산할 수 없기 때문이다. 종종 생산에 적은 비용이 드는 이점도 있다.

길항 미생물의 이용

해충이나 병원균을 죽이거나 억제하는 천적이 미생물인 경우도 많다. 이들은 길항체 또는 미생물 살충제 또는 생물농약으로 불린다. 흔히 사용되는 미생물 농약은 다음과 같다.

- BT균(Bacillus thuringiensis)과 같은 세균: 1960년대 이후 상업화된 미생물 농약이 판매돼 왔다. 채소를 비롯한 농작물의 애벌레와 딱정벌레용, 그리고 모기와 진딧물 방제용으로 다양한 유형의 BT균이 시판되고 있다. BT균은 단백질 결정체를 만들어내는데 이를 애벌레가 섭취하면 중장(中腸)에 손상을 입혀 애벌레가 사멸한다.
- 핵다각체 바이러스(NPV: Nuclearpolyhedrosis Virus)와 같은 바이러스: 여러 해충 애벌레 종류의 방제에 효과적이다. 그러나 모든 곤충에 특정한 NPV 종이 요구된다. 예컨대 파밤나방은 인도네시아의 샬롯 재배에 큰 골칫거리다. 실험 결과 SeNPV(파밤나방에 특화된 NPV)가 살충제보다 방제효과가 더 뛰어난 것으로 판명되자 농민들은 이 방제법을 채택하게 되었다. 서쪽 수마트라의 많은 농민은 현재 농지에서 NPV를 생산한다.

- 백강균(Beauveria bassiana)과 같은 곤충을 죽이는 곰팡이: 다양한 종의 이 같은 진균이 상업적으로 판매되고 있다. Bb 147종은 옥수수좀벌레 방제에 사용된다. GHA종은 채소와 관상식물의 가루이, 총채벌레, 진딧물, 가루깍지벌레 방제에 사용된다. 여러 종의 진균이 생태계에서 자연 발생적으로 생길 수 있다. 예컨대 습한 기후 동안 녹색 또는 백색 진균이 진딧물을 죽일 수 있다.

- 식물 병원체에 작용하는 진균: 일례로 푸른곰팡이는 아시아에서 채소의 모잘록병과 뿌리썩음병 같은 토양전염병의 예방에 널리 사용된다.

- 곤충병원성 선충(Steinernema carpocapsae)과 같은 선충: 채소의 거세나방 애벌레와 같은 토양 곤충을 방제하는 곤충병원성 선충도 상업화되어 판매되고 있다.

천연농약

병충해를 예방하기 위해서는 작물의 체질강화가 최선이다. 환경에 적합한 경작법과 적절한 생태계 관리를 통해 병해충 피해를 예방하거나 줄일 수 있다. 그러나 예방책이 충분하지 않아 병해충 피해가 상당한 수준의 경제적 손실을 초래하는 경우도 있다. 그럴 때는 천적을 이용한 직접 방제법이 적절할지 모른다. 관행농업에서는 농약이 해충피해를 줄이는 가장 빠른 최선의 수단이라는 인식이 일반화됐다. 그와는 반대로 유기농에선 예방책을 우선으로 여기며 예방으로 부족할 경우에만 천연농약을 살포한다.

식물성 농약

일부 식물은 곤충에 유독한 성분을 함유하고 있다. 이 같은 성분을 식물에서 추출해 피해작물에 줄 때 식물농약이라고 한다. 식물 추출물을 이용한 해충방제는 전혀 새로운 방법은 아니다. 로테논(데리스과), 니코틴(담배), 피레스린(국화과)은 기업형 농업뿐 아니라 소규모 자급농업에 모두 널리 사용돼 왔다. 대다수 식물성 농약은 접촉독, 호흡독 또는 식독이다. 따라서 그렇게 선별적이 아니며 광범위한 곤충을 대상으로 삼는다. 이는 유익한 생물도 영향을 받을 수 있다는 뜻이다. 하지만 식물성 농약의 독성은 대체로 아주 높지는 않으며 유익한 생물에 미치는 악영향은 선택적인 살포로 크게 줄일 수 있다. 게다가 식물성 농약은 일반적으로 생분해성이 뛰어나 몇 시간이나 며칠 내에 약효가 사라진다. 이 또한 유익한 생물에 미치는 악영향을 줄이며 환경적으로도 비교적 안전하다.

식물성 농약이 '천연'적이며, 농업에 널리 사용되어 왔지만 일부는 인간에 위험하며 천적들에게 대단히 치명적일 수도 있다. 예를 들어 담배에서 추출한 니코틴은 인간과 기타 온혈동물에 가장 독성이 강한 유기독 중 하나다. 새로운 식물성 농약을 대규모로 살포하기 전에 소규모 농지실험을 통해 생태계에 미치는 영향을 테스트해야 한다. 식물성 농약을 어디에나 무조건 사용해선 안 된다. 먼저 생태계를 이해하고 식물성 농약이 거기에 어떤 영향을 미치는지 이해해야 한다.

식물성 농약의 조제와 사용

식물성 농약의 조제와 사용에는 약간의 노하우가 요구되지만 자재가 많이 필요하지는 않다. 많은 전통 농업에서 식물성 농약 제조는 일반적인 관행이다. 흔히 사용되는 식물성 농약은 다음과 같다.

- 멀구슬(Neem)
- 제충국

- 로테논(Rotenon)

- 쿠아시아(Quassia)

- 생강

- 고추

- 멕시칸 메리골드

- 마늘

제충국

제충국은 데이지꽃 같은 국화다. 열대지방의 산악지대에서 주로 자라며 우리나라에서도 식물성 농약 제조를 위해 많은 농민이 재배하고 있다. 피레스린(Pyrethrins)은 말린 제충국 꽃에서 추출한 살충성분 화학물질이다. 화관을 가공 처리해 분진으로 만든다. 이 가루를 직접 뿌리거나 물에 타서 스프레이로 분사해도 좋다. 피레스린은 대다수 곤충에 즉각적으로 마비를 일으킨다. 소량으로는 죽지 않지만 마비시키는 효과가 있으며, 다량 투여하면 죽게 한다. 피레스린은 인간이나 온혈동물에게는 독성이 없다고 알려져 있으나, 사람에게 알레르기 반응을 일으키기도 한다. 발진을 유발할 수 있으며 분진을 들이마시면 두통과 메스꺼움 증상이 생길 수 있다. 피레스린은 햇빛을 받으면 아주 빨리 용해된다. 따라서 어두운 곳에 저장해야 한다. 강알칼리성과 강산성의 환경 모두 분해를 가속화한다. 따라서 피레스린은 라임이나 비누액과 섞어서는 안 된다. 액제는 저장할 때 안정적이지만 분말은 1년 뒤에 약효의 20%가 떨어질지 모른다.

은행잎

은행잎은 국내에서 많이 이용되는 식물성 농약의 원료이다. 노란 은행잎보다 노랗게 되기 직전의 푸른 은행잎이 살충 성분을 더 많이 갖고 있는 것으로 보고되었다. 푸른 은행잎 추출물은 점박이응애에 대한 살충 효과가 매우 뛰어나다. 보통 은행잎에 같은 양의 에탄올을 붓고 갈아 체에 거른 액을 사용한다.

기타 천연농약

식물 추출물 외에도 유기농업에서 허용되는 천연농약이 몇 가지 있다. 이들 중에는 선택이 제한적이고 완전 생분해되지 않는 제품도 있지만, 그것을 사용해도 문제가 없는 때가 있다. 그러나 대부분 예방적 작물보호 방법과 병행해 사용해야 가장 효과적이다. 다음은 몇몇 사례다.

1. 병해 방제

- 황(S): 진균병 방제.
- 구리(Cu): 진균병 방제 그러나 다량 사용시 토양에 축적돼 토양생물을 해침.
- 황산 점질 토양: 진균병 방제.
- 재: 토양전염병 방제.
- 소석회: 토양전염병 방제.
- 진흙: 진균병 방제.
- 베이킹소다: 진균병 방제.

2. 해충 방제

- 연성비누 용액: 진딧물과 기타 흡즙 곤충 방제.

- 경질 미네랄 오일: 각종 해충을 방제하지만 천적도 해친다.

- 황: 응애 방제.

- 식물 재: 개미, 잎나방벌레, 줄기좀벌레 등 방제.

잡초 관리

잡초는 원치 않는 곳에서 또는 경작 중 원치 않는 기간에 자라는 식물이다. 농지에서 잡초는 흔히 물, 양분, 햇빛을 차지하려고 작물과 경쟁하며 작물의 이상적인 생육을 방해하기 때문에 직접적으로 수익성을 악화시킨다. 수확작업을 방해하고, 작물의 품질을 저하시키고, 씨앗이나 뿌리줄기를 농지에 퍼뜨려 미래의 작물에 영향을 미치는 식이다.

잡초의 생태

잡초는 원치 않는 곳에서 자라며 생육경쟁에서 종종 작물보다 우위를 차지한다. 이런 일이 일어나는 데는 여러 가지 이유가 있지만 무엇보다도 일반적인 환경에 잘 적응한다는 점이 가장 중요한 요인이다. 잡초가 종종 토양 생산성과 구조의 유용한 지표 역할을 하는데, 토양 조건이 작물보다 잡초의 생육에 더 유리할 때는 대처해야 할 문제가 있다는 뜻이다. 예컨대 어떤 잡초는 염분이 높은 땅에서도 잘 자라는 반면 작물은 스트레스를 받기 쉽다. 또는 쇠뜨기처럼 양분이 많지 않은 토양에서 잘 살아남을 수 있는 잡초도 많다. 따라서 이들 잡초는 메마른 토양의 유용한 지표다. 다른 유형의 잡초들이 있다는 건 토양의 침수, 산성을 나타낸다. 그뿐 아니라 토양이 다져져 통기와 배수가 안 되며 토양유기물질 성분이 적다는 뜻이기도 하다.

토양 환경 지표로서의 중요한 기능 외에 잡초가 지닌 이점

- 특정한 이로운 생물들의 숙주식물 역할을 할 수 있다. 해충 확산을 방지하는 소중한 수단이 될 수 있다.
- 여러 종의 잡초가 가축사료 또는 심지어 인간의 식용으로 적합하다.
- 일부 잡초는 약용으로 쓰인다.
- 토양으로부터 영양분을 흡수한 잡초를 멀치나 녹비로 사용해 그 영양분을 다시 토양으로 돌려줄 수 있다.
- 잡초가 토양 침식을 억제할 수 있다.

그러나 잡초는 작물의 재배 환경을 부정적으로 바꿔놓기도 한다. 예컨대 작물 사이의 빛과 통기성이 줄어든다. 이처럼 더 어둡고 습한 환경은 작물 사이에 병해충이 확산되기에 이상적인 조건을 이룬다.

잡초 관리

지금까지 많이 봐왔듯이 유기농업의 기본 원칙은 문제의 치유보다는 예방에 있다. 이는 잡초 관리에도 마찬가지로 적용된다. 유기농업에서 이상적인 잡초 관리방법에는 잡초가 자라서 작물재배에 심각한 문제를 유발하지 않도록 방지하는 환경 조성이 포함된다. 잡초는 생육기간 내내 똑같은 식으로 작물에 해를 주지는 않는다. 작물이 잡초와의 경쟁에서 가장 민감한 단계는 초기 생육기다. 어린 식물은 연약하며 영양, 빛, 관수가 이상적이어야만 잘 자란다. 이 단계에서 잡초와 경쟁해야 할 경우 작물이 약하게 자라기 쉬우며 병해충 감염에도 취약해진다. 생육 후반기에는 잡초 피해를 덜 입는다. 그러나 일부 잡초는 수확에 문제를 유발해 수확량이 줄어들 수도 있다. 따라서 작물의 가장 중요한 성장기가 지난 뒤에도 잡초를 완전히 무시해선 안 되지만, 대체로 중요성은 떨어진다. 이 같은 고려가 잡초 관리 수단의 선택과 시기에 영향을 미친다. 일반적으로 잡초 관리는 제초제처럼 모든 잡초를 사멸하는 방식이 아닌 잡초 생육을 억제해 작물재배시 경제적인 손실을 초래하거나 품질을 해치지 않는 수준으로 유지하려는 것이 목표다.

잡초 방제법

여러 가지 수단을 동시에 적용해도 좋다. 각종 방법의 중요성과 효과는 상당부분 잡초의 종류와 환경조건에 좌우된다. 그러나 몇몇 방법은 다양한 잡초에 대단히 효과적이며 따라서 수시로 이용된다.

1. 멀칭: 잡초가 성장과정에서 충분한 햇빛을 받기가 어려우며 멀치층을 뚫고 나올 수 없을지도 모른다. 서서히 분해되는 건조하고 딱딱한 재료는 신선한 멀칭 재료보다 효과가 오래 유지된다.
2. 피복작물 재배: 피복작물은 햇빛, 양분, 물을 차지하기 위한 경쟁에서 잡초보다 우위를 차지함으로써 성장을 방해한다.

3. 윤작: 가장 효율적인 종자 및 뿌리 잡초의 억제수단이다.

4. 파종 시기와 밀도: 최적의 파종기를 선택하면 작물의 초기 성장단
   계 중 잡초의 압력을 줄일 수 있다. 잡초가 많을 것으로 예상되면
   파종 밀도를 높일 수 있다.

5. 균형 시비: 작물이 잡초보다 더 잘 성장하도록 균형 시비 한다.

6. 토경 재배는 잡초의 구성뿐 아니라 잡초의 전체 잡초압력에 영향
   을 미칠 수 있다.
   • 예컨대 최소경운 방식은 잡초압력을 늘일 수 있다.
   • 토경 재배와 작물 파종 사이에 잡초 종자가 발아할 수 있기 때문
     에 파종 전에 잡초를 제거하면 잡초 피해를 줄이는 데 효과적일
     수 있다.

7. 잡초 종자가 퍼지기 전에 어린 잡초를 제거해 확산을 막는다.

8. 잡초가 작물 사이에서 파종되는 것을 막는 방법은 다음과 같다.
   • 도구나 가축을 통해 잡초종자가 농지로 유입되지 않도록 한다.
   • 잡초가 없는 종자를 이용한다.

기계적인 방제

필요한 예방조치를 취해 잡초 밀도를 줄일 수 있다. 하지만 중요한
시기인 작물재배 초기에는 그 정도로는 충분하지 않다. 따라서 기계적
인 방법은 변함없이 잡초 관리의 중요한 부분이다. 손으로 제초하는 방
법이 가장 중요한 수단이다. 제초작업은 대단히 노동집약적이다. 농지
의 잡초 밀도를 최대한 줄여야 나중에 할 일이 줄어들기 때문에 밀도
를 줄이는 것에 초점을 맞춰야 한다. 알맞은 도구를 사용해야 작업 효

율이 크게 향상될 수 있다. 화염 제초도 또 하나의 대안이다. 100°C 이상으로 잠시 가열하면 잎의 단백질이 응고되고 세포벽이 파열된다. 결과적으로 잡초가 말라죽게 된다. 효과적인 방법이긴 하지만 상당히 많은 비용이 든다. 상당량의 연료가스를 소비하고 기계가 필요하기 때문이다. 근생 잡초에는 효과가 없다.

Why

what

How

유기축산

유기축산은 축산물 생산과정에서 수정란 이식이나 유전자조작을 거치지 않는다. 가축에게는 화학비료와 농약, 유전자조작을 거치지 않은 유기사료를 급여해야 한다. 특별한 경우가 아니면 항생제를 사용하지 않아야 하며, 성장호르몬, 합성첨가물 등의 급여나 투여도 금지된다. 반추동물에게 우유를 제외한 동물성 사료를 먹여서도 안 된다. 가축이 본능적으로 행복하게 활동할 수 있도록 충분한 휴식 공간, 방목지가 있어야 하고 부리나 꼬리 자르기 등도 금지된다. 한마디로 자연환경과 생태계 보전에 기초하여 가축의 복지를 고려한 방식으로 자연 순환을 통해 지속 가능한 축산을 영위하는 것을 말한다.

농장에서 가축을 키우는 일은 유기농의 기본원칙 중 하나다. 온대 및 건조 지역에서 축산은 양분 순환의 중요한 역할을 하는 반면, 습윤 열대 지역에서는 그 중요성이 덜하다. 대부분의 농경사회에서 가축을 기르고, 훈련시켜 농업에 활용하는 일은 전문적인 기술로 케냐의 마사이족이나 사헬 지역의 풀라니(Fulani)족과 같은 목축사회에서 대대로 내려오는 전통 중 하나이다. 이들 지역에서 축산은 삶의 중요한 방편이다. 유기농에서 축산은 현대에서 성행하는 공장식 또는 비윤리적인 환경에서 가축을 사육하는 집약식 축산과는 거리가 멀다.

유기농장에서 축산

농장에서 가축을 사육하면 양분 순환에 도움이 된다. 짚, 농지 주변의 유기물, 음식물쓰레기 등 농가부산물은 저렴하고 손쉬운 사료로 활용할 수 있다. 또한 가축 분뇨를 가장 효율적인 방식으로 농지에 적용하여 토양을 더욱 비옥하게 만들 수 있다. 우유, 달걀, 고기 등의 축산물은 농가가 직접 소비하거나 판매하여 수익을 창출할 수 있다. 유기농에서 가축은 아래와 같이 다양한 역할을 한다.

- 가축 분뇨는 토양 비옥도에 중요한 양분을 제공한다.
- 우유, 달걀 등 축산물을 생산하여 농가는 이를 소비하거나 판매할 수 있다.
- 짚, 음식물쓰레기 등의 부산물을 재활용한다.
- 경운 또는 운반에 이용될 수 있다.
- 고기, 가죽, 깃털, 뿔 등을 생산한다.
- 경제적으로 투자 또는 예금의 기능을 한다.
- 해충방제와 잡초지 방목 등으로 잡초 방제에 도움이 된다.
- 문화적 또는 종교적 의미를 지닌다(권위상징, 종교의식 등).
- 새끼를 낳아 사육하거나 판매할 수 있다.

각 역할의 중요성은 가축의 종류나 농장 상황에 따라 또는 농업인의 개인적 목표에 따라 달라질 수 있다.

농장 내 가축 도입 결정

가축을 농업활동의 일환으로 도입하거나 주요 사업으로까지 삼는 이유는 다양하다. 농장 상황에 맞춰 가축 도입 여부와 그 방식을 결정하기 위해서는 다음과 같이 몇 가지 중대한 사항들을 스스로 점검해 보아야 한다.

1.농장이 축산에 적합한가?

가축 수용과 방목을 위한 충분한 공간이 있는가? 사료 또는 사료로 사용할 부산물이 충분한가? 해당 가축에 대한 사육, 사료 공급, 관리 노하우가 충분한가?

2.가축이 농장에 이익이 될까?

가축 분뇨를 적절히 활용할 수 있을까? 직접 소비 또는 판매할 수 있는 축산물을 얻을 수 있을까? 가축이 농작물에 영향을 미치지는 않을까?

3.필요한 투입 요소를 갖추고 있는가?

농장 내외부에 활용 가능한 인력이 충분한가? 연중 내내 충분히 사용할 수 있는 사료 또는 양질의 수자원이 있나? 필요시 가축질병에 대한 치료와 지원을 활용할 수 있을까? 적합한 가축 품종을 구할 수 있을까?

4.축산물에 대한 시장이 있을까?

농장에서 생산된 우유, 달걀, 고기 등을 구입하려는 사람이 있을까? 가격이 노력의 대가로 충분한가? 나는 다른 농업인과 경쟁할 능력을 지니고 있는가?

가축 사양 관리

가축 사양 관리

가축에게 필요한 것

유기농민은 오랜 기간 생산력이 높은 건강한 가축을 기르기 위해 노력한다. 이를 위해서는 가축에게 필요한 다양한 것들을 고려해야 한다.

- 적절한 양과 질을 갖춘 사료. 보통 비반추동물은 다양한 사료원이 필요하다.
- 깨끗한 식수에 대한 충분한 접근성.
- 적절한 조명과 맑은 공기를 갖춘 깨끗하고 넉넉한 규모의 축사.
- 가축이 본능적인 행동을 할 수 있는 충분한 자유.
- 건강한 환경 및 필요시 가축질병에 대한 관리.
- 다른 개체와의 충분한 접촉. 단 과밀사육에 따른 스트레스가 없어야 한다.
- 군집 가축의 경우 가축의 암수와 연령이 적절히 분배되어야 한다.

축산에 관한 IFOAM 기준

IFOAM에서 유기축산은 가축에게 유기사료를 먹이고 합성첨가물을 피하는 것뿐만 아니라 가축에게 필요한 다양한 것들을 충족하는 데도 초점을 맞춘다. 가축의 건강과 복지는 유기축산의 주요 목표 가운데 하나다. 가축을 훼손하여 도살하거나, 평생 묶어 기르거나, 모여 사는 특성이 있는 가축을 격리하여 기르는 등의 고통은 가능한 한 피해야만 한다. 사료를 외부에서 전적으로 구입하고, 목초지나 사료포 없이 가축을 사육하는 방식은 여러 이유로 유기농에서 금하고 있다.

IFOAM 기본기준은 가축의 사양 관리, 사료 공급, 질병 치료, 육종, 구입, 운반, 도살에 관한 상세한 기준을 제공한다.

얼마나 많은 가축을 사육해야 할까?

농장 내 가축의 적절한 개체 수를 설정하기 위해서는 다음과 같은 사항을 고려해야 한다.

- 농장에서 사용 가능한 사료의 양. 특히 건기 등 사료가 부족한 시기를 고려해야 한다.
- 목초지의 수용력.
- 기존의 또는 계획된 축사의 규모.
- 농지가 감당할 수 있는 양분으로서 분뇨의 최대 수용량.
- 가축관리 인력의 가용성.

열대지역 국가에서는 가축이 영양 부족에 놓인 경우가 많다. 가축의 수를 결정할 때 더 적은 수의 가축을 잘 먹이는 것이 더 큰 경제적 이익을 가져다준다는 사실을 기억하자. 이때 음식의 양뿐만 아니라 질도 고려해야 한다.

축사

축사는 가축의 종류에 맞게 구성되어야 한다. 예를 들어 가금류는 폭염에 집단 폐사를 당하는 경우가 있으므로 축사 내 온도 관리가 어느 정도 가능해야 한다. 될 수 있는 한 가축이 자신의 배설물과 접촉하지 않도록 유지해야 한다.

축사 설계

유목하는 가축을 제외하고 대부분의 가축은 축사에 일시적으로 수용된다. 농장에서 가축을 기를 때는 가축의 움직임을 통제하여 작물에 대한 피해를 방지해야 한다. 축사는 가축의 건강과 복지를 위해 서늘하고 환기성이 좋고 비를 피할 수 있어야 한다. 축사를 건축할 때는 아래의 사항을 확인하도록 한다.

- 가축이 눕고, 일어서고, 움직이고, 핥기, 긁기 등 본능적인 행동을 할 수 있는 충분한 공간.

- 일반적으로 축사 안에서 신문을 읽을 수 있을 정도로 충분한 조명.
- 햇빛, 비, 극한 기온으로부터의 보호.
- 충분한 환기. 단 외풍은 없어야 한다.
- 적절한 바닥 깔짚.
- 가금류의 경우 횃대, 모래욕장, 독립적인 부화용 둥지 등 본능적인 행동을 할 수 있는 주변 기구.
- 분뇨를 모으고 저장하기 위한 덮개가 있는 분뇨장 또는 거름더미.

축사는 간단하고 주변에서 쉽게 구할 수 있는 재료를 이용해 경제적으로 만들 수도 있다. 많은 나라가 축사 건축에 풍부한 전통이 있으며, 해당 지역적 조건에 맞춰 가장 효율적이고 적절한 축사 시스템을 개발해왔다. 이러한 전통기술과 위의 건축원칙을 결합함으로써 지역에 적합하면서도 가축친화적인 시스템을 구축할 수 있을 것이다.

축사 바닥 깔짚

축사의 깔짚은 바닥을 부드럽고 건조하며 깨끗하게 유지하는 재료로 가축의 건강에 중요한 역할을 한다. 이러한 깔짚은 가축의 분뇨를 흡수하기 때문에 가끔씩 교체해야 한다. 깔짚의 재료로는 짚, 낙엽, 잔가지, 왕겨 등 다양한 재료로 만들 수 있다. 깔짚은 매일 교체할 수도 있고, 위에 새 재료를 얹으면서 수개월간 사용할 수도 있다.

사료공급

사료의 가용성은 가축 사육의 제약사항 가운데 큰 부분을 차지한
다. 관행농업의 무토지 가축사육 방식과는 달리 유기축산은 농장에서
자체 생산되는 사료를 주로 사용해야 한다. 인간과 마찬가지로 가축이
먹는 음식의 양과 구성은 가축의 건강과 직접적인 연관이 있다.

가축에게 필요한 사료

우유, 달걀, 고기 등 생산이 목적이라면 가축에게 충분하고 적절
한 사료를 제공하는 것이 중요하다. 보통 그렇듯이 농장 내 사료 생산
이 제한되어 있다면 적은 수의 가축을 기르면서 이들에게 충분한 사료
를 공급하는 것이 보다 경제적일 수 있다. 사료의 적정량과 원료 배합
은 가축의 종류는 물론, 가축의 주요 용도가 무엇인지에 따라 달라진
다. 예를 들어 우유를 생산하는 젖소에게는 신선한 목초, 그리고 가능
한 한 단백질 함량이 풍부한 기타 사료를 공급해야 한다. 그러나 똑같
은 사료가 역축(役畜)에게는 급격한 체력 저하를 불러온다.

　가축은 균형 잡힌 사료를 통해 건강과 생산력을 유지할 수 있다. 가축이 적절한 종류와 양의 사료를 공급받고 있는지는 일반적으로 가축의 털 또는 깃털의 윤기를 보면 알 수 있다. 반추동물의 경우 목초나 갈잎과 같은 조사료를 주로 제공해야 한다. 농후사료나 농산부산물 등을 사용할 경우, 성장촉진제나 기타 합성물질이 포함되어 있지 않아야 한다. 값비싼 농후사료를 구입하는 대신 지피작물, 생울타리, 수목으로 재배할 수 있는 단백질이 풍부한 다양한 종류의 콩과식물을 사용할 수 있다. 사료에 포함된 무기성분이 가축의 필요 함량보다 부족하다면 무기염 덩어리 또는 이와 유사한 사료보충제를 사용할 수 있다. 단 합성첨가물을 포함하지 않아야 한다.

사료재배

방목이냐, 축사 내 사육이냐

많은 가축 사육 지역은 사료가 풍부한 시기와 가축에게 먹일 것이 거의 없는 시기가 교차로 발생하는데, 가축을 사육하기 위해서는 연중 지속적으로 사료를 공급해야 한다. 농장에서는 목초지, 풀, 임목으로 사료를 생산할 수 있다. 방목은 축사 내 사료 공급에 비해 손이 덜 가지만 더 많은 땅이 필요하며, 가축이 작물에 접근하지 못하도록 막는 조치가 반드시 필요하다. 방목은 우유나 고기 등을 얻기 위한 생산성이 더 낮을지 모르지만, 가축의 건강과 복지를 위해서는 보다 바람직한 방법이다. 반면 축사에서 가축을 기르는 경우 사료 공급, 가축 분뇨 수집, 저장, 퇴비화 및 적용이 쉽다는 장점이 있다. 방목과 축사 사육 가운데 무엇이 더욱 적합한지는 주로 농업기후 조건, 재배 방식, 토지 가용성에 따라 달라진다. 축사 사육과 울타리 내의 방목을 결합하는 것은 높은 생산성과 가축 복지를 위한 이상적인 방안일 수 있다. 그러나 반건조지역의 넓은 초원지대에서는 방목이 유일한 방안일 수도 있다.

농장에서 사료재배

소규모 농장에서는 대부분 사료재배와 작물재배를 위한 공간이 한정되어 있다. 따라서 사료재배가 작물생산보다 경제적 효용가치가 더 큰지 아닌지에 대한 평가는 개별적으로 해야 한다. 하지만 농장의 공간을 많이 차지하지 않고서도 사료를 재배할 수 있는 방법들도 있다. 아래는 그러한 예이다.

- 조림지에 심은 풀 또는 콩류 피복작물.
- 적절한 관목으로 만든 생울타리.
- 차광목 또는 버팀목.
- 토양 침식 방지용 목적으로 제방에 심은 풀.
- 윤작에서 목초 휴경지 또는 녹비.
- 볏짚, 콩잎 등 농산부산물이 나오는 작물재배.

목초지 관리

목초지는 축군(畜群) 관리에 결정적인 역할을 하기 때문에 연중 지속적으로 적절한 관리를 해주는 것이 중요하다. 목초의 종류는 매우 다양하며, 각 기후 지역마다 해당 환경에 적응한 목초들이 있다. 목초지를 경작하여 가축에게 보다 적합한 목초 품종을 심는 것 또한 고려할 수 있다.

목초지에 가장 큰 위협이 되는 것은 과잉 방목이다. 토양을 보호하는 목초가 파괴되면 표토침식이 발생하기 쉽다. 노후 목초지, 즉 지피식물이 거의 없는 토지는 다시 경작하기가 어렵다. 따라서 방목은 해당 목초지의 생산력에 맞게 이루어져야 한다. 목초지는 집중적 방목 이후 회복할 수 있는 충분한 시간이 필요하다. 구획을 여러 개로 나누어 방목 가축이 옮겨 다니도록 하는 것도 좋은 방안이다. 이런 방식은 방목 가축의 기생충 감염을 낮추기도 한다.

　방목의 정도와 시기 그리고 목초 베기는 해당 목초에 영향을 미친다. 잡초가 문제가 될 경우 유기축산에서 제초제는 사용할 수 없기 때문에 목초를 보파하는 방식 등 적합한 방식을 찾아야 한다.

가축의 건강과 육종

가축 건강에 영향을 미치는 요인

질병을 야기하는 세균과 기생충은 거의 모든 곳에 존재한다. 인간과 같이 동물도 면역체계를 갖고 있기 때문에 세균에 대응할 수 있다. 마찬가지로 동물이 사료를 적절히 섭취하지 못하고 자연적으로 행동할 수 없거나 사회적 스트레스에 노출되어 있다면 면역체계가 흐트러지게 된다.

질병의 발생 위협과 면역력, 자가 치유력 같은 동물의 저항성이 균형을 이루어야 가축의 건강이 유지될 수 있다. 농민은 이러한 균형을 조절할 수 있다. 청결한 위생 관리로 병원균의 감염 기회를 줄이고, 생균제 등을 사용하면 가축의 세균 대응력이 강화된다.

유기축산은 가축의 생활환경 개선과 면역체계 강화에 초점을 둔다. 물론 가축이 병이 들면 치료가 필요하다. 하지만 유기농민은 가축의 면역체계가 질병 또는 기생충 공격에 대처하지 못한 원인을 생각해야 한다. 또한 가축의 면역체계를 강화하기 위해 생활 환경과 위생을 개선하기 위한 방안을 모색해야 한다.

치료 이전에 예방이 필요하다

작물 관리와 마찬가지로 유기축산은 가축의 건강을 유지하기 위해 치료보다는 예방을 강조한다. 이를 위해 먼저 생산력이 높지만 질병에 매우 취약한 품종보다는 강인한 품종을 기르는 것이 중요하다. 그리고 사육을 위한 최적 환경을 제공해야 한다. 충분한 공간, 조명, 공기, 건조하고 청결한 깔짚, 적절한 운동, 위생 등이 포함된다. 사료의 양과 질은 가축 건강에 단연 중요한 역할을 한다. 가축의 성장과 생산을 촉진하는 상업용 농후사료 대신 가축의 필요에 맞는 자연적 사료를 제공해야 한다.

이러한 예방법이 모두 시행될 경우 가축이 질병에 걸리는 일은 드물기 때문에 유기농에서 가축질병 치료는 2차적인 역할을 할 뿐이다. 치료가 필요할 경우에는 약초와 전통적 치료법을 바탕으로 삼는 대체의학을 이용해야 한다. 이러한 치료가 실패하거나 부족할 경우에만 항생제 등 합성의약품을 사용하도록 한다. 유기축산에서 가축질병 치료의 주요 목적은 질병의 원인 또는 질병을 촉진하는 요인을 밝혀 가축의 자연적 방어기제를 강화하는 동시에 질병 발생을 예방하는 데 있다.

가축질병 치료에 관한 IFOAM 기준

작물과는 달리, 가축이 질병에 걸렸을 때 대체의학이 충분하지 않다면 치료를 위한 합성의약품을 사용할 수 있다. 화학물질 사용의 금지보다 동물의 고통을 경감하는 것이 우선되기 때문이다. 그러나 IFOAM 기본기준은 가축의 저항성을 높여 질병을 예방하는 관행에 우선순위를 두어야 한다고 명시하고 있다. 따라서 질병 발생은 가축 사육환경이 적합하지 않다는 신호로 받아들여야 한다. 농민은 질병의 원인을 규명하기 위해 노력하고 사육관행을 수정하여 향후 질병이 발생하지 않도록 만전을 기해야 한다.

가축질병 치료에 현대의학을 적용한다면 '유기농' 축산물을 판매하기 위해서는 약물치료 중단부터 생산까지의 유예기간을 반드시 준수해야 한다. 이는 유기 축산물에 항생제와 같은 약물이 잔류하지 않았음을 보장하기 위한 것이다. 합성성장촉진제의 사용은 어떠한 경우에도 허용되지 않는다.

육종

원리와 방법

유기농에서 가축의 건강을 유지하기 위한 예방책이 중요한 만큼, 지역 환경과 유기사료 공급에 적합한 가축 품종을 선택하는 것 또한 매우 중요하다. 이를 위해서는 적합한 품종을 마련해야 한다. 재래 가축을 유기축산을 위한 품종 육종에 이용하는 것도 좋은 방법이다. 일반적으로 재래 가축은 지역 환경에 적합한 경우가 많다. 따라서 전통적 품종을 유기농에 적합한 새로운 품종과 교배하여 전통품종의 장점과 새 품종의 높은 생산력을 지닌 가축을 육종할 수 있다.

유기농에서는 육종을 위해 자연적 생식기법을 이용한다. IFOAM 기준에 따라 인공수정은 가능하지만, 배아 이식, 유전자조작, 호르몬 동기화(hormonal synchronization)는 금지된다.

육종의 목적

지난 수십 년간 많은 지역에서 재래 가축은 생산력이 높은 품종으로 대체되어 왔다. 다수확 작물 품종과 마찬가지로, 새로운 가축 품종은 영양이 풍부한 농후사료와 최적의 생활환경을 요한다. 보통 생산력이 높은 품종은 전통적 품종보다 질병에 취약하기 때문에 종종 치료가 필요하다. 따라서 소규모 농장에서는 새로운 품종이 적절한 선택이 아닐 수도 있다. 농후사료와 가축 질병치료에 대한 비용지출이 축산물 판매수익보다 많을 수 있다.

또한 유기농민이 가축을 기르는 이유는 축산물만을 얻기 위함만은 아니다. 때문에 여러 목적을 고려하여 가축의 전반적인 생산력을 최적화할 수 있도록 육종해야 한다. 예를 들어 소규모 유기농장에 적합한 가금류 품종은 가장 많은 달걀을 생산하는 품종이 아닌 양질의 고기를 생산하는 품종, 그리고 음식물 찌꺼기나 기타 농산부산물을 사료로 공급할 수 있는 품종이 적합할 것이다. 적절히 육종된 소 품종은 조사료와 짚 등 농산부산물을 주로 섭취하면서 충분한 양의 우유와 고기를 생산하고, 출산율이 높으며, 질병에 대한 저항력이 높고, 필요시 노역과 운반에 사용될 수 있다.

생산성의 고려

일반적으로 소 품종의 생산성을 비교할 때는 일일 또는 연간 생산성을 고려한다. 그러나 보통 생산성이 높은 품종은 생산성이 낮은 재래품종보다 수명이 짧다. 예를 들어 10년 동안 하루에 8ℓ의 우유를 짜내는 젖소의 평생 생산성은 하루 16ℓ의 우유를 만들지만, 수명이 4년인 고품종 젖소의 평생 생산성보다 높다. 젖소를 키우기 위해서는 밑소 구입 등 상당한 투자가 필요하기 때문에 긴 기간에 걸쳐 지속적인 생산을 보장하는 것이 농업인에게는 더 이익이 될 수도 있다. 지금까지 육종은 단기 최대 생산성에 초점을 맞춰 왔지만 평생 생산성도 고려할 필요가 있다.

How

3부

어떻게 할 것인가?

유기농장의 경제적 성과

지금까지 유기농이란 단순히 화학물질을 사용하지 않는 것 이상이며 유기농의 목적은 자연의 지속 가능한 사용, 더 건강한 식품 생산, 에너지 소비 절감 등 다양하다는 것을 살펴보았다. 그러나 유기농이 농민에게 실현 가능한 방안이 되기 위해서는 농업인의 내적 동기뿐만 아니라 경제적인 측면도 중요하다. 농민은 유기농을 통해 생계를 유지하고 필요한 소득을 창출할 수 있어야만 유기농에 종사할 수 있다.

농가 경제에 영향을 미치는 요인은 다양하지만, 이 중 비용 및 소득 변화에 대한 분석이 필요하다. 이러한 요인들은 농장마다, 국가마다 다르므로 위험을 경감하고 실망스러운 경험을 피하기 위해서는 농장의 경제적 잠재성을 분석해야 한다. 유기농으로 전환하기 위해 많은 변화와 도입이 필요할수록 전환에 대한 더 큰 경제적 위험이 수반된다.

유기농은 수익성이 있을까?

농장의 경세적 성과는 농민에게 남겨지는 순익으로 측정된다. 경영비와 조수입의 차액인 소득은 생산 여건과 마케팅 역량에 따라 결정된다. 생산 여건과 마케팅 역량은 농장마다 다르다. 생산 규모와 직접적 연관이 없는 고정비용은 토지, 건물, 기계 구매 또는 임대비, 정규직 임금을 포함한다. 수확 등 시기적으로 고용한 인력의 임금은 생산 규모에 따라 달라지므로 종자, 거름, 살충제 등의 자재비와 함께 변동비용에 해당한다. 농장이 수익성을 확보하기 위해서는 조수입이 총 변동비용과 고정비용, 감가상각비를 초과해야만 한다. 조수입의 주요 원천은 시장에서의 상품 판매액이다.

저비용 대 고비용

유기농으로 전환할 때 경영비용이 높아질까, 낮아질까? 유기농 전환과 그 이후의 비용에 영향을 미치는 요인은 다양하며 농장의 재배유형, 환경, 사회·경제적 여건에 따라 다르기 때문에 일반화하기 어렵다. 하지만 유기농으로 전환시 소규모 농장의 경우 보통 초기 투입비용은 상승한다. 토양유기물 증가를 위해 유기비료를 구입해야 하고 유기비료 시비, 잡초 제거, 유기농법 도입을 위한 인건비가 상승하기 때문이다. 전환이 마무리되어 양질의 토양을 확보하고 시스템이 어느 정도 안정되어 농장이 자체자원을 주로 활용할 경우, 경영비용은 일반적으로 이전 수준만큼 혹은 그보다 더 낮아진다. 대략 농장이 유기농에 적응하기까지 3~5년의 시간이 필요하다.

저소득 대 고소득

관행농업이 일반적으로 높은 생산량을 보이기 때문에 보통 유기농으로 전환하면 생산량이 감소한다. 작물 유형과 농법에 따라 유기농 전환 초기에 10~50%가 감소한다는 연구 결과가 있으나 소규모 농장의 경우 전환 이후에 생산량이 이전 수준으로 회복된 경우가 많았다. 일부는 관행농업보다 높은 생산량을 보이기도 하는데, 이러한 성과는 특정 상황에서 가능하다. 특히 관행농업에서 토양유기물 부족으로 토양 비옥도가 매우 낮아 생산량이 저조하다면 유기농으로 전환하여 좋은 성과를 얻을 수 있다. 그러나 농민은 헛된 기대를 품지 말아야 한다. 각 지역, 각 농장마다 상황을 개별적으로 평가해야 한다. 보다 신중을 기하기 위해 유기농 전환에 관심이 있는 농민은 초기 몇 년 동안의 생산량 감소를 예상해야 하며 약 3~5년 이후 어느 정도 회복을 기대해야 한다. 습윤 기후일수록, 토양 비옥도에 유기물 함량이 높을수록 더 큰 생산력 회복을 기대할 수 있다.

농가 조수입은 생산량뿐만 아니라 판매가격에 의해서도 결정된다. 유기농으로 전환한 후 병충해로 상품의 질이 하락한 경우 이전과 동일한 가격으로 판매하기는 어려울 것이다. 많은 농민이 유기농 인증을 받으면 자신의 유기농상품에 대해 프리미엄가격을 받을 수 있을 것이라 기대한다. 이것이 현실적인 기대인지는 시장상황에 따라, 또는 직거래와 같이 농민이 스스로 프리미엄을 형성할 수 있는지에 따라 결정된다. 보다 신중하기 위해서는 유기농으로 전환했을 때 예상되는 프리미엄 가격에 지나치게 의존하지 않아야 한다. 한편 동일한 생산량을 같은 가격에 판매하지만 경영비용이 줄어들었을 경우 등 긍정적인 경제적 성과를 얻을 수도 있다.

비용 절감

경영비와 조수입의 차가 농가의 소득이다. 따라서 생산량 증가뿐 아니라 경영비 감소를 통해 소득을 개선할 수 있다. 비용 절감을 위한 방안을 소개한다.

재활용의 최적화

유기비료 비용을 줄일 수 있는 효과적인 방안 가운데 하나는 농장의 자원을 최대한 재활용하는 것이다. 예를 들어 농장에서 나오는 여러 유기물과 음식물쓰레기는 퇴비로 만들 수 있다. 나무와 생울타리의 가지, 잎은 퇴비 부재료나 멀칭재료로 사용할 수 있다. 양분의 효율적 재활용을 위해 가장 중요한 것은 퇴비다. 어떠한 양분이든 재활용해서 외부에서 구입하는 양을 줄여야 한다.

외부 투입요소의 최소화

유기농은 외부 투입이 적은 농법이다. 그러나 일부 유기농장들은 외부로부터 구입하는 유기비료와 유기농약 등에 상당히 의존하고 있다. 앞서 설명한 양분 재활용 이외에도 비용을 감소할 수 있는 여러 방법들이 있다.

- 지역 식물을 이용하여 직접 식물성 농약을 만든다.
- 작물 종자와 묘목을 직접 생산한다.
- 지역에서 거름이 될 만한 것을 찾아본다. 농산물 가공시설에서 나오는 폐기물 등을 싼값에 구입하여 유기비료로 활용할 수 있다.
- 채소, 주식, 과일, 곡류 등 가정에서 필요한 식재료를 직접 재배한다.
- 거름, 우유, 달걀, 고기 등을 생산하기 위해 가축을 사육한다.
- 외부로부터 유기농사료를 구입하는 대신 농장에서 직접 생산한다.
- 장비와 기계를 구입하거나 수입하는 대신 이웃과 공유하고 지역에서 조달한다.
- 지역에서 구할 수 있는 건축자재를 사용한다. 퇴비구덩이, 축사, 도구 등.
- 지역 작목반 등에 적극 가입하여 농자재 공동 구입, 정부 보조 등에서 소외되지 않는다.

작업량 줄이기

농장의 작업량을 줄일 수 있는 방법은 많다. 예를 들어 유기농 병해충 관리를 통한 예방은 향후 노동 수요를 낮출 수 있다. 멀칭 사용을 통해 경운을 줄이고, 부분적 잡초를 허용하며, 축사를 효율적으로 배치하는 것도 흔히 행해지는 방법이다. 특정 활동의 경우 그 성과가 당장 나타나지 않는다. 그렇지만 간과해서는 안 되는 경우가 있다. 유기물 함량 강화를 위한 활동이 그중 하나다.

농가소득 증대방안

앞서 살펴보았듯이 비용과 수입의 긍정적인 균형은 경제적으로 견실한 유기농의 기본이 된다. 수입은 총 생산량과 시장 판매가격으로 결정된다. 따라서 수입을 늘리기 위해서는 아래의 방법을 사용할 수 있다.

생산 증대

지역 환경에 적합하고 생산량이 높은 작물 품종을 더 많이 경작하여 전체 농가생산성을 높일 수 있다. 양분 관리 개선 및 더 효율적인 병해충 관리를 통해서도 작물 생산량을 늘릴 수 있다. 윤작이나 혼작을 통해 새로운 작물을 추가하여 여유 공간을 보다 효율적으로 활용할 수 있다. 또한 농장에 축산을 도입하여 추가적인 생산물을 얻을 수도 있다.

농장 부가가치 창출

다음은 농산물의 시장가치를 높일 수 있는 방법이다.

- 약용작물, 향신료 등 높은 시장가치를 지닌 상품을 선택한다.

- 관리 개선 등으로 상품의 품질을 높인다.

- 탈곡, 제분, 발효, 등급판정, 세척 등 간단한 농산물 가공을 직접 수행한다.

- 잼, 건과, 피클 등 가공품을 생산한다.

- 크림, 버터, 치즈, 요구르트 등 유제품을 생산한다.

- 농산물을 저장한다. 특정 작물은 비수기의 가격이 훨씬 비싸다.

시장접근성 강화

조수입은 생산량과 시장 판매가격에 따라 결정된다. 보통 유기농산물은 관행농산물보다 특수한 유통과정을 거치며 시장가격은 높게 형성되지만, 농가의 수취가격은 낮은 경우가 허다하다. 이런 경우 상품을 직접 시장에 내다파는 것이 하나의 대안이 될 수 있다.

많은 농민들이 자신의 유기농산물에 대해 프리미엄가격을 받고자 한다. 유기농산물은 질과 맛이 우수하고 잔류농약의 걱정이 없는 장점이 있기 때문이다. 그러나 이렇게 프리미엄가격을 제공하는 유기농산물 시장의 규모는 여전히 협소하다. 도매상인이 농산물의 정기적 공급을 대가로 판매보증을 제시하기도 한다. 하지만 개인이 도매상인에게 충분한 물량을 제공할 수 없을 경우 생산자협회를 결성하는 것이 유리하다.

수출시장은 유망하다. 유기농 제품의 품질에 따라 높은 프리미엄가격으로 거래되는 경우가 많기 때문이다. 그러나 이런 시장의 요건을 충족하는 것은 상당히 까다로우며, 일반적으로 전문 무역업자와 연계된 농민단체만 이런 거래를 할 수 있는 역량을 갖추고 있다. 성공적인 마케팅을 하기 위해서는 특별한 노하우가 필요하며, 부딪치며 깨쳐가야 한다.

경제적 위험 경감을 위한 다양성

많은 농가의 소득이 한두 가지 작물과 판매처에만 의존하고 있다. 이들 작물의 가격이 떨어지거나 판매처를 잃게 되면 농가는 필시 상당한 어려움에 직면하게 된다. 가격이 안정적일 경우에도 병해충과 같이 완벽히 통제할 수 없는 상황이 발생하여 생산량이 급감한다면 큰 손해를 보게 된다. 다양한 작물을 재배하면 단일 작물의 가격변동 또는 생산량 감소로 인한 피해가 줄어든다. 작물 다양성은 균형 잡힌 생태계의 구성뿐만 아니라 병해충 확산 방지에도 도움이 된다. 또한 농민은 높은 경제적 리스크를 피할 수 있다.

관행농업에서 유기농업으로 전환

유기농업으로 전환을 위한 사회적·기술적·경제적 적응

유기농업으로 전환하는 기간 동안 이루어지는 여러 변화는 사회적·기술적·경제적 측면을 아우른다.

①**사회적 적응:** 유기농은 혁신적 기술을 넘어 총체적 사고를 요한다. 따라서 농민은 개인적인 가치와 유기농의 원칙을 비교해보아야 한다. 이 두 가지가 부합될수록 유기농업을 수행하기 쉬워진다. 유기농업에 대한 의지는 단순한 수익성보다는 가치에서 출발해야 하기 때문이다. 유기농업에 대한 주변의 가족, 이웃, 친구들의 인식 또한 중요하다. 사회적 환경에 대항하는 것은 쉽지 않기 때문이다. 관행농가들이 유기농을 대하는 인식이 때로는 적대적이기 때문에 이를 개선하고, 뜻을 같이하는 집단에 들어가거나 조직을 만드는 것이 중요하다. 친환경 교육 등 인식 개선의 기회를 확대하기 위해 관련 농업기관에 방문하여 교육을 요청하거나 인터넷 모임 등을 활용하여 저변 지식을 넓혀가는 것도 중요하다.

②**생산기술 적응:** 새로운 농법을 도입하고 적용해야 한다. 토양 관리,

양분 관리, 잡초 관리, 병해충 방제, 가축 사육, 사료재배 등이 이에 해당한다. 성공하기 위해서는 필요한 노하우를 습득해야 한다. 경험 있는 유기농민과의 정보 교환, 교육과정 참여, 농법 테스트 및 효과 관찰, 독서 등이 필요하다. 우리나라는 특히 인터넷 모임 등이 매우 활성화되어 있지만, 간혹 잘못된 정보로 피해를 보는 경우가 많으므로, 유기농에 사용가능한 방법과 자재인지 관련기관에 반드시 확인해볼 필요가 있다. 농촌진흥청 고충처리실(1544-8572)에 문의하면 친절한 답변을 들을 수 있다.

③**경제적 적응**: 농장에 필요한 새로운 방법을 도입하기 위해서는 투자가 필요하다. 작업량이나 인력수요도 증가할 수도 있다. 전환 초기 최소 3년 동안은 생산량이 감소할 수 있으므로, 농업인은 이러한 제약을 극복할 수 있는 방안을 찾아야 한다. 유기농으로 전환하여 성공하기 위해서는 농장의 분석과 함께 판매처를 설정하는 것이 가장 중요하다. 판매처가 확보되지 않은 상태에서 유기농으로 전환은 생산량 감소와 판매처 소실이라는 이중고를 겪게 된다. 우선은 농약을 최소한으로 사용하며 농장의 관리 방식을 전환한다는 마음가짐으로 시작하여 병해충 관리방법을 익힌 후 자신이 생겼을 때, 친환경으로 완전 전환하는 것도 생각해볼 수 있다.

유기농산물에 대한 프리미엄 가격을 받을 수 있는 새로운 마케팅채널을 모색하는 것도 한 방법이다. 유기농산물이 적정한 가격을 받기 위해서는 소비자와 직거래가 가장 좋은 방식이기는 하지만, 농산물을 생산하는 것 못지않은 정성이 필요하다. 최근에는 로컬마켓, 꾸러미, 유기농산물 전문 온라인 판매 사이트 등 소비자와 직접 거래하는 방식이 크게 늘고 있으므로, 작목과 지역에 적합한 방식에 대해 고민해보아야 한다. 유기농산물을 생산하는 농가들의 모임은 이럴 때 강력한 힘을 발휘할 수 있다. 1차 산물에 만족하지 말고 가공, 체험 등을 접목하여 판매 거리의 다변화도 보탬이 될 수 있다.

전환 준비

농민은 유기농업으로 전환할 것인지 결정하기 전에 유기농업이 자신의 농장에 어떠한 의미가 있는지 명확히 이해해야 한다. 이를 위해 교육과정, 서적, 전문가 자문 등을 활용할 수 있다. 농장에 관여된 모든 사람, 특히 가족이 의사결정 과정에 참여하는 것이 중요하다. 그리고 유기농업의 요건을 고려하여 농장의 현황을 신중하게 파악하여 개선 사항을 도출해야 한다. 분석을 위해 현장전문가 또는 숙련된 유기농민의 지원이 큰 도움이 될 수 있다. 소규모로 유기농법을 테스트하여 유기농법을 익히고 해당 방법이 현재 환경에서 효과가 있는지 확인할 수 있다. 이러한 논의, 분석, 경험의 결과를 바탕으로 농가는 유기농업 전환에 대한 결정을 보다 쉽게 내릴 수 있다.

농장의 목표 정의

농가의 모든 가족구성원이 유기농업 전환에 대해 같은 생각을 하고 있는가? 개인적인 기대와 목표는 무엇인가?

가족 모두 함께 모여서 유기농업 전환을 통해 얻고자 하는 바를 논의하는 것은 매우 중요하다. 이런 논의가 이후 전환과정의 모든 단계에 영향을 미치기 때문이다. 이때 소득 이외에도, 농가가 소비하는 곡류, 과일, 채소, 우유, 고기 등의 식품 가용성, 각 농가 구성원의 작업량 등을 고려해야 한다. 또한 목표가 모두 현실적인지를 분석해야 한다. 특히 유기농업 전환과정 중 예상치 못한 생산량 감소를 경험했을 때, 실질적인 대안이 있는가도 중요하다. 농업 외 수입, 수입 감소분에 대한 대처 등이 목표를 달성하는 데 큰 도움을 줄 수 있다.

농장의 목표를 정의할 때 중요한 질문 가운데 하나는 상품을 프리미엄 가격에 판매할지의 여부다. 농가가 상품을 판매할 때 유기농을 주장하거나 라벨로 표시하려면 유기농 인증이 중요한 문제가 된다.

Tip

농장 비전의 예

홍길동 배 과수원 1ha 배나무 1,650주를 2015년까지 유기농으로 완전히 전환하여 판매수입을 관행보다 1.2배 높이고, 자식에게 물려줄 수 있는 지속 가능한 농장으로 만든다!

목표설정을 위한 SMART 5 원칙

Specific(구체적) ··· 정확히 무엇을 하려고 하는가?

Measerable(측정 가능한) ··· 목표달성 여부를 어떻게 판단할 수 있는가?

Achievable(달성 가능한) ··· 해낼 수 있는 일인가?

Realistic(현실적인) ··· 현재의 상황에서 가능한 일인가?

Time-Bounded(시간이 정해진) ··· 언제까지 목표를 달성할 것인가?

현실적이며 실현 가능한 목표 설정을 위해 SMART 5원칙을 상기해 볼 필요가 있다. 첫째, 목표가 구체적인가 여부이다. 정확히 무엇을 하려는 것인지, 목표 달성 여부를 어떻게 판단할 수 있는지, 해낼 수 있는 일인지, 현재의 상황에서 가능한 일인지, 언제까지 달성하려고 하는지를 기준 삼아 목표를 세워보자.

농장 분석

전환과정을 개선하고 잠재적 문제를 극복하기 위해서는 농장의 현황을 신중히 분석해야 한다. 전환에 도움이 될 수 있는 요소도 있겠지만 장애가 될 수 있는 요소의 경우 해결책을 찾아야 한다. 이를 위해 아래의 사항을 분석하도록 한다.

- 농가, 도전에 대한 농가의 역량, 농가의 노하우 및 동기.
- 소유 토지의 규모와 질, 기후환경적 조건.
- 토양의 유형, 비옥도 및 구성, 수자원 접근성, 현재 경영법.
- 현재 재배방식, 여건에 적합한 작물, 단일작물에 대한 의존도.
- 농장 내부 거름 및 외부 비료를 이용한 양분 공급.
- 현재 병해충 및 잡초 관리, 기생해충 발생 정도.
- 가축의 수와 유형, 퇴비의 중요도, 사료재배.
- 기계화(도구, 장비), 건축물(축사, 구덩이, 계단식 밭 등).
- 상품 마케팅, 자급상황.
- 인력 가용성, 전체 작업량, 성수기.
- 농장의 경제적 상황, 소득원, 부채, 대출 접근성.

유기농법 테스트

기존의 농업시스템이 유기농 원칙과 유사할수록 전환이 쉽게 이루어질 수 있다. 유기농업으로의 전면적 전환을 결정하기 전에 자신의 농장에서 유기농법을 시험해볼 수 있다. 새로운 농법을 적용할 때는 먼저 소규모로 시작하는 것이 바람직하다. 그러면 새로운 농법이 지역 조건에 적합한지를 확인할 수 있고, 실패하더라도 큰 손실은 면할 수 있기 때문이다. 작물 생산의 경우 다음과 같은 방법을 개별적으로 테스트해볼 수 있다.

- 새로운 작물을 윤작 또는 혼작에 도입.
- 상업용 유기비료의 효과.
- 다년생작물 재배에 콩류 지피작물 사용.
- 병충해 방제를 위해 천연농약 사용.

또 사육에 대한 경험은 다음을 통해 얻을 수 있다.
- 가축의 실외 및 목초지 활동 증가.
- 농후사료를 대체하기 위한 사료작물 재배.
- 가축 질병 치료에 약초제 사용.

전환계획 수립

좋은 계획이 성공의 절반이다. 일단 유기농업으로 전환하기로 결정했다면 농장을 분석해서 파악한 개선사항을 실행하기 위한 계획을 세워야 한다. 전환계획은 실제 전환이 순조롭게 이행되도록 해야 한다. 주요 문제를 방지하여 위험을 최소화하며, 섣부른 투자가 되지 않도록 관련자의 노력을 장려하는 계획이어야 한다. 보통 농장에 대한 투자와 개선사항이 많을수록 위험이 커진다. 따라서 제대로 된 계획의 중요성은 더할 나위가 없다.

전환계획을 세우기 위해 먼저 농장 현황, 목표, 유기농 요건을 기반으로 농장에 필요한 개선사항을 신중히 분석해야 한다. '이상적인' 시스템을 한 번에 구축할 수는 없으므로, 개선사항을 달성하기 위한 개별 단계를 정의하도록 한다. 유기농업으로 전환을 생각할 때 가장 중요한 일 중 하나는 판매처의 설정이다. 판매처 없이 무턱 대고 유기농업으로 전환한 후 판매에 곤란을 겪고 나면 유기농업에 대한 큰 회의감이 들 수밖에 없다. 유통처를 마련하고 시작하면 반대로 어려움이 오더라도 이겨낼 힘이 생긴다. 유기농 전환과정을 계획한다면 일정을 수립하도록 한다. 유기농 인증을 획득하기 위한 전환기간은 규정에서 명시하는 모든 최소 요건을 충족할 때 비로소 공식적으로 시작됨을 기억하자.

어떻게 팔 것인가?

친환경 농산물의 유통경로 및 특성[17]

우리나라 친환경 농산물 유통은 1986년 '한살림' 매장이 문을 열며 본격 시작되었다고 볼 수 있다. 한살림은 생산자는 밥상과 생태계를 살리는 생명농업인 유기농업을 하고, 소비자는 유기농업이 지속되고 확장될 수 있도록 소비를 책임짐으로써 농업도 지키고, 건강한 밥상도 지키게 된다는 신념으로 시작된 소비자주도형 협동조합이다. 때문에 친환경 농업 초기 볼품없이 생산된 농산물도 이를 이해하고 소비해준 소비자의 덕택으로 모두 유통되며 생산자가 힘을 얻을 수 있었다. 이처럼 초기의 친환경 농산물 유통은 생산-소비자 연계조직인 생협, '한실림'이 주종을 이루고 있었지만, 최근 친환경 농산물 시장의 급격한 성장으로 유통 구조와 규모가 크게 변화하고 있다. 소비자의 요구에 부응하여 백화점과 대형할인점 등 유통매장과 농협 '하나로마트', 생산자협회 매장

---

17 한국농촌경제연구원, 친환경 농산물의 소비성향과 마케팅 전략, 2008 참조

등을 통한 판매가 크게 늘어났다. 또한 생산자와 소비자간 직거래, 친환경 농산물 전문매장과 이를 연계한 인터넷 거래 비중도 높아졌다.

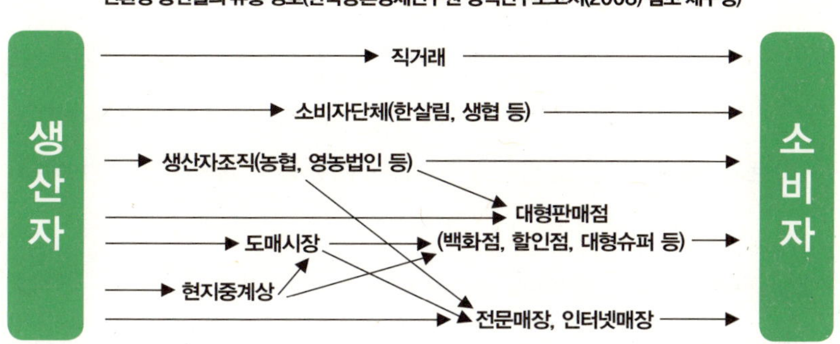

친환경 농산물은 유통 측면에서 일반 농산물과는 차이점이 있다. 우선 유기농업의 특성이 그렇듯 소품목 다량생산보다는 다품목 소량생산이 주를 이룬다. 일반 농산물에 비해 외견상 품질 특성도 떨어지고, 인증 표시가 농가별로 이루어져야 하므로 산지소포장이 주를 이룬다. 품목별 생산량도 적어 물류나 판매장 회전율이 높지 않으므로 저온유통시설이 필수적이지만 생산량이 적다 보니 농가별 저온창고 등의 투자도 쉽지 않아 손실이 많다. 또한 유통과정 중 일반농산물과 섞이지 않아야 하므로 일반농산물과 구별되는 유통경로가 필요하다. 이런 특수한 상황이 반영되어 친환경 농산물은 일반적으로 생산자로부터 1~3단계를 거치는 네 가지 유통경로로 대별된다.

①생산자와 소비자간 직거래: 10~15%

생산자가 직접 체험객 유치나 인터넷, 지인을 통해 직거래하는 방식이다. 이 방법은 생산자 개인의 역량에 따른 소비자 확보, 꾸준한 관리 등이 우선된다. 생산자가 직접 소비자에게 자신이 생산한 친환경 농산물의 우수성과 관행농산물과의 차별성을 인식시켜야 한다. 생산자와 소비자 사이에 누가 생산했는지, 소비자가 누구인지를 알기 때문에 신뢰가 바탕이 되는 경우가 많아 서로 간의 충성도가 높다. 일단 소비자가 확보되면 지속적으로 판매할 수 있는 기반이 마련되는 경우가 많다.

②생산자 조직을 통한 판매: 40~45%

생산자 조직은 크게 농협과 생산자연합 영농법인 등으로 구별할 수 있다. 충남 홍성의 홍동농협, 경기 안성 고삼농협, 경기 용인 원삼농협처럼 친환경 농산물을 주요 경제사업의 방향으로 삼아 유통에 참여하는 농협이 늘고 있다. 지역 농협을 통한 친환경 농산물 학교급식 사업 참여도 판로에 중요한 비중을 차지한다. 생산자연합 영농법인 등은 회원 농가에서 생산한 친환경 농산물을 수집하여 유통, 판매하는 역할을 한다. 최근 유통경쟁력을 높이기 위해 전국단위조직체로 운영하며 전문화된 유통사업과 자체 물류센터를 갖춘 곳도 많아졌다. 지역기반 생산자연합회도 다른 단체와 공동사업단을 만들어 대형 할인점 등과 연중 계약하여 안정적 판매망을 확보하는 사례가 늘고 있다. 요즘은 로컬 푸드 매장과 지역 기반 꾸러미 사업 등을 통한 소비자 직거래도 하나의 가능성으로 떠오르고 있다. 생산자 조직의 단체 유통은 개별 농가가 판매에 신경 쓰지 않고 생산에 전념할 수 있으며, 계약 재배 비중이 높아 소득을 예측하기도 쉬워 안정적으로 농장을 경영할 수 있는 이점이 있다.

생산자연합의 예로 농업법인 '도담'의 경우 2002년 유통개선을 통한 친환경 농산물의 대중화를 모토로 설립되어 현재 친환경 과일, 과채류를 생산하는 전국 49개 작목반 460여 농가가 참여하고 있다. 이 법인은 생산 농가와의 지속적인 거래를 통해 신뢰를 구축하고 다양한 판매처를 개척하여 하나의 매출처에 30% 이상을 의존하지 않는 것으로 리스크를 분산하고 있다.

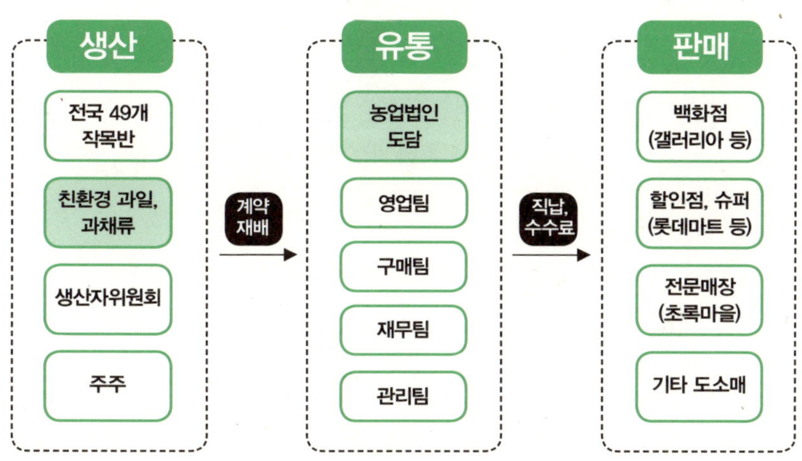

농업법인 도담의 운영체계 (농촌진흥청, 2012)

③생산자 · 소비자 연계 조직을 통한 판매: 15~20%

한살림, 여성민우회, 생활협동조합 등 생산자와 소비자 연계 조직을 통한 판매다. 이들 생협은 시장 논리가 아닌 생산자와 소비자 모두 신의를 바탕으로 유통이 가능하다는 것을 보여준 모범 사례다. 한살림에서 물품 가격은 해마다 소비자와 생산자가 만난 자리에서 결정된다. 가격의 기준은 생산자가 의욕과 긍지를 갖고 일할 수 있는 적정가를 보장하고, 소비자도 안전하고 영양이 풍부한 농산물을 합리적인 가격에 공급받을 수 있는 선에서 타협한다. 한살림은 놀랍게도 매장에서 판매되는 농산물 값의 70% 이상을 농가에게 전달하며 유통비를 최소한으로 제한한다. 이는 해마다 적정 가격과 재배물량을 미리 정해 생산량을 확정하고, 이를 기초로 책임·소비하는 생산자와 소비자 간의 약속과 신뢰가 작용한 결과다. 그래서 이들 생협의 농산물 판매가가 친환경 농산물 시장의 기준가로 작용하는 경우도 종종 있다.

이들 생협도 생산 규모를 키워 유통비용을 낮추고, 안정적 공급이 가능하도록 개인 거래보다는 작목반 등의 단체 거래를 지향한다. 단체의 경우 회원 공동체가 친환경농업을 이어갈 수 있는 큰 힘으로 작용하고, 지역 순환형 농업 등을 추진할 경우에도 유리하다.

④전문 유통업체를 통한 판매: 20~25%

'초록마을', '올가', '무공이네' 등 친환경 농산물 전문 오프라인, 온라인 매장을 통한 유통이다. 이들 전문매장은 현대 식품 소비 패턴을 파악하여 전처리 가공 등 편의식품 소비에 부합하는 마케팅으로 급성장세에 있다. 꾸러미사업, 온라인 택배, 소매점을 통하거나 대형유통업체에 친환경 농산물 전문코너를 개설하는 등 다양한 마케팅을 선보이고 있다. 초록마을의 경우 2002년 1호점을 시작하여 프랜차이즈 매장 형태로 2009년 235개 1,000억여 원의 매출을 기록하였다.

어떻게 팔 것인가?

유기농산물의 생산은 어찌 보면 신념의 문제로 품질이 좋고, 나쁠 수는 있지만 생산 자체에는 큰 문제가 없다. 그러나 생산된 유기농산물을 어떻게 팔 것인가에 대한 고민은 그렇게 간단하지 않다. 앞서 살펴본 대로 친환경 농산물의 유통시장은 협소하고, 계약에 의한 생산과 소비가 주를 이룬다. 판매처를 확보하지 못한 상태에서 생산된 친환경 농산물은 특화된 도매시장이 없을 뿐더러 외관도 관행농산물만 못한 경우가 많아 시장 출하시 관행농산물에도 미치지 못하는 가격을 받는 경우가 많다. 그나마 쌀을 포함한 곡류는 유통기한이 길고, 외관상 품질에 큰 차이가 없어 차별화된 가격이 형성되어 있을 뿐이다. 때문에 유기농산물을 생산하기 전에 판매처에 대한 고민이 선행되어야 한다.

친환경 농산물 유통의 가장 바람직한 형태는 물론 직거래다. 생산자가 어떤 마음과 방식으로 농산물을 생산하는지 알고 있는 소비자와 지속적인 유대관계를 형성하는 일은 소득과 더불어 행복을 준다. 소비자 또한 믿을 수 있는 생산자에게 안전한 농산물을 소매가보다 저렴하게 구입할 수 있으니 서로 좋은 일이라 느낀다. 그만큼 생산자와 소비자 서로가 높은 충성도를 갖지만 이런 소비자를 확보하는 일이 개인농가 차원에서 쉽지 않다. 때로는 생산 못지않은 노력이 필요하다. 비근한 예로 온라인 직거래를 활성화하기 위한 농가 홈페이지 제작 및 운영 지원이 꾸준히 이루어져 왔지만 성공적으로 활용되는 비율이 매우 낮다. 직거래 성공을 위해서는 사실 개인의 성향이 매우 큰 비중을 차지한다. 소비자와의 만남을 즐겁게 받아들여야 하고, 농장 방문을 환영할 수 있는 마음, 소비자 데이터 관리 등 생산을 뛰어넘는 꼼꼼함과 친절함이 필요하다.

농민 개개인이 들여야 하는 노력을 조직으로 해결하는 경우는 매우 이상적이다. 생산자 협의체를 통해 생산, 출하, 가격 등을 조절하여 농가가 판로에 대한 부담을 덜고, 생산에 전념할 수 있게 해준다. 물론 직거래에 비해 수취가격이 좀 낮을 수 있지만, 소비자를 만들고 관리에 들이는 노력을 보상할 만하다. 최근 친환경 농산물 생산도 지역별, 품목별로 조직화하여 유통경쟁력을 확보하려는 노력이 늘고 있어 기존 생산자연합 가입을 적극 고려해야 한다. 작목반이 없다면 작목반을 만드는 일은 소비자를 확보하는 일만큼 중요하다. 작목반이 구성되어야 자재의 공동 구매와 합리적 품앗이, 교육 등이 가능해진다. 유기농업을 시작할 때 지역 여건은 무척 중요한 요소 중 하나이다. 관행농업지 주변에서 유기농을 시작하기 어려운 이유도 관행농지에서 유입되는 농약, 화학비료의 위험도 크지만 판매의 어려움도 한몫을 한다. 대부분 친환경농업 작목반의 경우 생산자 확보도 중요한 만큼 작목반이나 연합체 가입에 크게 배타적이지 않은 경우가 많다. 귀농하여 유기농업을 시작하려는 경우라면 친환경농업을 적극 장려하는 지역에 기반을 마련하는 편이 다방면에서 유리하다.

꾸러미 판매를 주로 하는 개인 농가 '백화골 푸른밥상'과 전국단위 협력농가체계를 구축하여 포장, 가공, 유통, 직판까지를 아우르고 있는 '류근모와 열 명의 농부들'을 통해 개별사례를 살펴보자.

백화골 푸른밥상

서울에 살던 박정선, 조계환 부부는 2005년 2월 전라북도 징수군으로 이사했다. 귀농할 곳 찾기는 쉽지 않은 여정이었다. 특별한 연고도, 정보도 없이 지속적으로 농사를 지을 만한 장소를 물색하던 중 백화골에 들어왔다. 먼저 귀농한 몇 사람이 정착해 살고 있는 경치 좋고, 조용한 시골 마을이었다.

조립식으로 간단히 집을 짓고, 첫해 농사를 시작했다. 밭에 완두콩, 토마토, 고추를 심고 품앗이로 모내기도 했다. 처음부터 친환경으로 농사지을 생각으로 공부를 많이 하고 시작한 농사였다. 하얀 꽃망울이 아름다운 완두콩이 꼬투리를 맺더니 주렁주렁 열렸다. 첫 수확물에 행복해하며 콩을 따고, 포장해서 판매에 나서니 그 전 해는 좋았다는 완두콩 값이 폭락했다. 150평에서 겨우 10만 원이 나왔다. 인건비는 고사하고 종자대, 농자재비 하기도 빠듯한 금액이었다. '이래서 농촌을 버리고 도시로 갈 수 밖에 없구나.' 허탈한 마음이 앞섰다. 게다가 출하 방법도 몰라 농업기술센터로, 농협으로 부지런히 쫓아다녔다. 그런데 알고 보니 공판장에 연락해서 수거차가 지역을 돌 때 작물을 넘기면 되는 간단한 일이었다. 아무것도 아닌 일도 초보자에게는 산 넘어 산이다.

7월이 되자 토마토가 열리기 시작했다. 화학비료 대신 퇴비를 쓰고, 제초제 대신 낫질로 풀을 베며 직접 만든 효소와 한방 영양제를 뿌려 키운 소중한 토마토였다. 백화골은 해발 500미터에 위치해 있어 일교차가 큰 고랭지에 가까운 기후라서 토마토가 단단하고, 맛이 달았다. 자신이 있었기에 서울에서 알고 지내던 지인들에게 보내고, 인터넷 게시판에 글을 올려 전량 직거래로 팔았다. 한 번 주문했던 사람들은 맛을 보고 재주문을 했다. 장마가 시작되자 습하고, 일조량이 떨어지면서 배꼽썩음병, 흰가루병 등 처음 겪어보는 질병에 해충까지 친환경 농사의 어려움을 고스란히 겪게 되었다. 하지만 은행나무즙액과 목초액을 살충제 삼아, 생선액비를 영양제 삼아 경험이다 생각하고 이겨나갔다. 11월에는 토마토를 재배하는 농가들이 모인 품목별 연합회가 마을 이름으로 무농약 인증을 취득했다.

수확의 계절, 가을이 오자 더 바빠졌다. 벼를 수확해서 일 년 먹을 양식을 마련했고, 토마토를 걷어낸 자리에 심은 양상추도 여물었다. 이들 부부가 재배한 양상추는 마트에서 사 먹던 것과는 맛이 전혀 달랐다. 생선내장으로 액비를 담아 영양제와 해충방제제로 뿌려가며 열심히 키운 덕택인지 고소하면서도 아삭아삭 씹히는 질감이 특히 좋았다. 양상추를 시장에 출하할 때쯤 완두콩처럼 가격이 폭락하여 8kg 한 박스가 천 원에 낙찰되기도 했다. 생산자는 이런 낙찰가에 한숨을 지어도 소비자는 양상추 한 포기에 2,000원 이상을 내야 한다. 도대체 무엇이 잘못되었을까? 토마토를 직거래한 경험이 있으니, 양상추도 전량 직거래로 팔기로 했다. 8kg은 한 가정에서 도저히 다 먹을 수 없는 양이라 4kg 한 박스를 기준으로 택배비를 포함해서 만 원에 결정했다. 인터넷에 판매 글을 올리자마자 불티나게 전화가 걸려와 2주일 만에 모두 팔았다. 제대로 된 박스도 없어 여기저기서 모아 재활용했지만 맛있게 잘 먹었다는 격려 전화를 많이 받았다.

한 해, 농사를 경험하니 친환경으로 농사지은 농작물을 시장에 내다 팔아서는 답이 없다는 생각이 들었다. 처음부터 내가 할 수 있는 만큼 일하고, 그만큼 거두자고 시작한 귀농이었다. 2006년에는 새로운 시도로 가족회원을 모집해 농산물이 나오는 5월부터 10월까지 6개월간 매주 보내기로 했다. 제철에 맞춰 생산한 여러 가지 친환경 농산물을 꾸러미 형태로 골고루 담아 보내는 형식이다. 다양한 작물을 조금씩 심으면 손이 많이 가고 상품이 될 만한 작물도 많이 나오지 않는다. 좀 못생기고, 벌레 먹은 것도 꾸러미에 다 담는다. 연간 회원제가 정책되면서 회원들은 제철에 나오는 친환경 농산물을 비싸지 않은 가격에 매주 받을 수 있고, 농사짓는 생산자 입장에서도 안정적인 판로가 확보되어 좋다. 가족 회원을 든든한 배경으로 토마토가 많이 나올 때는 직거래를 조금 더 하는 방식으로 농장의 소득 방향을 잡아 보았다. 다행히 초보 농군 티도 안 내고 작물마다 잘되었다. 열심히 만든 퇴비 뿌리고, 토착 미생물도 배양해 땅심을 돋구었다. 이때부터 '백화골 푸른밥상'은 해마다 가족회원을 모집한다. 욕심 없이 딱 보낼 수 있을 정도의 회원만 받아서 푸른밥상의 회원이 되는 것도 쉽지 않다. 2007년에는 유기농 인증도 받았다.

이들 부부의 꾸러미 사업은 밥상공동체를 만드는 일이다. 화학비료와 합성농약을 사용하지 않고, 부부가 할 수 있는 만큼만 땅을 가꾸며 농사를 짓는다. 그래서 가끔 벌레 먹거나 못난 농산물도 나오지만 처음부터 이걸 이해하고 받아들여줄 회원과 함께 가고자 한다. 전통적인 유기농사 방식인 다품종 소량생산으로 먹고살 만큼의 소득을 얻는다. 수시로 SNS를 하며, 백화골의 근황을 전하고 회원들과 끊임없이 소통한다. 방문도 환영하고, 일손 돕기는 더욱 좋다. 이들 부부는 이런 방식이 소농이 유기농으로 농사지으며 살아갈 수 있는 작지만 큰 희망이 담긴 대안이라 믿는다.

충북 충주시 신니면 '장안농장' 대표 류근모는 쌈채소 전문가다. 그는 본래 농민이 아니었다. 대학에서 기계설계학을 전공하고 서울 양재동 꽃시장에서 화분 대여사업을 하다 1997년 조경 사업에 실패한 후 아내의 손에 이끌려 충주로 귀농했다. 융자금 300만 원으로 쌈채소 농사를 시작하여 지인의 거래처를 넘겨받아 납품하며 하루를 이틀처럼 썼다. 저녁 늦게까지 작물을 돌보고, 새벽에는 서울로 쌈채소 배달 다니기를 날마다 반복했다. 그 와중에도 '누구나 하는 생각, 누구나 하는 방법'으로는 성공할 수 없다는 생각에 생산, 마케팅, 상품디자인, 홍보까지 다양한 방법을 고안해 실행에 옮겼다. 현재 장안농장이 지닌 '대한민국 최초' 수식어는 모두 100여 개에 달하는데, '장안농장이 하면 모두 대한민국 최초'라는 말이 통용되고 있을 정도다. 처음부터 생명을 살리는 친환경 먹을거리를 제값 받고 팔겠다는 생각에 기존의 판매 상식을 깨트려 채소를 우체국 택배로 보내기도 하고, 친환경쇼핑몰도 처음으로 개설했다. 농장을 개방하여 많은 소비자가 방문할 수 있도록 하다 보니 자연스럽게 '쌈 채소 축제, 쌈 채소 공원, 쌈 채소 박물관'을 열게 되었다. 안정성과 품질을 인증받기 위해 ISO9001 인증, HACCP 인증과 국제유기농 인증도 업계 최초로 이루어냈다. 이에 그치지 않고 쌈채소 GAP 물류센터를 건설하고, 기업형 농장만이 유기농업의 미래라는 신념을 가지고 이노비즈 인증기업, 경영혁신중소기업 인증에 도전해 모두 성공했다. 이 과정에서 단지 쌈채를 생산, 판매하는 것이 아니라 부가가치가 높은 가공에도 공을 들여 양배추즙, 야채스프, 과자 등은 장안농장의 인기상품으로 자리 잡았다.

장안농장은 이 길에 혼자 가는 것이 아니라 주변의 유기농 쌈채 농가를 모아 유통교섭력을 키우고, 상생의 길을 걷고 있다. 신니면 10개 농가의 산지조직으로 시작하여 현재 장안농장의 협력농장은 전국 60여 개에 이른다. 이들 농장에서 생산한 제품은 모두 장안 유기농 GAP 물류센터에서 포장, 가공하여 다양한 유통경로를 통해 판매되고 있다. 협력농장은 장안농장의 생산시스템을 그대로 받아들여 규격화된 최고 품질의 유기농산물을 생산하고 격주 단위 농가 피드백을 실시하여 소통하고 있다. 앞서 닦은 길을 함께 걷는 것도 좋은 방법이다.

유기농전환 진단분석표의 작성과 활용

진단분석표의 의미

이번 장에서 소개할 내용은 유기농전환 진단분석표의 작성방법과 활용방안이다. 이 진단분석표는 유기농으로 전환하고 싶어하는 농민과 그 농민을 돕고자 하는 지도사가 쉽게 활용할 수 있는 실용적이면서 객관적인 방법(how)을 마련하기 위해 고안했다.

하필이면 실용적인 방안이 왜 굳이 진단분석표인가? 사람이 아프면 의사가 병을 진단하고, 작물이 아프면 농촌지도사가 진단한다. 어떤 일에서 문제가 발생하면 가장 먼저 하는 행위가 진단이다. 이는 매우 중요한 과정으로 아무리 좋은 기술과 지식이 있어도 진단이 틀리면 이후의 과정은 모두 쓸모없는 일이 된다. 그건 마치 도열병에 걸린 벼에 벼멸구 약을 치는 꼴이다. 그렇기에 첫 번째는 진단이며, 두 번째는 진단한 결과를 정확하게 분석하는 일이다.

농민도 객관적으로 자신이 처한 상황을 분석할 도구가 없으면 아전인수 격으로 생각하기 쉽다. 때문에 자신의 상황을 돌아볼 수 있는 객관적 진단 방식이 필요하다는 생각에 진단분석표를 개발하게 되었다. 이 진단을 통해 어떤 실천 방법을 결합하면 유기농업에 성공할 수 있을지 방향을 결정하여 전략적 처방을 내릴 수 있다. 이렇게 마련된 방안을 농가가 실천하면 유기농으로의 전환을 보다 쉽고 체계적으로 꾀할 수 있을 것이다. 그동안 나온 수없이 많은 농법들과 방법론들이 있기에 진단분석표를 어떻게 활용할지는 오로지 농가 자신과 이들과 함께하는 농촌지도사에 달려 있다. 이 분석표는 유기농업을 성공하기 위한 최소한의 공통점과 필수요건을 찾고, 도움을 주기 위해 만든 것이다.

유기농업 성공을 위한 필요충분조건

유기농업에 성공한 사람들의 사례를 살펴보면 여러 가지 공통점을 발견할 수 있다. 다음 장에서 각 지역에서 유기농업을 실천하고 있는 몇몇 농가의 사례를 살펴볼 것이다. 이들의 사례를 보면 일맥상통하게 나타나는 부분이 있다. 더불어 세계유기농운동연맹(IFOAM)의 4대 원칙과 농업인이 경제적으로 성공할 수 있는 방법이 반드시 서로 대립되는 것이 아니라 상호 보완적이라는 관점으로 접근하여 유기농업을 성공하기 위한 4대 기본 조건을 다음과 같이 정리하였다.

1. 유기농 정신 (organic mind)

농업인으로서 도전이라 할 만한 유기농업으로의 전환은 커다란 결심 없이는 쉽지 않은 일이다. 때문에 유기농업을 성공하기 위한 첫 번째 조건은 바로 유기농 정신(organic mind)이다.

유기농업에 대한 이해

유기농업을 실천하기 위해서는 유기농업이 무엇인지 알아야 한다. 무엇인지 알아야 그 길에서 벗어나지 않을 것이다. IFOAM의 유기농 4대 원칙은 물론 생태계, 생물 다양성, 자원 순환, 지속 가능성 등에 대한 이해가 충분하고 여기에 가치를 부여한다면 그 농업인은 이미 유기 농업인이다.

유기농업에 대한 신뢰

대한민국 유기농업의 현실이 밝지만은 않다. 일선 농촌지도사조차도 유기농업이 가능할 것이라고 쉽게 믿지 않는다. 오히려 몰래 농약을 친다고 여기거나 농작물을 방치해서 수확량이나 품질이 매우 떨어질 것이라고 말한다. 이런 환경에서 농업인이 유기농업에 대한 믿음이 없다면 시작조차 할 수 없다. 유기농업은 관행농업과는 다르다는 것을 인식하고, 생산성은 떨어질 수 있지만 장기적 관점에서 땅을 살리고, 사람을 살리는 농업이라는 강한 확신이 있어야 한다. 그러한 확신이 없다면 유기농업을 시작을 해서는 안 된다. 땅을 살리다 보면 생산성은 자연스럽게 높아진다. 때문에 유기농민의 확고한 신념은 유기농으로 전환하는 초기 생산성 하락을 이겨낼 수 있는 힘을 준다.

유기농업에 대한 호감

유기농업을 실천하는 것은 정말 쉽지 않은 일이다. 돈을 주고 쉽게 살 수 있는 농약들의 유혹을 뿌리치고, 스스로 필요한 농자재를 민든다든지, 밭고랑의 풀을 손으로 직접 맨다든지 하는 일은 어렵고 힘든 일을 피하려는 현대인의 정서와는 전혀 맞지가 않다. 정말로 유기농업을 좋아하지 않으면 실천이 불가능하다. 자연과의 교감을 좋아하거나 스스로 안전하고 맛있는 농산물을 생산하는 데 뿌듯함과 보람을 느낀다면 유기농업을 충분히 좋아할 수 있을 것이다.

유기농업에 대한 확신

유기농업을 실천할 수 있다고 모두가 경제적으로 성공하는 것은 아니다. 여전히 대한민국에서는 유기농산물이 크게 대접받지 못하고 있다. 보기 좋은 것이 좋은 농산물이라는 환상을 품은 소비자들이 제일 큰 문제이나 유기농업인은 그런 문제를 극복하고 넘어서야 한다. 소비자 탓을 해봐야 소비자와 멀어질 뿐이다. 유기농업을 시작하기 전에 먼저 성공 방향의 큰 가닥을 잡고 시작해야 한다. 스스로 유기농업의 비전에 대한 확신을 갖고 그것을 목표로 삼아야 정진할 수 있다.

유기농법 이외의 요소

유기농업을 실천하고 성공시키는 데 필요한 것은 유기농업 자체에 대한 것만 있는 것은 아니다. 유기농업의 성공을 위해서는 첫 번째 유기농법에 공감대를 형성할 수 있는 **친화력**이 필요하다. 주변 농업인들과의 관계는 물론 가족, 관련 단체들과의 사이를 원만하게 해주는 친화력은 쉽게 주변의 도움과 이해를 구할 수 있게 해준다. 두 번째는 **도전정신과 실험정신**이 필요하다. 유기농업은 아직도 신세계다. 유기농법의 실천방안이 다양하게 나와 있지만 어떤 것이 더 나은지는 아직도 미지수다. 그렇기에 자신의 농장에 가장 좋은 방안을 빠르게 찾아내기 위해서는 직접 연구하고 도전해야만 한다. 세 번째는 **인내심과 강단**이 필요하다. 유기농을 성공하기 위해서는 최소한 3년이라고들 말한다. 어쩌면 5년이 될 수도 있고, 10년이 될 수도 있다. 신뢰하지 못하고 중간에 흔들린다면 결코 성공할 수 없다. 유기농업을 끝까지 밀고 나가기 위해서는 이처럼 농업인의 내부와 외부를 아우르는 요소들이 필요하다.

2. 환경

신념을 가지고 어떤 일에 도전하는 사람들에게 힘을 실어주는 것은 주변의 환경이다. 내가 현재 처한 상황과 인간관계에 따라 엑셀을 밟을 수도 있고, 브레이크를 밟을 수도 있다. 유기농업을 실천하고 성공하는 데 유리한 환경을 두 번째 성공 조건으로 결정했다.

재배 환경

유기농업을 실천한다는 것은 기존의 편리한 농자재(화학비료, 농약) 사용을 포기한다는 말이다. 그러기 위해서는 편리한 농자재를 쓰지 않고도 영양분을 공급하고 병해충을 막을 수 있는 재배 환경이 조성되어야 한다.

필요한 재배 환경의 첫 번째는 **준비된 토양 환경**이다. 유기농산물을 재배하는 필지의 비옥도, 유기물 함량, 미생물의 활성, 토양 물리성의 건전도 등이 충족되어야 하며, 이를 위해 사전에 토양 분석을 통한 필지 관리와 녹비작물 재배, 유기물 사용 같은 방법들을 동원해야 한다.

두 번째는 **기후의 적정성**이다. 내가 유기농업으로 재배하고자 하는 작물이 현지의 기후와 궁합이 맞아야 한다. 그래야 병해충도 덜 타고 상품의 품질 향상에도 유리하여 유기농업의 성공에 한 발짝 더 다가설 수 있게 된다. 강원도의 감자, 남해의 마늘 등이 그 실례가 될 것이다. 또한 재해와 병해충이 많은 여름을 피하여 수확을 하는 매실이 유기농에 유리하다는 것이 그 증거이다.

세 번째는 **수원 확보의 유리함**이다. 주변에 깨끗한 수원이 있고 주변 농가가 모두 유기농이라면 크게 걱정하지 않아도 될 문제이다. 하지만 현실은 주변에 관행농업인이 있고 수원을 같이 쓰는 경우가 허다하며 심지어는 물 자체의 수급이 어려운 경우도 있다. 관행농업인과 같은 수원을 쓴다면 농약의 오염에서 자유로울 수 없다. 농업 자체에 필수요건인 독립된 깨끗한 수원의 확보는 유기농업의 필수요건이기도 하다.

네 번째는 **오염원과의 격리 정도**이다. 농업인이 아무리 유기농업을 하고 싶어도, 바로 옆에 공장이 있거나 바로 붙은 대규모 농장에서 농약을 살포한다면 유기농업은 꿈에 지나지 않게 된다. 오염원과의 적당한 격리와 완충지역의 확보 역시 유기농을 실천하는 데 필수요건이다.

다섯 번째는 **재해와 병해충의 발생 정도**이다. 벼농사의 경우 해안가일수록 벼멸구나 애멸구가 많이 발생할 수 있고, 산에 가까우면 노린재나 바구미가 왕성할 수 있다. 해마다 태풍이 지나가는 경로에 농장이 있다면 유기농업을 떠나서 농업 자체를 걱정해야 하며, 그만큼 병해충의 발생 가능성도 높아진다. 농장을 마련할 때 기상 재해와 병해충 발생 빈도가 낮은 곳을 선정한다면 유기농업 실천이 한결 수월하다.

인문 환경

재배 환경이 아무리 유리해도 주변에서 반대를 한다면 과연 유기농업을 추진할 수 있을까? 농업인이 지닌 유기농업에 대한 신뢰와 강단으로 혼자서 끝까지 밀고 나갈 수도 있지만 너무 많은 어려움과 인간적인 스트레스에 시달리게 된다. 그래서 필요한 것이 주변 사람과의 원만한 관계이다. 가장 첫 번째는 **가족의 믿음과 지원**이다. 내 가족이 나를 믿어준다면 어떤 어려움도 견디고 나가는 것이 대한민국 사람의 공통점 중 하나이다. 두 번째는 **공공기관과의 원만한 관계**이다. 농업인이 살고 있는 지역의 행정기관이 유기농업을 적극 지원하고 육성한다면 유기농업을 실천하고자 하는 농업인은 경제적으로 상당한 유리함을 안고 시작할 수 있다. 또한 많은 정보가 축적되어 있는 농업기술센터나 연구기관과의 원만한 관계는 필요한 정보와 문제 해결을 위한 방법을 찾아내는 데 도움이 된다. 세 번째는 **선도 농업인 멘토의 유무**이다. 아무래도 처음 가는 길은 시행착오가 많을 수밖에 없으며 그만큼 성공하는 데 오랜 시간이 소요된다. 하지만 내가 가고자 하는 길을 먼저 달려가 본 사람을 멘토로 삼아 배우기를 즐긴다면 그 길에서 성공하기 위해 필요한 시행착오와 시간을 엄청나게 줄일 수 있다. 농업인이 키우는 작물로 유기농업을 성공한 사람이 있다면 거리와 상관없이 멘토로 삼고 조언과 가르침을 청할 수 있어야 한다.

재정 환경

생활을 영위해갈 수 있는 최소한의 경제활동을 할 수 없다면 어떤 종류의 사람도 거기에서 버티지 못하는 것이 인간사회이다. 내가 먹고, 가족이 입고 잘 수 있는 최소한의 재정적 건전성이 유기농업을 성공시키는 데 중요한 요소가 된다.

첫째는 **충분한 면적의 자가 농지** 소유이다. 땅 만들기는 유기농업의 근간이다. 토양이 준비되지 않고서는 결코 유기농업에 성공할 수 없고, 땅 만들기는 상당한 시간이 필요하다. 하지만 농업인은 언제 경작을 그만두어야 할지 모르는 임차농지에 그만한 투자를 할 수가 없다. 장기임대라고 해봐야 10년 남짓이며 유기농업으로 자리를 잡고 얼마 안 되어 다른 땅을 알아보아야 할 경우가 생긴다. 애써 가꿔 놓은 땅을 잃어버릴 때의 상실감은 유기농업을 포기하게 만들기 쉽다. 좋은 인간관계를 바탕으로 임차농지에서도 성공이 가능할 수 있으나 일반적으로 자가 농지가 훨씬 유리함을 부인할 수는 없다.

두 번째는 **최소한의 재정 건전성**이다. 유기농업이 아무리 좋아도 가족의 생활이 곤궁하다면 포기할 수밖에 없다. 유기농업을 성공하기까지 걸리는 시간 동안 버틸 수 있는 최소한의 자산이나, 유기농업 외에 소득유지 방안이 있다면 유기농업을 실천하고 성공할 때까지 유지하는 데 상당한 이점으로 작용한다.

세 번째는 **재해보험 대상작물 여부**이다. 자가 농지와 기초적인 재정 건전성을 갖추었더라도 뜻밖의 자연재해는 큰 위험요소가 된다. 정부에서 정책적으로 시행하는 농업재해 보험에 가입할 수 있는 작물로 유기농업을 도전한다면 자연재해 한 번으로 오랫동안 공들인 유기농업을 포기하지 않아도 될 것이다.

3. 지식기술

이제 농업인은 마음도 준비되었고 주변 환경도 갖추었다. 다음으로 유기농업을 하고자 하는 농업인 자신의 능력이 준비가 되어 있는지 냉정하게 따져보아야 한다. 아무리 하고 싶고 주변에서 밀어준다 해도 자신에게 그것을 수행해나갈 능력이 없으면 아직은 몸을 낮추고 필요한 것을 배우고 익혀 미래를 준비해야만 한다.

토양 관리

앞에서도 언급했듯이 관행이든, 유기농업이든 농업의 근간은 바로 토양에 있다. 땅이 척박하고 관리가 되지 않았다면 이를 해결하는 데 우선순위를 두는 것이 옳다. 더더구나 유기농업은 화학비료와 농약을 사용하지 않는 만큼 작물을 보다 더 튼튼하게 키워야 한다. 그 방법은 오로지 토양에 있다. 유기농업의 방식으로 토양을 관리하는 기술들은 이미 많이 나와 있다. 문제는 그 기술들을 유기농업을 하고자 하는 농업인이 배우고 익혀 현재 활용하고 있는가 하는 문제이다.

작물 관리

유기농업은 어렵다. 이것은 농업인과 농촌지도사 대부분이 인정한다. 따라서 유기농업을 시작하기 전에 미리 준비해야 할 것들이 많다. 그중에 첫 번째가 토양이라면 두 번째는 작물 그 자체이다. 농업인이 주로 재배하려는 작목에 대해 아는 것과 알고자 하는 마음은 매우 중요하다. 처음에는 모르고 시작할 수는 있지만, 공부하고 터득해가며 그 작물에 대한 전문가가 되어야 유기농업에 성공할 수 있다. 그렇기 때문에 귀농인이든 기존 관행농업인이든 전환하고자 하는 작물을 사전에 미리 알고 시작한다면 그만큼 유기농업을 성공하는 데 유리하다.

작물에 대한 공부는 크게 두 가지로 나눌 수 있다. 첫째, **작물 그 자**

체이다. 작물의 재배력, 생태 특성, 좋아하는 양분, 잘 생기는 병해충, 그 병해충들이 싫어하는 것, 물을 좋아하는지 여부, 도움이 되는 곤충의 종류 등등 작물과 관련된 모든 것에 익숙해져야 한다. 작물을 진단하고 문제가 드러나면 자연스럽게 유기농업적인 대안을 찾아낼 수 있게 된다. 언뜻 보기엔 어렵다고 생각되는 지식이지만 작물에 관심을 가지고 매일같이 관찰하며 몇 번의 영농을 경험하면 자연스레 알게 될 지식들이다. 다만 필요한 것은 작물에 대한 사랑과 관심, 관찰 그리고 기록이다.

두 번째는 **유기농업을 실천할 때 필요한 작물의 재배 정보**이다. 이를 위해서는 본격적으로 유기농업에 뛰어들기 전에 여러 가지 경험을 해보는 것이 매우 유리하다. 먼저 대한민국의 친환경농업 제도에 있는 GAP, 저농약, 무농약농업 등 **유사 방식을 먼저 시도**해 봄으로써, 유기농업으로 전환할 때 농업인이 무엇을 해야 하는가, 무엇이 부족한지 보다 구체적으로 판단할 수 있다. 그다음은 무수한 책자에서 수없이 강조되어 왔던 **답전윤환, 윤작, 간작, 혼작, 교호작 등을 경험**해 보는 것이다. 다양한 유기농업 방식의 재배기술을 경험해봄으로써 농업인 자신의 농장에 적용할 농법을 스스로 찾아낼 수 있을 것이다.

유기농자재

이러한 경험적인 측면은 단순히 작물의 재배농법뿐만이 아니다. 유기농업을 실천할 때 필요한 작물의 재배정보를 보다 구체적으로 얻기 위해서는 앞으로 **유기농업에서 활용할 유기농자재를 스스로 만들어** 보아야 한다. 유기농자재 자가 제조 방법은 다양한 방식으로 공개되었고 약간의 노력만 있으면 만드는 과정 자체를 배울 수도 있다. 그다음은 직접 만든 유기농자재를 활용하는 기술을 숙련시켜 자기 농장만의 독창적인 방법도 고안할 수 있을 것이다. 유기농업을 시작하기 전에 이러한 과정을 미리 경험해 두면 많은 시간을 절약할 수 있다.

교육과 정보

위와 같은 일은 단순히 하겠다는 마음을 먹는다고 수행할 수 있는 것이 아니다. 먼저 제대로 알기 위한 노력이 전제되어야 한다. 작물과 유기농자재 그리고 유기농업에 대한 지식과 기술을 습득하는 데에는 여러 가지 방법이 있다. 첫 번째는 **농촌진흥기관의 활용**이다. 각 지역 농업기술센터는 농업인을 위한 여러 가지 교육 프로그램을 제공한다. 농업기술원과 농촌진흥청에는 작물별로 전문가들이 포진되어 있다. 혼자 단순히 농사만 반복해서는 알 수 없는 것들에 대한 정보를 구할 수 있는 방법이다. 두 번째는 **선도 농업인 또는 작목반을 통한 경험의 습득**이다. 농촌진흥기관은 과학적으로나 실험적으로 일반화되지 않은 부분에 대해 언급하기를 꺼려한다. 기존 작물 체계에 대해 배울 때는 유리하지만, 미래농업의 선두에 있는 유기농업을 하는 데 부족함이 많다. 그래서 먼저 경험한 선배 농업인의 도움을 구하는 것이 현명하다. 성공하고 싶은 의지가 있다면 먼저 성공한 사례를 찾아 성공 포인트를 파악하려는 노력이 필수적이다. 세 번째는 **통신망의 활용**이다. 현대 사회를 일컬어 정보화시대라고 하는 말은 이미 식상한 표현이 되었다. 인터넷과 소셜네트워크는 일상화된 현상이며 지식기술의 습득에서도 이를 활용해야만 한다. 직접 발로 뛰어서 다니는 것이 가장 좋은 방법이지만 넓은 지식을 얻기에는 제한적이다. 인터넷에는 성공한 농장의 홈페이지도 있으며, 전문가들의 지식도 널려 있다. 스스로 연구하고 실험하는 데 필요한 중요한 지식들은 온라인상에서 구할 수 있다. 그러나 검증되지 않은 마구잡이식 경험이 사실인 듯 퍼져 피해를 보는 경우도 많으니 유의해야 한다. 자신의 농장에 꼭 적용해보고 싶은 기술이나 방법은 미리 전문가와 상의하여 피해를 막아야 한다.

체계적 관리

사람의 뇌세포는 매일같이 죽어나간다. 기억을 저장하는 세포들도 매일 죽어 나간다. 혹은 잠을 잔다. 죽어나간 세포에 있던 기억은 사라지며, 잠자는 세포에 있는 기억들은 다시 떠올리기가 매우 어렵다. 아무리 노력해도 그 성과를 기록으로 남기고 체계적으로 관리하지 않으면 한계가 있다. 역사에서 성공한 위인들 중 기록과 메모를 게을리한 사람은 거의 없다. 농사에서도 마찬가지이다. 작물을 한번 키워내고 수확하고 판매하는 순환주기는 1년이 보통이다. 같은 경험을 1년에 한 번밖에 못하는 것이다. 잘 사용하지 않는 기억세포의 생명은 1년도 길다. 기록하지 않으면 잊어버린다. 일 년의 경험을 고스란히 잃어버리고 싶지 않으면 작물의 영농과정을 기록해 두어야 한다.

이런 이유 때문에 대한민국의 친환경농업 제도에서는 영농일지를 작성토록 한다. 농업, 특히 유기농업을 성공하기 위해서는 반드시 **지식기술을 체계적으로 작성·관리** 하여야 하며, 여기에는 농업인이 공부한 내용과 경험하고 노력해온 모든 것들이 담겨야 한다. 지식기술의 정리는 세부적인 영농기술 및 경영분석에 필요한 정보도 포함되어야 한다.

지식과 정보를 작성하고 정리하는 방법으로 영농일지, 작물재배달력, 메모 등이 있다. 이 중 각 농가에 맞는 방법을 찾아 실천해야 한다. 특히 영농일지는 유기농업 인증을 받을 때도 필요하므로, 영농일지를 중심으로 지식과 기술을 기록 관리하는 것이 유용하다.

4. 경영전략

이제 농업인은 마인드가 확실하고 주변 환경의 조건도 갖추었으며 지식과 기술도 충분하여 유기농산물을 생산해낼 수 있다. 품질도 좋다고 자부하며 생산량도 관행에 비해 부족하지 않다. 하지만 유기농산물이란 이름으로 제대로 팔 수 없다면 그동안 실천해온 유기농업의 의미가 없어진다. 상품이 가치를 인정받지 못하면 그동안의 모든 과정이 인정받지 못하는 것과 다를 바 없다.

유기농산물을 생산하고 팔기 위해서는 전략이 필요하다. 그리고 그 전략은 작물을 선택하는 것부터 시작된다. 꾸준히 작성해온 영농일지의 활용은 전략을 세우는 데 좋은 밑거름이다. 작물의 선택에서 판매 방식까지 모든 과정이 계획안에서 움직여야 한다. 이러한 **중장기적 종합계획을 수립**하는 것이 유기농업 경영전략의 핵심이다. 그리고 이 계획안에는 여러 가지 전략이 수반되어야 한다.

차별화 및 홍보

첫 번째는 **차별화 전략**이다. 유기농산물은 관행농산물과 차별화가 되지 않으면 가치를 잃게 된다. 그리고 타 농장의 농산물과 차별화될 만큼 특성을 만들어내면 엄청난 이점을 얻게 된다. 차별화 전략에는 출하시기의 조절, 가치부여의 방법, 스토리텔링, 장점의 부각, 품질의 최고급화 등 많은 방법이 있다. 이 중 자신과 가장 잘 맞는 방법을 찾아 내야 한다.

차별화에 성공했다고 끝이 아니다. 내 상품이 이렇게 다르고, 이렇게 좋다는 사실을 소비자들에게 널리 알릴 방법이 필요하다. 명함, 홍보물, 인터넷, SNS 같은 기본적인 것부터 체험농장, 농장 또는 작물의 이슈화 (방송) 등 여러 가지 방법이 있으며 역시 자신에게 맞는 방법을 찾아내 는 과정이 필요하다. 단순히 소비자만을 대상으로 홍보하는 것이 아니 라 지역 농협, 유통업체, 농업기술센터 등에 적극적으로 재배자의 열정 과 상품을 홍보할 필요가 있다. 자주 찾아와 상담하고, 농산물을 홍보 하는 농업인에게 더 큰 관심이 갈 수밖에 없다.

고객 관리

두 번째는 **고객 관리 전략**이다. 기존 고객의 유지와 신규 고객의 확 보 방안이 여기에 속한다. 기존 고객의 유지를 위해서는 신뢰 형성과 원만한 관계 유지를 위한 많은 노력들이 필요하다. 꾸준한 홈페이지 및 SNS 업데이트는 물론 고객에게 감동과 가치를 부여하려는 노력이 필요 하다. 신규 고객의 유치는 기존 고객을 통하는 것이 가장 좋은 방법이 나 범위적인 한계가 있으므로 홍보 전략이나 유통망의 형성과 연계하 여 종합적으로 접근해야 한다.

고객은 단지 소비자만을 뜻하지 않는다. 직거래를 하는 농가도 있지 만 유통법인이나 한살림 등 생협에 납품하는 경우가 더 많다. 이때 고 객은 유통법인이나 한살림 등이 될 것이다. 자신이 납품하는 친환경

농산물 유통법인이 추구하는 가치는 무엇이며, 생산자에게 요구하는 것이 무엇인지 알고 민첩하게 대처해야 한다. 소비자 초청 행사를 원하거나 생산물에 대한 스토리텔링을 요구할 수도 있다. 이를 귀찮아하지 말고 홍보기회로 삼아야 한다.

유통망 구축

세 번째는 **다양한 유통망 구축 전략**이다. 유기농산물의 유통방법에는 고객과의 1대1 판매, 인터넷 판매, 꾸러미 판매 등 개인적인 방식과 생협, 한살림 같은 소비자 단체와 영농조합법인 등 생산자 단체를 이용하는 공동체적 방식이 있다. 이러한 유통방법을 선택하고 적용하기에 얼마나 유리한지는 곧 농가가 생산한 유기농산물의 판매 여부와 직결된다. **농장 주변의 유통 인프라**는 농가에 큰 도움이 된다. 농장의 인근에 유기농산물에 대한 물류센터, 직판장, 생협 등이 있으며, 도로나 철도 등 교통망의 접근성이 뛰어나다면 생산한 유기농산물을 판매하는 데 걱정을 덜게 된다. 유기농산물의 **유통망은 가능한 한 다양한 루트**를 가지고 있는 것이 유리하다. 개인고객의 관리도 중요하고 기존 유기농관련 단체를 이용한 판매장 출하도 중요하다.

상품화

다섯 번째는 **상품화 전략**이다. 유기농산물을 상품화하고 가치를 부여하기 위해서는 먼저 이를 사주는 소비자나 단체에 대해 파악해야만 한다. 고객이 동의하지 않는 가치는 없는 것과 마찬가지이기 때문이다. 따라서 유기농산물의 주된 판매루트인 한살림, 생협, 풀무원, 초록마을 등 **주요단체에 대한 정보**를 가지고 있는 것은 필수 요소이다. 그들이 어떠한 제품을 원하고 어떻게 교섭해야 하며 자신과 맞는 판매루트는 어떤 것인지 알아야만 하기 때문이다. 또한 선택한 **작목의 저장성**에 대해서도 미리 판단해야 한다. 보관이 용이하고 오래 저장할 수 있다면 출하시기의 조절이나 판매가능기간의 연장으로 상품의 가치부여는 물론 경영전략의 다양화를 꾀할 수 있다.

더불어 **작물의 가공 및 다양한 상품화 가능성**도 중요하다. 단순히 농산물에 유기농이란 이유 하나만으로 높은 가치를 부여하는 것은 현재의 소비 형태로 보면 한계가 있다. 하지만 다양한 가공을 통한 상품화가 가능하다면 농가는 단순한 농산물이 아닌 스토리텔링을 통해 고객이 원하는 가치를 제공할 수 있게 된다. 많은 유기농가가 주스, 잼, 청국장 등과 같은 가공상품을 개발하여 소득을 높이는 데 성공했다.

5. 유기농전환 진단분석표

지금까지 설명한 유기농업 성공 조건과 아울러 유기농으로 전환하고자 하는 농업인의 현황을 진단·분석 하고 처방할 수 있는 '유기농전환 진단분석표'를 고안했다. 이 표가 유기농전환이 목표인 농업인뿐만 아니라 기존 농업인과 농촌지도사가 다양한 방법으로 활용할 수 있는 좋은 도구(tool)가 되기를 바란다.

유기농전환 진단분석표

분석 항목	세부 항목	배점	점수
1. 유기농 정신	총점	100	
	1-1. 유기농업에 대한 이해도	15	
	1-2. 유기농업에 대한 신뢰도	15	
	1-3. 유기농업에 대한 비전(의식)	15	
	1-4. 유기농업에 대한 호감도	15	
	1-5. 주변인과의 친화력	10	
	1-6. 도전정신과 실험정신	10	
	1-7. 인내심과 강단력	10	
	1-8. 타인에 대한 배려(책임감)	10	
2. 환경	총점	100	
	2-1. 토양환경	15	
	2-2. 수원 확보	10	
	2-3. 오염원과의 격리	10	
	2-4. 기후의 적정성	10	
	2-5. 농업재해와 병해충 발생정도	10	
	2-6. 가족의 신뢰	10	
	2-7. 공공기관과의 관계	5	
	2-8. 선도 농업인과의 관계	5	
	2-9. 자가농지 소유	10	
	2-10. 최소한의 재정건전성	10	
	2-11. 재해보험 대상 여부	5	
3. 지식기술	총점	100	
	3-1. 체계적인 토양관리	10	
	3-2. 녹비작물	10	
	3-3. 작물에 대한 이해와 숙련도	10	
	3-4. 유사 유기농업에 대한 지식과 경험	10	
	3-5. 유기농에 유리한 작부체계에 대한 지식과 경험	10	
	3-6. 유기농자재에 대한 지식과 자가제조 경험	10	
	3-7. 농촌진흥기관의 활용	10	
	3-8. 선도 농업인의 활용	10	
	3-9. 정보통신망 활용	10	
	3-10. 지식기술의 체계적인 기록 및 관리	10	
4. 경영전략	총점	100	
	4-1. 차별화 및 홍보	25	
	4-2. 고객관리	25	
	4-3. 다양한 유통망구축	25	
	4-4. 상품화	25	

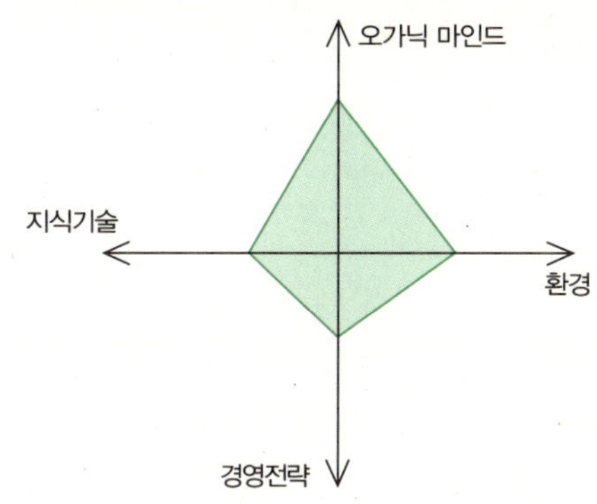

분석결과 처방

1. 종합의견

2. 세부항목별 처방

분석항목	세부항목	담당자 의견

유기농전환 진단분석표를 작성하는 과정은 크게 자가진단 혹은 사전조사, 항목별 점수 부여, 진단결과 분석의 세 가지 단계로 나뉜다. 다음은 각 단계별 주요사항에 대해 말해보고자 한다.

자가진단 혹은 사전조사

유기농전환 진단분석표를 작성하기 위해서는 각 항목별 수준을 판단할 근거가 필요하다. 그러므로 진단분석표의 각 항목에 대한 자가진단 혹은 농촌지도사의 사전조사가 필요하다. 사전조사 방법으로는 다음 장에 소개될 농가사례조사표를 이용한 농가 인터뷰, 농장 맵핑(mapping) 등 가능한 한 모든 방법을 동원해야 한다. **농가사례조사**는 농장의 역사, 농장주의 마인드, 숨어 있는 사정 등을 깊이 있는 대화로 끌어낼 수가 있다. 또한 **농장 맵핑**은 단순히 지리를 그리는 것이 아니라 인간관계, 주변 환경, 재무구조 등을 종합적으로 그려봄으로써 농장의 정보를 객관적으로 도출해낼 수 있다. 이외에도 가능한 한 다양한 방법을 이용해 각 항목별 점수 부여를 주의 깊게 실행해야 한다.

항목별 점수 부여

유기농전환 진단분석표는 4대 기본항목과 26개의 세부항목으로 구성되었으며, 각 4대 기본항목의 총점은 100점을 만점으로 하였다. 4대 기본항목의 최종 총점은 다이아몬도 도표를 그리는 점수가 될 것이며 이를 이용해 농가의 장단점을 파악하고 미래를 설계하게 될 것이다. 세부항목의 성격상 명확한 점수기준은 설정이 불가하다. 다만 여러 가지 판단기준을 이용해 농촌지도사나 농가가 직접 점수를 부여해야만 한다. 아래는 점수 부여의 판단 기준을 설명하고 있다.

1.유기농 정신 (Organic mind)

1-1. 유기농업에 대한 이해도

유기농의 개념, 의의, 목표에 대한 생각, IFOAM 4대 원칙에 대한 지식 및 의견, 생물 다양성, 자원순환, 생태계 유지 및 소비자와 농업인 스스로의 안전성, 유기농업의 경제적 현실에 대한 직시 등의 정보가 기준.

1-2. 유기농업에 대한 신뢰도

유기농업으로 농업이 가능한지, 관행만큼 혹은 그 이상의 품질과 수량을 능가할 수 있는지, 유기농업이 생태계와 생물 다양성에 도움이 되는지, 유기농업이 소비자와 자신의 안전에 유리한지 등에 대한 믿음이 기준.

1-3. 유기농업에 대한 비전의식

유기농업으로 성공할 수 있다는 믿음, 목표의식, 유기농업 실천의 준비자세, 성공의 방향에 대한 믿음, 목표를 향한 추진력과 결단력이 기준.

1-4. 유기농업에 대한 호감도

유기농업을 실천할 때 행복하거나 즐거운지, 유기농업을 운명이라고 느끼는지, 유기농업이 재밌는지, 유기농업으로 키운 작물을 보면 흐뭇한지 등이 기준.

1-5. 주변인과의 친화력

얼마나 쉽게 친해지는지, 말을 주도적으로 하면서도 신뢰 있게 하는지, 자신의 주장을 설득력 있게 설명하는지, 현재 주변인과의 인간관계는 어떤지, 집안은 화목한지, 가족의 지지를 받고 있는지 등이 기준.

1-6. 도전정신과 실험정신

생소하고 어려운 일이 닥쳤을 때의 태도, 문제를 해결해가는 방식, 결정하기 애매한 상황이 발생했을 때 스스로를 믿고 추진하는 결단력, 문제 해결을 위해 이것저것 공부하고 시험해보는 탐구력, 특히 유기농업을 실천할 때 새로운 농법이나 농자재, 품종을 확인하기 위해 시험포장을 운영하는지 등이 기준.

1-7. 인내심과 추진력

주변의 질시와 현실의 어려움을 참아내는 인내력, 한 번 믿고 마음을 주는 대상은 끝까지 믿고 추진하는 굳은 마음, 특히 유기농업을 실천하는 데 발생하는 경제적 어려움이나 인간관계적 스트레스를 감수하면서도 끝까지 유기농업을 성공하겠다는 결심 등이 기준.

1-8. 타인에 대한 배려와 책임감

소비자의 안전, 자손의 건강 등을 생각하는 양심과 배려심, 남을 위한 양보와 주변인의 상황을 고려하는 마음 등이 기준.

2. 환경

2-1. 토양환경

정기적인 토양 분석과 시비 처방을 활용하고 있는지, 녹비작물을 활용해 왔는지, 토양의 비옥도, 유기물함량, 기타 화학성은 적정한지, 토양의 물리성은 건전한지, 토양의 물빠짐은 적당한지, 토양미생물의 활성은 충분한지, 각종 토양환경 개선용 유기농자재를 이용해 왔는지 등이 기준.

2-2. 수원 확보

독립되어 있는 깨끗한 용수를 확보할 수 있는지, 공동으로 사용하더라도 유기농업에 적합한 용수를 확보할 수 있는지가 기준.

2-3. 오염원과의 격리

주변에 관행농장이 있는지, 있으면 격리 거리는 얼마나 되는지, 주변에 광산이나 공장 등 오염원이 있는지, 있다면 그 거리는 얼마나 되는지, 실제로 얼마나 영향을 미치는지, 주변 관행농지나 오염원과의 사이에 완충지역이 있는지 등이 기준.

2-4. 기후의 적정성

유기농으로 전환하고자 하는 주작목에 지역의 기후가 적정한지, 온도, 습도, 비 오는 시기, 연간 강수량과 일조시수, 밤낮 온도차 등이 적합한지, 농장의 고도가 작물재배에 적합한지 등이 기준.

2-5. 농업재해와 병해충의 발생정도

작물의 중요 병해충이 얼마나 자주 그리고 심하게 발생하는지, 상습 침수지역인지, 산사태, 태풍경로 등에 영향을 받지 않는지, 온도 변화가 심해 저온피해가 우려되는 곳인지, 가뭄피해가 우려되는 지역인지, 홍수가 우려되는 지역인지 등이 기준.

2-6. 가족의 신뢰

가족 구성원이 유기농업을 믿고 지지하는지, 유기농업을 같이 좋아하는지, 최소한 반대는 하지 않는지 등이 기준.

2-7. 공공기관과의 관계

지역의 공공기관에 친환경농업을 적극 지원하는지, 공공기관의 담당자나 전문가와 소통이 가능한지, 공공기관에 문제점을 문의하고 해결책을 얻을 수 있는지, 공공기관의 정보와 지식기술을 쉽게 받아볼 수 있는지 등이 기준.

2-8. 선도 농업인과의 관계

주변에 같은 작목으로 유기농업을 성공한 선도농업인이 있는지, 혹은 다른 작목이라 하더라도 유기농업으로 성공한 농업인이 있는지, 그런 선도 농업인 중 유기농업에 대해 자세히 물어볼 수 있는 멘토가 있는지, 쉽게 문제점을 물어보고 대답을 구할 수 있는 친분관계가 형성되어 있는지 등이 기준.

2-9. 자가 농지 소유

유기농업을 실천하고자 하는 농지가 자가 농지이며 그 면적으로 충분한 소득을 올릴 수 있는지, 임차 농지일지라도 장기임대계약을 체결하여 10년 이상 지속적인 영농을 실현할 수 있는지, 임차 농지일지라도 농어촌기반공사에서 임차한 농지로 20년 이상 장기 경작이 가능한지 등이 기준.

2-10. 최소한의 재정 건전성

기존 축적한 자산이 유기농업을 성공하기까지 견딜 수 있을 만큼 충분한지(3~5년), 유기농업 이외 기초생활을 유지할 만큼의 소득을 올릴 수 있는 방안이 있는지 등이 기준.

2-11. 재해보험 대상여부

유기농업을 실천하고자 하는 작목이 농업재해보험 대상인지가 기준.

3. 지식기술

3-1. 체계적인 토양관리

정기적인 토양분석과 시비처방을 활용하고 있는지, 토양시비처방서를 분석할 수 있으며 결과에 따라 양분관리를 할 줄 아는지, 토양의 개선을 위한 유기농 방식의 정보와 기술이 있는지(녹비, 미생물 등), 토양의 물리적 특성에 따른 적절한 조치를 아는지(배수 시설, 경사지는 경지 정리 또는 양분유실 방지대책 등) 등이 기준.

3-2. 녹비작물

녹비작물의 의미와 활용법(두과, 화본과)에 대해 알고 있는지, 녹비작물 재배에 성공하여 토양의 변화를 느낀 적이 있는지 등이 기준.

3-3. 작물에 대한 이해와 숙련도

작물의 재배력, 생태특성, 좋아하는 양분특성, 잘 생기는 병해충과 그 예방 및 방제 방법, 물 관리 특성, 유익한 곤충 생태 등 작물재배에 필요한 전반적인 정보와 지식이 경험으로 숙련되어 있는지, 그래서 기존 관행농법으로 이미 고품질의 농산물을 생산하고 유기농업에 적용할 수 있는 자신만의 노하우가 있는지, 귀농인일 경우 다양한 정보 수집과 교육을 통해 작물과 농업에 대한 이해를 얼마나 가지고 있는지 등이 기준.

3-4. 유사 유기농업에 대한 지식과 경험

소면적이라 할지라도 무농약, 저농약, GAP 등 유기농업과 유사한 친환경방식의 기술을 적용하여 작물을 재배한 경험이 있는지, 그 경험과 지식 중 유기농업에 적용할 수 있는 정보를 판단할 수 있는지 등이 기준.

3-5. 유기농에 유리한 작부체계에 대한 지식과 경험

답전윤환, 윤작, 혼작, 간작, 교호작 등 유기농업에 유리한 작부체계로 작물을 재배한 경험이 있는지, 혹은 재배지식이나 기술을 가지고 있는지, 윤작 등이 연작피해 및 병해충 경감에 긍정적인 효과를 본 경험이 있는지, 윤작 등의 효과가 가장 우수한 작물의 그룹과 재배기술을 아는지 등이 기준.

3-6. 유기농자재에 대한 지식과 자가 제조 경험

농장 주변에서 얻을 수 있는 식물 및 자재로 퇴비, 천연액비, 병해충 관리 자재 등을 직접 만들고 활용하는 지식과 기술을 알고 있으며 실제 적용한 경험이 있는지, 특히 자가 농자재를 제조하거나 활용할 때 자원순환의 개념을 알고 도입할 수 있는지, 자신의 농장에 맞는 유기농자재를 찾기 위해 시험 및 연구를 진행할 수 있는지 등이 기준.

3-7. 농촌진흥기관의 활용

농업기술센터의 작목별 친환경교육, 농업인대학, 농촌진흥청의 사이버교육 같은 공공기관의 체계적인 교육을 지속적·적극적으로 참여하였는지, 농업기술센터, 농업기술원, 농촌진흥청 등의 농촌진흥기관에 자신이 재배하는 작물의 전문가를 이용하여 지식과 기술을 수집하는지 등이 기준.

3-8. 선도농업인의 활용

작물의 선도농업인과 지식 및 기술교류를 하는지, 선도 농장을 방문하여 성공 포인트를 찾고자 하는지, 성공한 농장과 자신의 농장을 비교·분석 하여 개선점을 파악하는지, 선도농업인으로부터 배운 새로운 지식기술을 적용해보는지 등이 기준.

3-9. 정보통신망의 활용

인터넷 홈페이지, 각종 관련기관의 사이트, SNS 등을 활용하여 정보 수집에 적극적으로 행동하는지, 그리고 통신망을 통해 얻은 지식기술을 자신의 농장에 시험 적용해보는지 등이 기준.

3-10. 지식기술의 체계적인 기록 및 관리

자신의 노하우, 새롭게 얻은 지식 등을 기록해 두는지, 메모 등 약식으로 기록한 것을 묶어 영농일지에 체계적으로 정리하는지, 영농일지 작성을 통해 작물의 재배정보, 농장의 재무상황 등을 일목요연하게 확인할 수 있는지, 혹은 작물재배달력을 작성하고 이용하는지, 메모를 일상화하는지, 사진과 기록을 통해 정보를 항상 축적하는지 등이 기준.

4. 경영전략

4-1. 차별화 및 홍보

농장의 단기 및 중장기 계획을 수립하였는지, 차별화 전략을 결정하였는지, 작물의 특성을 고려했을 때 선택한 차별화 전략이 적합한지, 차별화 전략을 수립할 때 출하시기, 가치부여, 스토리텔링, 장점의 부각, 품질의 우수성 등을 종합적으로 고려했는지가 기준.

홍보 전략을 수립했는지, 홍보 방향을 결정했는지, 농장의 현실에 맞는 홍보 수단을 찾아냈는지, 명함, 전단지, 인터넷, SNS 등 기존의 홍보 방식을 위한 전략이 있는지, 농장의 특성에 맞는 홍보방법을 이용하는데 적극적으로 행동하는지, 기타 자신만의 독특한 홍보 전략을 가지고 있으며 실천에 옮기고 있는지 등이 기준.

4-2. 고객관리

기존 고객의 유지를 위한 신뢰형성과 관계유지를 위한 전략이 있는지, 그리고 그 전략을 현재 실천하고 있는지, 현재 실천하고 있는 방법이 효과적인지, 현재 사용하는 방법은 어떤 것들인지, 기존 고객들에게 농장의 정보를 끊임없이 제공하고 있는지, 고객에게 감동과 가치를 부여하려는 노력을 하고 있는지, 유통계통 출하시 중도매인 등과의 관계를 원만하게 유지하는지, 상품에 대한 신뢰를 받고 있는지, 신규고객유치를 위한 전략이 있으며 실천하고 있는지, 다양한 판매루트를 확보하기 위한 활동을 하고 있는지, 인터넷 홈페이지나 동영상 등을 이용하여 꾸준한 홍보를 하고 있는지 등이 기준.

4-3. 다양한 유통망구축

현재 농산물을 거래하는 유통루트가 몇 개인지, 농장 주변 유통 인프라는 충분한지, 기존 유기농업인과의 거래가 많아 한살림, 생협 등 유기농전문 유통단체와 쉽게 접촉할 수 있는지, 주변에 유기농 물류센터, 생협, 직판장 등이 있는지, 도로·철도 등 교통망이 우수하여 대도시와의 접근성이 뛰어난지, 지속적인 개인고객 관리를 하고 있는지, 주변 유기농가와 연계가 잘되어 있고 도시에 기초 인맥이 있어 회원제 유통을 시행하기에 적합한 조건인지, 지역의 이미지와 브랜드가 친환경에 유리한지, 재배하는 작목 지역의 특산물인지, 농가의 브랜드와 이미지를 정착되고 소비자들에 좋은 평가를 받고 있는지 등이 기준.

4-4. 상품화

유기농산물 판매를 위한 주요 단체의 정보를 가지고 있는지, 주변에 같은 작목의 동료 농업인들이 영농조합 등 생산자 단체를 만들기에 유리한지, 생산자 단체가 이미 활성화되어 농산물의 상품화나 가격 협상 등을 유리하게 할 수 있는지, 선택한 작물이 저장특성이 어떤지, 저장특성에 따른 상품화 전략이 있는지, 보관 및 저장 기간이 유리한지, 선택한 작물이 가공이 가능한지, 가공물은 소비자들이 원하는 상품화에 유리한지, 소포장, 꾸러미 등 다양한 상품화 전략이 있는지, 가공시설이 있는지 혹은 앞으로 설치할 수 있는지, 생산한 상품에 대한 가치부여 전략이 있는지 등이 기준.

진단결과 분석

유기농전환 4대 기본항목의 배점이 완료되었다면 '유기농전환 진단분석표' 뒷면의 진단분석결과를 작성해야 한다. 본 책에서는 진단분석의 방법으로 다이아몬드 도표를 선택했다. 각 항목 점수의 위치를 결정하고 선을 이어주면 4대 기본항목에 대한 전체적인 경향을 볼 수 있다.

예)오가닉마인드

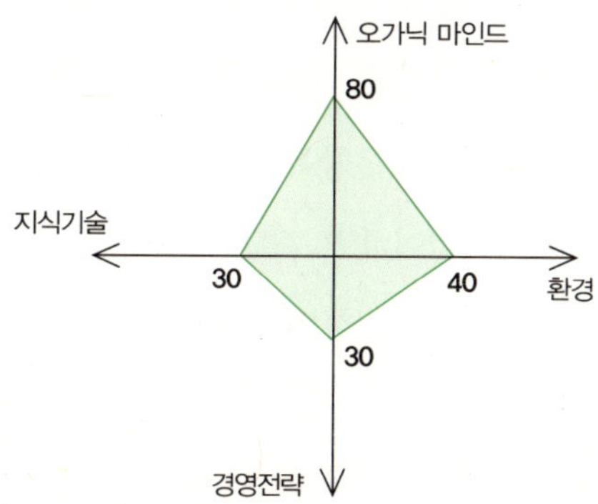

위의 도표는 임의의 배점결과를 도표화한 것이다. 도표에 따르면 해당농가는 유기농업에 대한 이해와 신뢰 등 마인드는 확고하나 아직 환경과 지식기술, 경영전략이 미비하여 바로 유기농업을 도입할 수 없는

단계이다. 유기농업으로 전환하기 위해서는 교육을 통한 지식기술의 습득과 종합적인 계획수립을 통한 경영전략의 완성, 주변 환경의 개선이 선결 조건이 된다. 자가진단이라면 이 진단결과를 들고, 지역 농업기술센터에 들러 친환경농업담당 농촌지도사와 상의해보자. 유기농업 선도농가를 멘토로 두고 있다면 멘토와 상의해도 좋을 것이다.

농촌지도사는 도표를 통한 종합의견의 작성을 신중하고 명확하게 제공해야 하며, 더불어 종합의견에서 놓칠 수 있는 세부항목에 대한 구체적인 의견 및 대안을 제시해야 한다. 특히 25개의 세부항목은 문항의 특성에 따라 유기농업의 필수조건과 충분조건으로 나눌 수 있다. 필수조건은 해당 조건을 충족하지 못하면 유기농업 도입자체를 유보해야 하는 항목이며, 충분조건은 충족하지 못해도 유기농업을 도입할 수는 있으나 유기농업을 성공하는 데 결정적인 영향을 미치는 항목들이다. 따라서 기본 4대 항목의 총점이 70점 이상으로 높다고 해도 기본항목에 속해 있는 세부항목의 특성에 따른 지도를 세부항목별 처방에 포함하여야 한다. 예를 들어 4대 기본항목 중 환경의 총점이 80점이라 해도 2-1항목인 '토양 환경'이 0점이라면 해당 필지는 토양이 준비되는 기간 동안 유기농업 도입을 연기해야 하며, 농가지도 방향은 토양관리에 중점을 두어야 한다.

실제 농가를 대상으로 작성한 유기농전환 진단분석표의 예

농가명	조○○	주작물	수박	주소	경남 하동군 남산리		
분석 항목	**세부 항목**					**배점**	**점수**
1. 유기농 정신	총점					100	89
	1-1. 유기농업에 대한 이해도					15	13
	1-2. 유기농업에 대한 신뢰도					15	15
	1-3. 유기농업에 대한 비전(의식)					15	15
	1-4. 유기농업에 대한 호감도					15	15
	1-5. 주변인과의 친화력					10	5
	1-6. 도전정신과 실험정신					10	10
	1-7. 인내심과 강단력					10	8
	1-8. 타인에 대한 배려(책임감)					10	8
2. 환경	총점					100	80
	2-1. 토양환경					15	13
	2-2. 수원 확보					10	8
	2-3. 오염원과의 격리					10	8
	2-4. 기후의 적정성					10	5
	2-5. 농업재해와 병해충 발생정도					10	5
	2-6. 가족의 신뢰					10	10
	2-7. 공공기관과의 관계					5	3
	2-8. 선도 농업인과의 관계					5	3
	2-9. 자가농지 소유					10	10
	2-10. 최소한의 재정건전성					10	10
	2-11. 재해보험 대상 여부					5	5
3. 지식기술	총점					100	82
	3-1. 체계적인 토양관리					10	10
	3-2. 녹비작물					10	8
	3-3. 작물에 대한 이해와 숙련도					10	10
	3-4. 유사 유기농업에 대한 지식과 경험					10	10
	3-5. 유기농에 유리한 작부체계에 대한 지식과 경험					10	8
	3-6. 유기농자재에 대한 지식과 자가제조 경험					10	10
	3-7. 농촌진흥기관의 활용					10	5
	3-8. 선도 농업인의 활용					10	5
	3-9. 정보통신망 활용					10	8
	3-10. 지식기술의 체계적인 기록 및 관리					10	8
4. 경영전략	총점					100	65
	4-1. 차별화 및 홍보					25	20
	4-2. 고객관리					25	15
	4-3. 다양한 유통망구축					25	10
	4-4. 상품화					25	15

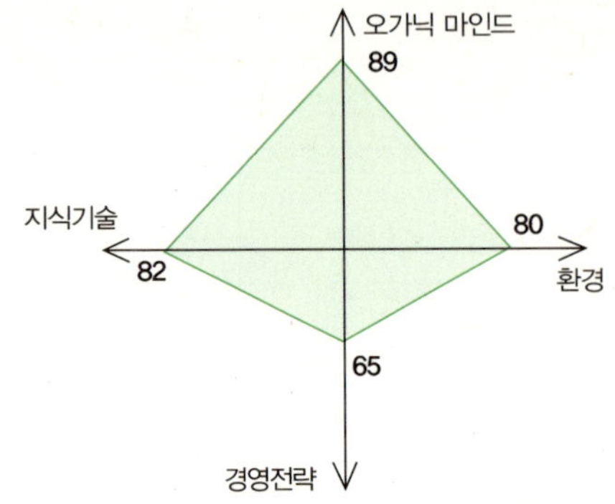

분석결과 처방

---

1. 담당자 종합의견

- 조OO 농가는 유기농업에 대한 이해와 신뢰 및 호감도가 높고, 토양 환경을 비롯한 주변 환경이 우호적이고, 지식기술을 습득하고 실천하는 노력과 경험이 우수함. 반면 경영전략적 측면에서 고객 관리, 유통망 구축 등에 위험요소가 있음.

- 유기농업에 대한 이해와 신념이 높은 만큼 이를 소비자와 깊이 공감할 수 있는 방법이 곧 경쟁력이 될 것임. 소비자와의 소통을 강화하기 위한 방법으로 생산한 상품에 대한 이야기를 글로 써서 동봉하는 등의 인문학적 접근 등이 유효할 것임.

2. 세부항목별 처방

분석항목	세부항목	담당자 의견
2. 환경	2-2. 수원확보	현재 지하수관정으로 독립된 수원을 확보하고 있으나, 향후 지하수 고갈 등의 문제가 대두될 수 있으므로 주변 농업인들을 설득하고 유기농업으로 선도하여 깨끗한 용수의 추가 확보가 필요함
4. 경영전략	4-1. 차별화	• 품질의 차별화는 이루었으나 마케팅 측면의 차별화가 부족함. 상품화와 연계하여 가치의 고급화가 필요함.
	4-2. 홍보	• 전문유통업체와 기존 고객으로 만족하고 있어 판매망이 고착화되고 변화에 둔감할 우려가 있음. 다른 방식의 유통방법을 고려해볼 필요가 있음.
	4-3. 고객관리	
	4-4. 다양한 유통망 구축	• 기존 고객의 관리는 품질의 우수성으로 잘되는 편이나, 기존 고객의 충성도와 신규 고객의 유입을 위한 고객 감동 또는 고객 가치의 부여 등 소비자의 심리를 자극하는 관리 방안이
	4-5. 상품화	필요함.

유기농 실천사례

조사방법

지금까지 논의되었던 유기농업 매뉴얼이 현장에서 어떻게 활용되고 있는지 혹은 활용될 수 있는지 살펴보기 위해 유기농가 현장조사에 나섰다. 지역에서 유기농업을 실천하고 있는 농민의 사례를 가감 없이 조사하고 싶었다. 현장조사가 선행되어야만 진단과 처방이 가능하다. 효과적이고 세심한 현장조사를 위해 '유기농 실천 농업인 사례조사표' 양식도 만들었다. 빠진 내용이 없는지 꼼꼼히 살폈다. 조사표에 의거하여 조사하다 보니 농가의 역사·지리·문화적 지도를 그릴 수 있었다. 이를 바탕으로 자연스럽게 진단이 가능해졌다. 조사표 양식에 의거하여 농업인 스스로 사례조사표를 채워나가다 보면 어느새 나만의 스토리가 완성된 것을 느낄 것이다. 나의 역사와 가치관을 보여주는 스토리는 소비자와 소통 수단으로 중요하다. 스스로 부족한 점도 찾을 수 있다.

우리는 농가와 함께 대화하며 조사표를 채워나가는 동안 이 책에서 다루었던 '왜(why)', '무엇(what)', '어떻게(how)'가 고스란히 담겨지는 경험을 했다. 물론 농가마다 강점과 약점이 분명히 있다. 이들의 유기농업 방식에서 우리는 정답을 찾으려 하지 않았다. 여전히 관행농가에 비해 수확이 떨어지기도 하고, 체험을 통한 직거래에 비중을 맞추다 보니 자재를 모두 외부에서 구입하기도 한다. 영농기록이 부실한 것은 농가 대부분이 안고 있는 문제점이다. 그러나 조사한 사례를 꼼꼼히 살펴보니 다양한 지역, 품목, 판매방식을 살펴보는 것만으로도 유기농업으로 전환하는 데 도움이 될 것 같았다. 지금까지 이렇게 자세하게 유기농업 실천 농업인을 조사한 예도 많지 않았다. 유기농업으로 전환을 목표로 삼거나 유기농업을 실천하는 농업인이 스스로를 분석하고 앞날을 도모하는 데 밑거름이 되기를 바라는 마음에 전국에서 조사된 농업인 중 몇몇의 사례조사표를 내놓는다. 조사표 뒤에 유기농민들이 각자가 중요하게 생각하는 가치를 그들의 입장에서 담아냈다. 조사에 기쁘게 응해주신 농업인께 진심으로 감사의 인사를 드린다.

유가농 실천 농업인 사례조사표

1. 농가현황 및 경영기반

	성명		성별		출생년도	
사진	농장명				이메일	
	주소				홈페이지	
	연락처	(집전화)			지적재산	특허, 상표 등
		(핸드폰)			주요인증서	

경영기반 (자가, 임차 구분)						
논(m²)	밭(m²)	시설하우스(m²)	과수원(m²)	축산(두)	시설, 설비	농기계
					건조기, 창고, 교육, 체험 시설 등	

2. 재배작목

작목	1작목	2작목	3작목	기타(가공)
규모(m²,두)				
재배형태				
유통경로 및 판매처				
작목선택이유				
조수입(천 원)				
경영비(%)				
작물재배 순기표 등 특이사항	예)토마토 3월 정식~7월 폐상, 9월 아욱 파종~11월 수확			

* 재배형태는 2중 수막하우스, 비가림, 노지 등

3. 농가 역사

농사시작	농사짓기 시작한 연도, 작목 등
친환경농업 도입	친환경농업을 시작하게 된 계기, 방법 등
친환경농업 전환기 및 현재 어려움	친환경농업 전환 후 생산수량 감소 등, 현재 애로점
재배기술 습득 교육경력	친환경 재배기술 도움 받은 곳, 교육 이수 등
인증	인증기관(업체), 컨설팅, 인증 종류, 인증을 취득한 계기 등
유통경로 확보	유통처를 확보하게 된 내용
재배규모 확대	재배 규모 확대, 가공 시설 설치, 시범사업 수혜 등
향후 계획	가공 도입, 재배 규모 확대, 유통경로 다변화 등

4. 주요 유기농업 기술

종자, 품종	종자 구입처, 품종 선택 기준 등
토양(양분)관리	퇴비제조(구입, 구입처), 토양검정, 윤작, 녹비, 액비제조
병해충 관리	유아등, 페로몬 트랩, 석회보드로액, 자가 충해 예방제 제조 등 방법, 시기
잡초 관리	비닐피복, 예취, 부직포, 녹비, 화염방사 등
구입 농자재	자재종류, 구입이유, 효과 등
자가제조 농자재	미생물 액비 배양, 충해 방제제 등 자가제조 방법, 제조 이유, 효과 등
나만의 유기재배 노하우	

5. 애로사항

제도	정부정책, 유통, 농가 자체 개선안 등
기술개발	기술개발을 요하는 부분, 병해충 관리 등
관행농업과의 관계	관행농업인과의 불화 등

6. 특이사항 및 친환경농업에 대한 비전(농가 의견)

7. 농가 및 포장 사진 : 최대한 많이, 자세히

전경, 작목별, 순기별, 가공, 최종상품, 유통처진열상태 등(원본 저장)

8. 방문 후 소견 (조사자)

농가의 SWOT 분석, 시사점 등

1. 경기도 남양주의 유기농(주요작물: 과채류, 엽채류, 딸기)

1. 농가현황 및 경영기반

조사자: 윤규환 농촌지도사(남양주 농업기술센터)

경영기반(자가, 임차 구분)						
논(m²)	밭(m²)	시설하우스(m²)	과수원(m²)	축산(두)	시설, 설비	농기계
–	–	임차 4,950 (10동)	–	–	저온저장고(3평) 판매장(5평)	트랙터 1대 관리기 1대

2. 재배작목

작목	과채류 (토마토,오이,고추)	엽채류 (시금치,아욱)	딸기	기타(가공)
규모(m²,두)	4,950	3,950	1,000	
재배형태	시설재배	시설재배	이중수막하우스	
유통경로 및 판매처	학교급식, 직판장	학교급식, 직판장	체험, 직판장	
작목선택이유	직판에 유리한 작목선택	학교급식 품목으로 품이 적게 드는 작목	체험을 통한 유기재배홍보용	
조수입(천 원)	44,000	12,000	10,000	
경영비(%)	35	40	20	
작물재배 순기표 등 특이사항	•과채류(토마토, 오이, 고추) 재배: 4월 ~ 8월 •엽채류(시금치, 아욱 등) 재배: 9월 ~ 3월 •딸기재배 : 9월 ~ 4월			

농사시작	•농사이전: 1969년부터 30년간 고속버스 운전기사로 재직 •농사시작: 1998년 남양주 진접읍 내곡리에서 영농시작
친환경농업 도입	•유기농협회(박영수)가 실시한 유기농 교육을 받고 농약에 의한 장애발생 및 불임에 대해 심각하게 고민함. 특히 농약이 기형아 출산에 미치는 영향을 알게 되면서 점차 농약사용을 꺼리게 되었다.
친환경농업 전환기 및 현재 어려움	•친환경농업 초기 상추, 배추를 유기재배 하였으나 주변 농가에서는 하우스 관행재배를 하여, 해충방제로 농약을 살포함에 따라 해충이 대량 발생했다. 당시 친환경약제가 없는 상태여서 밭을 갈아엎을 수밖에 없었다.
재배기술 습득 교육경력	•재배기술은 유기농협회에서 실시한 유기농 교육을 받은 게 전부이고, 직접 여러 작목을 재배하면서 실패할 때마다 몸으로 체득했다.
인증	•유기 인증은 2001년 국립농산물품질관리원에 신청하여 획득했다.
유통경로 확보	•2000년대 초 유기농산물을 생산하였으나 상품성이 균일하지 못하고 수취가격도 낮아 시장출하를 포기하고 구리시와 퇴계원 간 지방도로에 가판을 설치하여 직판을 시작했다. •당시 오이, 토마토 등이 주로 판매가 되었다. 특히 암 예방에 토마토가 좋다는 말이 나돌면서 유기농 완숙토마토를 찾는 사람들이 늘어나기 시작하여 토마토 판매에 어려움은 없었다. 이와 함께 오이 등 채소들도 팔리기 시작하면서 판로가 형성되기 시작했다.
재배규모 확대	•영농초기 지가가 높아 농지구입에 어려움이 있어 남양주 진접에서 하우스 5동을 임차해 시작하였으나 지역개발로 농장을 이전할 수밖에 없었다. 당시 하우스 재배가 많았던 남양주 진건으로 이전하였으나 농지 구입이 여의치 않아 하우스 3동으로 규모를 축소했고, 주변 관행재배로 인해 유기재배에 어려움이 컸다. •진건에서 계속된 유기재배 실패로 농장 이전이 필요함을 느꼈고, 지금의 남양주 와부읍에 하우스 10동으로 규모를 늘려 본격적인 유기재배를 시작하게 되었다.
향후 계획	•최근 유기농에 대한 관심이 높아지고 학교급식 등 지원도 늘어나 판매에 어려움이 예전보다 많지 않다. 그러나 방학 기간인 7~8월에는 여전히 판매에 어려움이 있어, 직판장을 이용 판매할 수 있는 체계를 갖췄다. 앞으로는 주변 아파트 주부를 위한 채소꾸러미를 만들어 하루 먹을거리용으로 판매할 예정이고, 겨울에는 딸기 등 체험을 통한 농장 견학으로 홍보를 강화할 예정이다.

4. 주요 유기농업 기술

종자, 품종	•유기종자는 구입에 어려움이 많다. 살균제 처리가 되어 있지 않는 무소독 채소종자를 시중에서 구입해 사용한다.
토양(양분)관리	•토양 관리를 위해 볏짚으로 토양의 물리성을 개량하고, 톱밥+미생물+강토+효모를 섞어서 1년간 발효시켜 기비로 사용한다. •추비로는 깻묵을 주로 이용하고 있다.
병해충 관리	•하우스 전체 방충망을 설치해 해충방제 하고, 하우스 양쪽으로는 파, 양파, 마늘을 심어 지피식물 역할을 하도록 한다.
잡초 관리	•작물이 자라기 전 손 제초를 주로 한다. 유기재배에서 인건비가 가장 많이 들어가는 부분이 잡초방제이다.
구입 농자재	•입상혼합유기질비료(한국유기농자재센터): 토양 양분 관리용 •뿌리대박(상품명): 정식 초기 활착이 잘되도록 한다. •아미노산 액비: 양분 관리를 위해 추비로 사용한다.

| 자가제조 농자재 | •아미노산 액비 자가제조 사용
  _재료: 베스 100kg, 당밀 100kg, 리뷰 10리터, 물 300리터, 미생물
  _방법: 망사자루에 물고기 베스를 넣고 돌로 눌러 놓는다. 당밀, 리뷰, 미생물 물을 넣고 히터 봉으로 33℃까지 높인다. 에어펌프를 이용해 호기 발효시킨다. 뚜껑을 덮고 10일 후 걸러서 사용한다. |
| 나만의 유기재배 노하우 | •우분, 돈분 등 유기 퇴비를 구하기 어려워 기비보다는 추비로 작물을 생장시키고 있다.
•야산에서 부엽토를 자루에 담아 당밀로 발효시킨 후 관주해준다. |

5. 애로사항

제도	•정부에서 유기농산물에 대해 명백히 구분해줄 수 있는 유통구조를 갖춰주었으면 한다.
기술개발	•토양을 살릴 수 있는 쉬운 방법이 필요하다.
관행농업과의 관계	•현재는 어려움이 없다.

6. 특이사항 및 친환경농업에 대한 비전(농가 의견)

•유기농업 프로그램 개발과 관련한 농가 조언
  _관행농(농약사용)의 문제를 사진 등을 이용해 부각시킬 필요가 있다. (ex. 기형아출산, 불임 등 사회문제를 연구한 자료를 활용해야 한다.)
  _우리 아이가 먹을 것이란 생각을 가지고 농사를 지어야 한다. (ex. 어린이가 딸기를 먹는데 농약을 주고서 먹으라고 할 수 있겠는가?)
  _유기농산물을 40%이상 먹어야 병에 안 걸린다. (ex. 우리는 간접적으로 유기농산물을 먹고 있다. 예를 들면 산나물이나 들에서 또는 텃밭에서 생산된 채소를 이용해서 먹고 있어 건강할 수 있다.)
  _프로그램을 개발할 때 마음에서 우러날 수 있도록 해야 한다.
  _자녀에게 먹이는 것처럼 생각하도록 교육시킬 필요가 있다.
  _요즘은 자재가 좋아져서 3년 고생하면 유기농이 가능하다.

7. SWOT분석

Strengths(강점)	•자녀들이 출가해 목돈이 들어가지 않는다. •아내가 본인의 의지를 지지해준다. •유기재배에 대한 강한 필요성을 느낀다. •유기재배 경험이 풍부하다.
Weaknesses(약점)	•수확한 농산물을 분류하여 상품화하지 않고, 그냥 판다. •가용 인력이 부부밖에 없다. •나이가 많아 적극적이지 못하다. •작물생육 원리 등 전문지식이 부족하다. •작물의 품질이 떨어진다. •농지가 협소해 퇴비장 설치가 어렵다.
Opportunities(기회)	•주변지역에 아파트단지가 들어서 직판시 소비자가 풍부하다. •유기농업에 관한 언론보도가 많아졌다. •사람들이 건강에 대해 관심을 가지는 일이 많아졌다. •도로변에 인접해 있어 홍보가 쉽다.
Threats(위기)	•임차농업인으로 임차 기간 후 재계약에 어려움을 겪을 수 있다. •해충의 발생으로 언제 작물이 망가질지 모른다. •농산물 가격의 변동성이 크다.

인생 2막은 유기농업처럼 정직하고 행복하게!

남들의 겨울은 춥다. 그러나 나의 겨울은 빨갛게 익어간다. 나는 1969년부터 30년간 고속버스 운전기사로 재직했다. 1970년 경부고속도로가 건설되고 도로 위를 달리는 크기도 당당한 버스를 운전하는 일은 선망의 대상이었다. 즐거운 마음으로 늘 라디오를 들으며 고속도로를 30년간 달리다 1998년 퇴직했다. 그 당시 나는 아직 젊고, 제 2의 인생을 살 수 있는 충분한 젊은 나이라고 생각했다. 가족을 돌보며 알뜰살뜰 살았지만 고속버스 운전으로 모은 재산이 많지 않았다. 큰 자본을 들이지 않고, 건강한 몸으로 도전할 수 있는 농사일을 하겠다고 남양주에 터를 잡았다.

무작정 하우스 다섯 동을 임차해 농사에 뛰어들었다. 처음 해보는 농사일은 생각만큼 쉽지 않았고, 배워야 할 것도 많았다. 주변 농가를

수확하는 순간, 유기농사의 큰 의미를 느낀다.

찾아가 어깨너머로 배우며, 실패를 경험 삼아 나아지기를 기대했다. 상추, 배추같이 재배가 쉬워 보이는 엽채류로 시작했지만, 제대로 수확하지 못하는 일이 비일비재했다. 그러던 중 우연한 기회에 유기농협회에서 주관하는 교육을 받게 되었다. 지금은 잘 기억나지 않지만 전체 교육내용보다 농약과 비료가 우리 삶을 어떻게 망가뜨릴 수 있는지 듣고는 깜짝 놀랐다. 농약이 몸에 축적되어 기형아를 낳거나 질소과다에 의한 청색증 유발, 암 발생 등의 내용은 나를 각성하게 했다. 내가 농사를 시작한 이유가 생각났다. 건강한 몸으로 인생 이모작을 시작하는 데 남에게 피해를 줄 수 없다는 생각에 유기농업을 하기로 결심을 굳혔다.

주변에서는 비료와 농약을 써도 부족한데 무슨 유기농업이냐고 말렸다. 당연하지만 처음으로 농약 없이 재배한 상추, 배추는 상품이라 볼 수 없을 만큼 벌레를 먹었다. 농약 치던 밭에 갑자기 농약을 끊고 나니 잘될 턱이 없다. 벼룩잎벌레, 청벌레가 잔치를 벌였다. 더군다나 주변이 모두 관행농가 하우스라 농약을 피해 날아온 벌레들이 우리 밭에 모두 모여들었다. 지금처럼 편하게 쓸 수 있는 친환경 농자재가 있던 시절도 아니고, 내가 만들어 쓸 수 있는 기술이 있지도 않았다. 한 포기 수확도 없이 밭을 갈아엎었다. 농사짓자는 말에 좋아하며 함께 고생한 아내에게 미안했다. 고생한 옆지기의 푸념이 아직도 생생하다.

"이게 뭐예요. 다른 사람은 농약 쳐서 잘만 버는데……. 밭은 쳐다보기도 싫어요."

2000년대 초에 본격적으로 유기농산물을 생산하기 시작했지만 상품이 균일하지 못하고 수취가격도 낮아 시장출하를 포기할 수밖에 없었다. 하는 수 없이 구리와 퇴계원 사이의 지방도로에 가판을 설치하

지방도로에 가판을 만들어 직접 판매를 시작했다.

여 직접 판매를 시작했다. 2001년 토마토 농사를 지으며 유기재배의 가능성을 가늠할 수 있었다. 주변의 관행농가에서 나온 토마토보다 수량은 적었지만 훨씬 맛있고, 저장성도 좋았다. 한 번 먹어본 사람이 맛있다며 다시 찾아주기 시작하면서 유기농업을 지속할 수 있는 힘을 얻게 되었다. 다행스럽게도 언론을 통해 토마토가 암을 예방하는 효능이 있다는 보도가 나오면서 유기농 완숙토마토를 찾는 수요가 늘었다. 유기농산물이다 보니 암환자들이 주로 찾으며 단골이 늘어나 토마토를 판매하는 일이 수월했다. 그와 함께 오이도 팔리기 시작하면서 판로가 형성됐다. 현재는 과채류, 엽채류, 딸기 등 크게 세 가지 작목을 나누어 재배하고 있는데, 그렇게 분산시킨 것은 1년 동안 순환적으로 재배하는 것은 물론 다양한 판로를 생각했기 때문이다.

토마토, 오이, 고추 등의 과채류와 시금치, 아욱 등의 엽채류는 학교급식 직판장으로 납품하고 있다. 친환경 농산물이 학교급식에 들어가서 정말 좋다. 내 상품을 팔아서 좋다는 말이 아니다. 학생들은 이렇게 농약 치지 않고 기른 좋은 농산물을 먹어야 한다. 기르는 작물 중 토마토, 오이, 고추는 직판을 하는 데 유리하고, 시금치, 아욱 등의 엽채류는 다른 작목에 비해 품이 적게 든다. 딸기는 판매뿐 아니라 소비자들이 직접 농장을 찾아 유기재배를 경험하고 홍보할 수 있도록 활용하고 있다. 딸기는 9월에 심어 한겨울에 수확하다 보니 일 년 내내 쉬는 날 없이 바쁘지만 빨갛게 익어가는 딸기를 보면 나의 겨울도 익어간다는 감상에 젖기도 한다.

나는 유기재배에서 가장 시급한 일은 토양 관리라 단언한다. 토양은 작물과 떼려야 뗄 수 없는 관계라 토양을 가꾸지 않고 수확이 좋기를 바랄 수 없다. 내가 유기농업을 하며 가장 크게 신경 쓰는 부분도 토양 관리다. 산의 부엽토를 가져와 토착미생물 배양체로 만들어 흙에 넣고, 부족한 유기물은 볏짚과 깻묵으로 보충한다. 밑거름으로 축분을 사용하고 싶지만 무항생제 축분을 구하기 어려워 아쉽다. 볏짚도 김포 지역에서 유기농으로 생산된 것만 사용한다. 유기퇴비가 부족하다 보니 하우스 한쪽을 비워 직접 자가 퇴비장을 설치했다. 톱밥, 미생물, 강토, 효모, 막걸리를 섞어서 1년간 발효시켜 기비로 사용한다. 양분이 모자란다 싶으면 쌀겨, 골분, 혈분, 발효미생물을 섞어 균배양체를 만들어 퇴비와 같이 쓴다. 웃거름으로는 주로 깻묵을 쓰고 있다. 비료 쓰듯 조금씩 자주 주면서 부족한 질소를 보충한다. 아미노산 액비를 직접 만들어 쓰기도 한다. 유기농가에 일 년에 한 번 무료로 보급되는 물고기 베스가 있어 그나마 재료비를 아낄 수 있다. 망사자루에 베스를 넣고 돌

하우스 한쪽에 만들어놓은 자가 퇴비장

로 눌러 놓는다. 당밀, 리뷰, 미생물을 물과 함께 넣고 히터 봉으로 33도까지 높인 후 에어펌프를 이용해 호기 발효시킨다. 뚜껑을 덮고 열흘 후에 걸러 사용한다.

　내가 유기재배를 위해 노력한 지난 15년을 회상하면 지금 시작하는 사람은 큰 고생 안 해도 충분히 유기농업에 도전할 수 있다고 장담한다. 요즘은 각종 친환경 농자재가 많이 나와 있고, 교육도 많아 3년만 노력하면 유기재배로 소득을 올릴 수 있다. 한 가지 어려운 점은 유기농산물의 판매다. 아무래도 농약을 치지 않다 보니 외관 품질이 번듯한 관행농산물을 따라가기 어렵다. 공판장에 출하하면 인건비도 안 나온다. 다행히 나는 직판도 하고 학교급식에도 납품하여 요즘은 판매에 큰 걱정이 없다. 나를 믿고 이렇게 찾아와 못난 농산물도 기꺼이 사 가

유기재배하는 딸기들을 바라보는 것만으로도 마음이 넉넉해진다.

는 소비자를 생각하면 내가 인생 이모작에 성공했다는 자부심이 생긴다. 최선을 다해 짓는 농사기에 후회도 없다.

2. 경기도 용인의 유기농(주요작물: 딸기)

1. 농가현황 및 경영기반

조사자: 조은숙 농촌지도사(용인시 농업기술센터)

경영기반(자가, 임차 구분)						
논(m²)	밭(m²)	시설하우스(m²)	과수원(m²)	축산(두)	시설, 설비	농기계
–	자가 6,600	자가 7,920	–	–	저온창고(33㎡), 교육·체험시설(495㎡), 액비실(26㎡), 관리사(49㎡)	트랙터, 관리기, 경운기

2. 재배작목

작목	딸기	고구마	3작목	기타(가공)
규모(m²,두)	7,920	2,640	수박 예정임	딸기잼
재배형태	시설 2중 수막, 15동	노지		
유통경로 및 판매처	직거래, 체험	직거래, 체험	판매	500g 10,000원 300g 7,000원
작목선택이유	수입경쟁력이 있음	가을 체험용		
조수입(천 원)	185,000	15,000		
경영비(%)	54	33		
작물재배 순기표 등 특이사항	• 딸기 10월 정식, 7월 초순 폐상 • 수확 후 런너 번식 (정식 10일전 2~5℃ 휴면 처리) • 고구마 4월 정식~10월 수확			

농사시작	•1973년 복합영농(수도작+회사원) •1998년 딸기재배기술 습득 및 재배 시작 •2004년 친환경무농약 재배 기술 습득 •2006년 용인백옥딸기 블로그 개설 •2007년 딸기체험 고객 유치 •2008년 무농약 인증 취득 •2011년 유기농산물(전환기)인증, GAP인증 •2013년 유기농산물 인증
친환경농업 도입	•친환경농업을 시작하게 된 계기 _관행 농산물 생산을 하던 중 하반신 마비로 병원신세를 지게 되었고, 다른 업종을 하는 게 좋을 것 같다는 의사소견이 있었다. •IMF 등 직장근로자들의 해고사태를 보면서 농업을 포기할 수 없었고, 농업은 무궁무진한 아이템 개발 사업으로 비전이 있다고 생각했다. •우연히 보게 된 〈농민신문〉에서 친환경농산물에 대한 정보를 접하고 단국대 유기농 최고 전문가 과정에서 공부하면서 친환경농업을 도입했다.
친환경농업 전환기 및 현재 어려움	•친환경농업 전환 후 생산량 감소는 50%로 보면 된다. •작물 활착 전까지 두더지 침입과 딸기 착과 후 개미가 있어 퇴치에 어려움이 있다. •관행재배보다 과질이 단단하고 보관을 오래할 수 있고 당도가 높아 단골고객이 점차 확보되고 가공상품인 딸기잼은 무방부제로 설탕 함량을 줄여(설탕 25%)으로 딸기 고유의 맛을 느낄 수 있어 좋은 반응을 얻었다. •현재 체험, 교육농장운영으로 친환경농업이 자리를 잡았다.
재배기술 습득 교육경력	•단국대학교 유기농최고전문가과정 (2006. 3.~2007. 2.) •농촌진흥청 사이버농업경영자과정(2004. 1. 16~4. 19) •농업연수원 원예작물천적과정(2006. 4. 3~4. 4) •용인시 농업기술센터 사이버연구회 총무(2008년~현재) •논산딸기시험장 및 부산 시설원예시험장 자료 습득 •논산 딸기 선도농가 방문 기술 습득
인증	•인증기관(업체): (주)비씨에스코리아 •인증 종류: 유기농인증 제71-01-002, GAP인증 051-1021-001 •인증을 취득한 계기: FTA타결로 수입농산물이 점차적으로 늘어나고 있는 상황에서 믿을 수 있는 농산물 생산이 중요하다고 생각했으며 단국대학교 친환경 교육 중 인증을 받겠다고 마음먹게 되었다.
유통경로 확보	•2005년 농업기술센터 생활자원팀 지도로 딸기체험이 시작되었고, 2007년부터 블로그 제작과 주부체험단 유치로 본격적인 체험이 실시되었으며 현재는 입소문이 나서 예약이 한달 전부터 마감되고 있다. •전량 직거래나 체험으로 판매한다.
재배규모 확대	•초기에는 재배위주의 공간에서 차츰 체험공간, 주차공간, 가공시설 등을 추가 확보. •농업기술센터 교육농장 사업 실시: 2010년 •행정 농업정책과 시설 다겹보온커튼 설치: 2011년
향후 계획	•여름딸기(고하) 종묘 확보로 연중 체험객 유치를 계획하고 있다. •친환경농산물 생산·가공·판매 확대를 위한 법인화: 주변 사람들에게 동기를 부여하고 법인 참여자도 책임의식이 생겨 각각 일정부분에서 전문가로 활동하게 된다. •농장이 한택식물원, MBC드라미아, 용인농촌테마파크, 참숯가마체험장과 인접해 있어 딸기체험객 유치가 용이하여 농촌관광상품과 결합.

종자, 품종	• 종자 구입처: 봄딸기(설향), 여름딸기(고하), 자가채종 • 식재현황: 200평당 8,000주, 5두둑(두줄식재 간격 15cm, 두둑간격 40x110cm, 이랑 높이 40cm 이상) • 품종 선택 기준: 유기농업에 적합품종, 맛과 향이 좋다. 고하품종은 연중체험을 가능하게 한다.
토양(양분)관리	• 유기질비료: 풍농 엔피코슈퍼70(5-3-2, 고토1.5, 유기물 70) • 생산이 끝난 후 토양검정 실시 • 유기물 보충: 볏짚사용 • 정식 후 빈 골에 녹비작물 10~15cm 키운 후 예취작업
병해충 관리	• 시판되는 병해충 자재 살포시 식물의 면역성이 떨어지고 자재 구입 비용 증가와 토양 오염도가 높아질 수 있어서 가능한 한 사용을 하지 않고 있다. • 사용 시판 자재: 응삼이, 진삼이
잡초 관리	• 비닐피복, 예취
구입 농자재	• 수정벌 꿀벌: 2~4월 방사, 70,000원씩 구입 • 비닐갱신 시기: 3년 주기
자가제조 농자재	• 자가 액비 _재료: 막걸리 60ℓ+한방찌꺼기 8kg + 당밀 20ℓ+깻묵 4kg _발효기간: 90일(최하 10일) _사용목적: 양분공급 _사용방법: 생육 초기 20ℓ당 50ml, 중기 100ml, 후기 200ml를 희석하여 매일 사용 • 난각칼슘 _재료: 현미식초, 계란껍질 동량 _제조기간: 최하 90일(1년 이상 될수록 좋음) _사용목적: 칼슘공급 _사용방법: 20ℓ에 20~80ml 희석, 3번 사용 • 은행나무잎 _재료: 은행나무잎, 설탕, 현지식초 동량 _제조기간: 최하 90일 _사용목적: 진딧물 예방 _사용방법: 20ℓ에 20~50ml 희석 • 과거 사용 자재 _난황유: 효과가 있으나 잦은 분무기 고장을 일으켜 현재 사용 안 함
나만의 유기재배 노하우	• 무경운 재배: 3년 계획하고 있음 • 유기재배는 환경을 보존하면서 안전한 농산물을 생산하는 데 목적이 있으므로 과도한 욕심을 버리고 목적에 충실하고 있다. • 병해충을 완전 방제하기보다 밀도를 낮추는 데 주력하고 작물의 내성을 강화시키고 토양환경을 좋게 만드는 게 중요하다.

제도	•친환경 농산물 생산을 단순히 돈을 벌기 위한 수단으로만 생각하기 때문에 불법유통되는 농산물이 늘어나는 실정이다. •실질적으로 친환경 농산물은 관행 농산물에 비해 생산량이 적기 때문에 가격이 높을 수밖에 없으나 학교급식 등 대량 유통업체들은 주문 물량이 대량임을 내세워 생산자를 배려하지 않고 낮은 가격으로 결정하기 때문에 친환경 농산물 재배농가는 경쟁력이 떨어진다. •친환경 농산물을 찾는 소비자층은 점차적으로 늘어나는데 가격 싸움 때문에 제대로 된 농산물을 생산하는 농가가 줄어들어 친환경 농산물의 가치는 떨어지고 소비자의 불신은 높아지는 실정이다. 이런 피해는 고스란히 생산자에게 갈 것이다.
기술개발	•기후 변화가 심해지고 있는 현실에서 추위에 강한 품종 개량요구(2012년 용인 기후가 영하 22℃까지 내려가 일부 동해 피해를 봄).
관행농업과의 관계	•친환경농업에 대한 불신으로 주위에서 이상한 시선으로 보았으나 점차적으로 호응하고 벤치마킹 하는 농가가 늘어나고 있다.

6. 특이사항 및 친환경농업에 대한 비전(농가 의견)

- 앞으로 생산자나 소비자 모두의 의식 변화로 친환경농업은 점차적으로 확대될 것이다. 체험 또한 인식이 전환되어 단순 체험보다 교육이 위주가 될 것이다.
- 딸기 수확체험에 그치는 게 아니라 수렛길 체험교육, 생태교육, 딸기생육 교육 등을 실시하여 방문객을 다각도에서 만족시킬 수 있도록 하겠다.

소비자와의 진정한 소통이 유기농업의 성패를 좌우한다

나는 1973년부터 복합영농을 시작했다. 아버지 대부터 이어온 논이 있어 젊어서 회사를 다니면서도 벼농사를 함께 지었다. 그 당시 젊은 사람들은 농촌에서 도시로 일자리를 찾아 몰려들었지만, 이상하리만치 나는 농업을 포기할 수가 없었다. 아무리 생각해도 땅은 모든 것의 근간이었다. 4,000년 넘게 근간을 일구고 가꾸는 농업은 과거에도, 현재에도, 미래에도 미래를 담고 있었다. 아니나 다를까, 90년대 말 IMF 사태가 벌어지고, 직장인들의 해고사태가 벌어지면서 나는 농업에 내 모든 것을 걸어야겠다는 다짐을 하게 되었다. 언제 잘릴지 모르는 직장에 연연하느니 내가 노력한 만큼 땅이 보상해주는 농업을 평생 직장으로 삼기로 했다.

고하(여름)딸기가 초록빛 얼굴을 내밀었다.

　내가 눈여겨 본 것은 농업이 담고 있는 무궁무진한 아이템이었다. 농사는 단순히 작물을 재배하고 키우는 것이 아니다. 진정한 농사는 농부와 자연이 소통하는 것이다. 농부가 자연의 흐름에 관심을 쏟으면 자연은 계절에 따라 농부가 가꾸는 밭에 무엇이 필요한지를 알려준다. 농부가 그 이야기에 응답을 하면 자연은 풍성한 결과물로 화답한다. 그 과정을 하나하나 밟고 나가면 말로 표현할 수 없는 경험을 한다. '스토리'가 켜켜이 쌓이게 되는 것이다. 특히 농약을 전혀 사용하지 않는 유기농업은 그야말로 오묘한 스토리의 향연이다. 나는 소비자와 농작물을 주고받는 것이 아니라 내가 경험한 스토리를 공유하고 싶었다. 단순히 먹을거리가 아니라 내가 키워 보내는 딸기에 의미를 부여하고, 그 의미를 소비자들에게 들려주고 싶었다.

　내 머릿속에 들어앉은 화두는 '그렇다면 어떻게 해야 소통할 수 있

아이들과 함께 농사와 농작물의 의미를 되새기는 소중한 시간

을까?'였다. 결론은 농부가 겪는 일을, 자연과 농부가 소통하는 현장을 소비자들이 직접 경험하게 하자는 것이었다. 아무리 내가 딸기밭에서 겪는 신기하고 놀라운 자연과의 소통을 이야기해봤자 생생하게 다가가기는 어려운 일이었다. 단지 하루 혹은 몇 시간밖에 되지 않더라도 현장을 직접 찾는다면 내가 겪은 만큼은 아니더라도 농작물이 단순히 소비물품이 아닌, 먹을거리 이상의 소중한 존재로 다가갈 수 있을 것이라는 확신이 들었다.

물론 그 전에 유기농업의 원칙을 철두철미하게 지켜야 했다. 사실 나는 처음부터 유기농을 할 생각은 없었다. 아버지가 해오던 대로 관행농업을 해왔다. 하우스 17동에 오이를 주로 재배했다. 그러다가 차츰차츰 몸에서 이상한 신호가 왔다. 급기야 하반신이 마비되는 증상을 겪었고, 병원 신세를 지게 되었다. 의사에게서 농사를 하게 되면 농약이 계속 몸

속으로 투입될 테니 다른 업종을 알아보는 게 좋겠다는 소견까지 듣게 되었다. 절망에 빠져 있을 즘, 우연히 〈농민신문〉에서 친환경 농산물에 대한 정보를 접하게 되었다. 그리고 유기농으로 딸기를 재배하고 있는 선도농가를 찾아 논산을 방문해 기술을 습득하는 한편, 2004년 농촌진흥청의 사이버농업경영자과정을 이수했다. 그해 친환경무농약 재배 기술을 습득하고, 본격적으로 유기농을 실천했다. 2006년에는 단국대 유기농 최고전문가 과정을 이수하면서 유기농의 노하우를 쌓아갔다. 친환경으로 전환하고 보니 생산량은 50% 가까이 감소했다. 작물이 활착되기 전까지 두더지가 자주 침입하고, 딸기가 착과하고 나면 개미를 퇴치하는 데 어려움을 겪기도 했다. 하지만 관행재배보다 과질이 단단하고, 당도가 높고, 무엇보다 오랫동안 보관이 가능한 장점이 있었다. 또한 값으로 따질 수 없는 스토리를 얻었다.

드디어 2005년 농장 체험을 시작했다. 농업기술센터 생활지원팀에서 농촌 체험을 희망하는 사람들을 모집해서 이어주었다. 방문 전 날, 나는 다시 한 번 내가 준비한 프로그램을 꼼꼼히 확인했다. 먼저 농장을 소개하고, 여름딸기와 겨울딸기의 특성을 알려주고, 유기농을 하면서 겪은 재미난 에피소드를 들려주고, 직접 딸기를 따보게 하고……. 생각만 해도 뿌듯했다. 그렇게 기다리던 만남이었지만, 막상 나의 농장을 찾아온 소비자들에게 무슨 말부터 꺼내야 할지 머릿속이 하얘졌다. 새로운 경험을 기대하는 눈초리로 내 눈과 입을 주목하고 있는 방문객 수십 명 앞에서 얼어버리고 말았다. 어떻게 체험 프로그램을 진행했는지 모르겠다. 하지만 버스에 오르기 전에 함박웃음으로 나에게 인사를 하던 즐거운 모습이 지금도 눈에 생생하다. 그러한 첫 경험은 나에게

아이들이 직접 딸기도 따고, 다양한 경험을 할 수 있도록 공간을 조성했다.

자신감을 심어주었다.

나는 2007년에는 블로그를 제작하고, 우리 농장에서 재배하는 딸기를 소개하며, 딸기농사를 하며 겪은 재미난 이야기를 차근차근 올리기 시작했다. 그리고 주부체험단을 유치하여 본격적인 체험을 실시했다. 방문객들을 맞이할수록 내 언변은 나 스스로도 놀랄 만큼 능수능란해졌고, 사람들과의 만남이 기다려질 만큼 즐거웠다. 현재는 입소문이 난 덕에 우리 농장의 체험프로그램에 참여하려면 꼭 예약을 해야 한다.

해마다 딸기 판매는 늘어났다. 유기농을 시작한 농민이든 관행농에서 유기농으로 전환하는 농민이든 유기농민의 가장 큰 고민은 판로이다. 과연 유기농산물을 받아주는 곳은 어디인지, 그곳에서는 정성을 다해 길러낸 만큼 제값을 받을 수 있는지가 유기농민들의 최대 관심사이다. 하지만 나는 판로에 대해 걱정할 일이 없다. 블로그라는 인터넷 공

벽면을 꾸미는 것만으로도 체험객들에게 한 발 더 다가갈 수 있다.

간을 찾아온 사람들과 직접 농장을 찾아와 체험 프로그램을 경험한 사람들에게 판매하는 것만도 벅차다. 소통은 곧 믿음이 되었고, 이 믿음이 나에게 큰 자산이 되었다. 농약을 치지 않고, 자연과 소통하며 농산물을 길러내겠다는 신념 못지않게 중요한 것이 소비자와의 소통이다. 자연과의 소통이 믿음직한 유기농산물을 길러냈다면 소비자와의 소통은 믿음직한 판로를 만들어줄 것이다.

3. 경남 함양의 유기농(주요작물: 배, 벼, 양파)

1. 농가현황 및 경영기반

조사자: 백정애 농촌지도사(함양군 농업기술센터)

경영기반(자가, 임차 구분)						
논(m²)	밭(m²)	시설하우스(m²)	과수원(m²)	축산(두)	시설, 설비	농기계
17,300		–	9,900	–	저온창고(23㎡)	SS기

2. 재배작목

작목	배	수도작	양파
규모(m²,두)	9,900	17,300	8,250
재배형태	노지(유기재배)	노지(관행재배)	노지(관행재배)
유통경로 및 판매처	계약재배(백화점, 급식), 소비자직거래	농협수매	농협수매
작목선택이유	함양지역에 주된 과수품목이 사과와 배가 있는데, 평소에 배를 더 좋아해서 귀농 후 재배하게 됨.	소득보전 위함	소득보전 위함
조수입(천 원)	65,000	20,000	35,000
경영비(%)	10	30	30
작물재배 순기표 등 특이사항	배: 연중 관리(10월 수확) 수도작: 6월 모내기, 10월 수확 양파: 10월 정식, 6월 수확 ※ 수도작과 양파는 관행재배이긴 하지만 농약과 비료는 최소화		

3. 농가 역사

농사시작	1998년 귀농하여 물려받은 땅에 평소 좋아하는 배나무를 1ha 재배하기 시작했다.
친환경농업 도입	평소 농약을 치면 머리가 아팠는데, 우연히 언론에서 유기농, 무농약농업 등에 대한 내용을 접하고 2003년부터 무농약 재배를 시작하게 되었다.
친환경농업 전환기 및 현재 어려움	•2003년 첫 무농약 재배시 농약을 치지 않아도 기존의 수확량을 올릴 수 있었다. 아마도 기존에 쳤던 농약의 영향이 남아서 그런 것으로 추정한다. •그러나 2~3년차에 고비가 찾아오게 되었다. 농약을 치지 않자 수확을 거의 못하게 되었다. 그로 인해 자만심을 누르고 공부하고 노력하기 시작했다. •4년차부터는 수확량이 기대치에 맞게 나오기 시작했고 곧 관행재배 수준만큼 나오게 되었다.
재배기술 습득 교육경력	•한국유기과수협회 창단멤버로 회원농가들과의 정보교류가 큰 힘이 되었다. •2007년 56기 친환경농업 지도자 과정 이수(농협경주환경농업교육원)
인증	•국립농산물품질관리원 무농약농산물 인증(2005년), 유기농산물 인증(2008년~ 현재) •친환경 인증제도를 몰랐는데 농협 직원이 알려줘서 인증을 받았다.
유통경로 확보	•계약출하: 백화점 3톤, 급식용 10톤, 직거래 : 10톤 •2005년 무농약 인증을 받고 나서부터 그 당시의 희소성으로 인해 친환경인증 농산물 품평회에 상을 받고 언론에 자주 노출되자 많은 사람들로부터 연락이 오고 연계가 되었다.
재배규모 확대	•재배규모는 처음 시작부터 지금까지 1ha를 고수하고 있으며 앞으로도 확대할 계획은 없다. 손이 많이 가고 지금 하는 것으로 만족한다. •2005년 언론에 나오고 나서 군청에서 보조사업 지원을 받았다.(저온창고, 배나무지주시설, 관수시설) ※보조사업 받기 전까지는 지주시설 없이 재배하고 있었다.
향후 계획	•거래처 관리가 힘들고 직거래 택배도 만만치 않아 함양유기과수 작목반원 5명과 함께 부산 한살림에 생산물을 전량 계약 출하하기로 최근 협의를 완료했다.

4. 주요 유기농업 기술

종자, 품종	신고 70%, 원황 20%, 화산·만풍 10%. 현재 재배 중인 배나무는 대부분 귀농 후 식재한 나무들이며, 6년차쯤에 '황금' 품종은 무농약 재배에 맞지 않아 원황과 만풍으로 품종을 갱신한 적이 있다.
토양(양분)관리	_초생재배 및 녹비작물 이용: 녹비보리와 헤어리베치를 매년 혼파. _지역농협 퇴비사업소에 별도로 무항생제 우분을 이용한 퇴비발효를 부탁하여 축분퇴비를 봄에 30톤 투입하고, 이때 미생물비료(용추보카시)를 2톤 함께 투입한다. _나무 밑둥치 및 사이에는 짚을 깔아 피복한다.
구입 농자재	_축분퇴비(무항생제) : 농협 _황토유황: 칠곡군 유기농가로부터 구입 _유황을 직접 녹여 만들기가 힘들고 시중에 나와 있는 제품은 18L에 8~9만 원 하는데, 칠곡군에 있는 유기농가는 5천만 원이 넘는 제조장비를 구비하여 직접 만들어 품질이 우수하고 18L에 2~3만 원에 판매하여, 저렴하게 구입하고 있다. _EM제
자가제조 농자재	_은행주정: 가을에 은행열매를 주정에 담가 추출하여 사용(살충효과가 좋다) _애기똥풀엑기스 : 애기똥풀을 솥에 넣고 푹 삶아 걸러서 사용(살충효과가 좋다) _그 외에도 농장 주변 산야초를 사용하기도 하고, 올해는 울금 엑기스를 만들어 사용하고 있다.(울금은 직접재배)

횟수	일시	방제사용자재	사용량
1	2월중순	기계유유제	20ℓ/물500ℓ
2	3월초순	석회유황합제	20ℓ/물500ℓ
3	3월하순	황토유황, EM	각 2ℓ/물500ℓ
4	4월중순	유황합제	3ℓ/물500ℓ
5	5월초순	황토유황, EM	각 3ℓ/물500ℓ
6	6월중순	황토유황, 은행주정	각 2ℓ/물500ℓ
7	5월하순	황토유황, EM, 은행주정	각 1ℓ/물500ℓ
8	6월초순	황토유황, EM, 은행주정	각 1ℓ/물500ℓ
9	6월중순	황토유황, EM, 은행주정	각 1.5ℓ/물500ℓ
10	6월하순	EM, 은행주정,유황합제	각 1.5ℓ/물500ℓ
11	7월초순	EM, 은행주정,유황합제	각 1.5ℓ/물500ℓ
12	7월중순	하계유	
13	7월하순	황토유황, EM	각 1ℓ/물500ℓ
14	7월하순	은행주정, 황토유황, 애기똥풀액기스	각 1ℓ/물500ℓ
15	8월초순	황토유황, EM	각 1.5ℓ/물500ℓ
16	8월중순	애기통풀액기스, EM	각 1.5ℓ/물500ℓ
17	9월중순	EM, 애기똥풀액기스	각 1.5ℓ/물500ℓ
18	9월하순	하계유	

_2013년에는 흑성병과 적성병을 막기 위해 5월 22일 현재 17번 방제약제 살포했다. 지금까지 황토유황의 효과가 3~10일은 지속된다고 했는데, 얼마 전 들은 바로는 지속효과가 1일에 그친다고 하여 황토유황을 자주 치게 되었다.

_방제력은 해마다 조금씩 바뀌며, 해충은 거의 방제 가능하나, 병해는 다소 미흡하고 어려움이 있다. 100%는 있을 수 없고 병충해는 70% 정도 방제한다고 생각한다.

6. 애로사항

제도 및 기술개발	• 지역별 적용 유기재배 매뉴얼 정립 필요: 결국 그 지역의 열정 있는 유기농가들이 해나가야 할 일이 아닌가 싶기도 하다. • 지역 공무원 중 유기농업에 대해 확실한 전문가가 필요하고, 전문가가 있어야 유기농업인의 이야기를 귀담아 듣고 서로 힘을 실어주어야 지역의 유기농업이 발전할 수 있다.
관행농업과의 관계	• 함양 지역의 배 농가는 모두 잘 알고 있으며 함양배작목반 총무도 8년 동안 하고 있다. 모임이 있을 때 농가들이 얘기하는 농약 등을 전혀 몰라서 대화가 매끄럽진 않다. • 노파심인지는 모르겠지만, 주변에 곱지 않은 시선을 느끼고 있으며, 작황이 좋을 때는 밤에 몰래 농약을 치지는 않았는지 의심하는 시선이 있는 것 같아 힘든 점이 있다.

- 함양유기과수작목반 창립: 2006년, 5농가(배)
- 2005년 제7회 전국친환경 농산물 품평회 최우수: 국무총리표창
- 2010년 경남 인증농산물 명품선발대회 대상: 국립농산물품질관리원
- 친환경농업의 발전가능성은 무궁무진하다고 생각하며 본인이 유기농업을 하는 데 큰 자긍심을 가지고 있다.
- 전국에 유기과수 재배하는 곳에 찾아가 보았지만, 유기농업 하기에 함양군이 전국에서도 최적의 지리적 조건을 가지도 있다고 생각하며, 정부나 지자체에서 유기농업 농가에 대해서 환경보전에 대한 가치만큼의 지원이나 혜택을 돌려줘야 한다고 생각한다.
- 친환경유기농자재 지원 사업 같은 경우도 시판되는 공시제품 구입만 지원을 하는데, 그것 말고도 실제 유기농가가 필요힌 자재(주정, 왕겨 등)를 구입하는 데 이용할 수 있는 실질적인 사업이 있으면 좋겠다.

유기농업은 농부의 신념이 최고의 자양분

대다수 유기농민들은 농약의 피해를 직접 겪어본 후에 유기농을 선택한다. 나 또한 마찬가지였다. 초창기에는 유기농은 안중에도 없었다. 유기농을 배척하려는 것이 아니라 아예 그러한 농사를 해야겠다는 생각조차 하지 못했다. 유기농에 대한 생각은 내 머리보다 몸이 먼저 반응했다. 아버지께 물려받은 땅에 배나무를 심고, 재배를 시작하는 데 이상하리만치 머리가 아팠다. 복잡한 도시를 벗어나 부모님을 모시고 여유를 찾고 싶어서 귀농하였는데, 마치 직장 다니던 시절 스트레스를 받는 듯한 기분이었다. 특히 4~5월경이면 매일같이 두통을 달고 살았다. 생각해보니 배나무에 본격적으로 농약을 치는 시기였다. 이렇게 약을 치며 길러낸 배를 소비자들에게 사 먹어보라고 내밀 수가 없었다. 사람 몸을 망가트리는 약을 쳐서 만든 농산물은 정직한 먹을거리가 아니었다.

주위에서 만류도 있었지만, 유기농을 실천하기로 결정하는 데 추호의 미련은 없었다. 하지만 후회 없는 결정이라 믿었던 그 선택에 의문을 품는 데는 채 2년도 지나지 않았다. 관행농업에서 유기농업을 전환해본 사람은 알겠지만, 위기는 생각보다 일찍 찾아온다. 2003년 드디어

유기 재배로 쑥쑥 자라고 있는 배. 정직하고 바른 먹을거리이다.

본격적으로 무농약 재배를 시작했다. 첫해 농약을 치지 않고도 기존의 수확량을 유지할 수 있었다. "유기농 하면 땅 말아먹고, 굶어 죽는 건 시간 문제다", "지금이 어느 시대인데, 약 안 치고 농사지을 생각이냐"며 걱정 반, 조소 반으로 나를 지켜보던 주위 사람들의 코를 납작하게 눌러버렸다. 절로 어깨가 들썩여졌다. 왜 진작 유기농을 하지 않았을까 후회도 했고, 남들은 유기농이 어렵다던데 나는 나도 모르는 재배수완이 있는 건가 하는 알 수 없는 자신감도 느꼈다. 무엇보다 내가 길러낸 배가 소비자들 앞에 떳떳하게 내밀 수 있는 정직한 먹을거리라는 것이 뿌듯했다.

하지만 2년째 접어들면서 고비가 찾아왔다. 1년째와 비교하면 수확은 거의 기대할 수 없는 상태였다. 우후죽순으로 퍼져나가는 흑성병,

은행나무로 천연농약도 만들어 뿌리고, 밤낮으로 돌보았건만 병해충이 배 밭에 내려앉는 건 삽시간이었다. 돌이켜보니 유기농 첫해에는 그 전까지 배 밭에 쳤던 농약이 남아 영향을 주고 있었던 것 같다. 3년째에도 상황은 마찬가지였다. 과연 유기농을 계속해야 할까 하는 의문이 밀려들었다. 내가 현실을 도외시하고 이상적인 농사만 떠올린 것은 아닌지, 정직한 먹을거리에 앞서 어떡해든 배를 팔아야 아이들 뒷바라지도 하고 생활을 꾸려나갈 수 있는 건데……. 예전 관행으로 농사지었다면 이런 상황에 놓이지는 않았을 텐데 하는 후회와 함께 유기농을 하겠다는 그 신념이 세상 물정 모르는 농부의 순진한 마음이 아니었나 싶었다. 고민에 고민을 거듭하다가, 용케도 나는 유기농을 고수하기로 했다. 다 먹고 살자고 하는 일인데, 몸을 버리면서까지 농사를 짓는 일이 스트레스를 받으며 도시에서 직장에 다니는 것과 다를 바가 없었다. 무엇보다 농약을 친 배를 먹을거리라며 파는 짓은 내 양심이 허락하지 않았다. 나는 아들과 딸, 손자손녀에게 먹어보라며 모양이 좀 못나도 떳떳하게 내 배를 내밀 수 있는 농부가 되고 싶었다.

다시 처음부터 생각했다. 유기농은 어렵다는 실망감도, 예전에 마음속에 담고 있던 자만심도 버리고 유기농을 처음부터 제대로 공부하기로 했다. 그리고 다시금 신념을 다잡았다. 다행스럽게도 나와 뜻을 함께하는 유기농민들을 만났다. 커다란 행운이었다. 나주 배시험장에서 전국에 유기농 배 재배 농가들을 조사하여 연구모임을 만들었고, 모임이 활성화되면서 참여한 농가들의 공통된 신념을 확인하게 되었다. 그 덕에 우리는 '한국유기과수협회'를 만들었고 정보를 공유할 수 있었다. 매년 여름이면 회원농가를 순회하며 배나무 상태에 대해 의견을 나누

호밀과 헤어리베치를 함께 심어 토양관리를 하고 있다.

고 해결책을 함께 고민했다. 이들과의 교류는 흔들렸던 나의 마음을 굳건히 하는 데 자극이 됐을 뿐 아니라 그동안 혼자 앓고 있었던 고민과 무수한 시행착오를 풀어나가는 데 커다란 도움이 됐다.

그 열의와 신념이 보상을 받기라도 하듯 2005년, 나는 국립농산물품질관리원에서 무농약농산물 인증을 받았다. 지금은 이러한 인증을 받는 농가가 늘어났지만, 당시만 해도 드물었다. 그 때문인지 많은 언론사에서 우리 농장을 찾아왔다. 판매처라며 차츰 여기저기서 연락이 왔다. 어떻게 알고 왔는지 백화점 업체에서 납품을 해주겠느냐는 요청이 들어왔다. 그 덕에 판로에 대한 걱정 없이 배를 기르는 데 열중할 수 있는 여건이 마련됐다. 주위에서는 수요가 넘쳐나는데 땅을 늘려서 농사지으면 이윤이 더 남지 않느냐며 규모를 넓혀보라고 한다. 하지만 나는 내가 다짐했던 애초의 신념을 지키고 싶다. 내 손으로, 약을 치지 않고

녹비 활용으로 유기물이 풍부해진 토양이 가장 큰 기쁨이자 친구이다.

내가 정성을 쏟아낼 수 있는 넓이만큼 최선을 다하고 싶다.

야속한 일이지만, 유기농은 참 어렵다. 혼자 마음먹는다고 이루어낼 수 있는 일이 아니다. 가족들의 동의, 주위 농가들의 도움도 필요하다. 하지만 그것들보다 더 탄탄한 뿌리가 되는 것은 유기농을 실천하려는 농부의 신념이다. 신념을 잃지 않고, 지속해나가면 자연은 시련을 이겨낸 농부를 모른 척하지 않는다. 신념은 곧 유기농의 튼튼한 자양분이다.

1. 농가현황 및 경영기반

조사자: 박만기 농촌지도사(완주군 농업기술센터)

경영기반 (자가, 임차 구분)						
논(m²)	밭(m²)	시설하우스(m²)	과수원(m²)	축산(두)	시설, 설비	농기계
			11,669			경운기, 방제기, 예초기

2. 재배작목

작목	배	2작목	3작목	기타(가공)
규모(m²,두)	11,669			배즙
재배형태	노지			배 생산량의 30%
유통경로 및 판매처	인터넷 판매			
작목선택이유	노목 갱신			
조수입(천 원)	30,000			
경영비(%)	10			
작물재배 순기표 등 특이사항	1. 전지 전정		12~2월	
	2. 퇴비 살포		2~3월	
	3. 친환경 농자재 만들기(황토 유황, 자닮오일)		4월	
	4. 적과 및 봉지 씌우기		6월 상순	
	5. 독초 만들기		6~8월	
	6. 수확		9~10월	
	7. 판매		10~12월	
	8. 배즙 만들기 및 판매		10~2월	

농사시작	•서울에서 직장생활을 하던 중 농촌에서 살고 싶어 1998년 전북 완주군 용진면에 귀농하여 지인의 복숭아 과수원을 매입하여 농사 시작. •복숭아나무가 30년 이상 노목이 되어 2003년 복숭아나무 사이에 배나무 식재하여 배나무로 갱신.
친환경농업 도입	•첫해 복숭아 과수원을 매입하여 병해충 방제를 하던 중 복숭아나무 세 그루가 죽었는데 그 원인은 제초제를 사용한 방제기를 깨끗이 씻지 않았던 것으로, 그 이후 제초제의 위험성을 깨닫고 친환경을 하게 되었다. •1998년 충북 괴산에서 자연농법(조한규)에 대하여 교육을 받아 본격적으로 친환경농업을 도입하게 되었다.
친환경농업 전환기 및 현재 어려움	•유기농자재가 일반 자재에 비해 상대적으로 가격이 높아 경영비가 많이 들어간다. •일반적으로 동절기에 병해충 예방을 위해 석회유황합제를 사용하나 새잎이 나온 이후(온도 25℃ 이상)에는 석회유황합제를 사용하면 약해가 나오기 때문에 사용할 수 없어 사용 가능한 한 친환경자재를 만들어 사용한다. •친환경자재를 사용하기까지 시행착오로 어려웠다. •잦은 비로 기상이 나쁜 경우에는 친환경자재로 병해충 방제 한계가 있어 수확량이 저조하여 어렵다. •농촌의 고령화로 적과 및 봉지 씌우기 작업시 노동력이 없어 단기 기간제 인력고용에 어려움이 있다.
재배기술 습득 교육경력	•조한규로부터 자연농법 교육 이수 •유기농협회 회원 간 정보 교환 •완주군농업기술센터 농업인대학 유기농업과정 졸업(유기농 기능사 자격증 취득) •완주군사이버 연구회 회장으로 인터넷 등 지속적인 교육 수강
인증	•2003년 복숭아, 배 저농약 인증 •2009년 7월 22일 배 무농약농산물(제14-07-3-86호) •2011년 6월 30일 배 유기농산물인증(제70-1-2호)
유통경로 확보	•2008년 KBS1 '6시 내 고향' 프로그램에 방영되고 홍보가 잘되어 그 이후로 인터넷을 통한 판매망 확보
재배규모 확대	•유기농산물로 재배면적은 적당하여 확대 계획 없다.
향후 계획	•귀농인, 유기농업에 관심 있는 농업인에게 유기농 교육 •실버넷 뉴스 기자 활동 계획

4. 주요 유기농업 기술

종자, 품종	•5개 품종: 감천〉화산〉원황〉만수〉신고(주 품종은 감천, 화산)
토양(양분)관리	1. 토착미생물 확배 배양 살포: 부엽토 + 천매암 + 부식토 + 배즙 잔재물 2. 초생재배로 헤어리베치 등 각종 잡초를 유기물 활용 3. 기타 친환경퇴비 사용
병해충 관리	•직접 만든 친환경 농자재 활용 병해충 방제 _황토유황, 자닮오일(계면활성제 역할을 위한 보조제) _식물 독초 사용(봉숭아, 돼지감자, 마늘, 할미꽃뿌리, 청양고추) •바닷물 사용
잡초 관리	•초생재배(헤어리베치)로 피복 재배하여 잡초 관리
구입 농자재	•기계유제, 석회유황합제

자가제조 농자재	•황토 유황, 자닮 오일, 식물 액비, 식물 독초
나만의 유기재배 노하우	•자가 친환경 농자재 사용으로 경영비 절감 및 친환경 농산물 생산으로 소비자에게 신 뢰구축과 감동으로 서비스 향상 •인터넷을 통한 전량 판매

제도	•농작물 재해시 일반농산물과 똑같은 조건으로 지원해주는데, 유기농산물은 2배 이상 보상이 필요하다. •잦은 비로 기상 이변시 친환경자재 효과가 떨어져 유기재배 농산물은 피해가 많다. •농촌진흥청에는 유기농업과가 있지만 시군에서는 유기농업 관련부서가 없어 유기 농 업 확산이 어렵다. 각 시군에도 유기농업이 활성화될 수 있도록 관련 부서 설치나 관 심이 필요하다.
기술개발	•유기농업에 대한 많은 기술이 개발되어 있으나 그 효과가 아직은 미흡하다고 생각한 다. 농업인 누구나 쉽게 접근할 수 있는 유기농법이 더 개발되었으면 한다.
관행농업과의 관계	•관행 농업인 모두 유기농업으로 갈수는 없다고 생각한다. •그러나 관행농업도 GAP 수준으로 안전한 농산물을 생산했으면 한다.

유기농은 고령의 농부도 도전해볼 만한 소중한 일이다

서울에서 30년 넘게 길고 긴 직장생활을 하고 보니 남은 삶은 농촌에서 살고 싶은 마음이 간절했다. 지인의 도움을 받아 전북 완주에 복숭아 과수원을 매입할 수 있었다. 나이가 들어 고향으로 돌아온 것이었지만, 하루하루가 새로운 삶이었기에 활력이 넘쳤다. 복숭아 재배에도 온 힘을 기울였다. 그런데 첫해 병해충 방제를 하고 나서 보니 복숭아나무 세 그루가 죽어 있었다. 귀신이 곡할 노릇이었다. 병해충 방제 작업을 해주었는데, 되레 나무가 죽은 것이다. 며칠이 지나서 의문이 풀렸다. 제초제를 사용한 방제기를 깨끗이 씻지 않은 상태에서 병충해 방제 작업을 하다 보니 나무에 악영향을 끼친 것이다. 제초제가 독할 거라는 생각은 했지만, 나무의 생명까지 앗아갈 정도로 무서운 것인지는 미처 몰랐다.

그 이후로 농약 없이 농사짓는 방법을 모색하게 되었다. 하지만 방

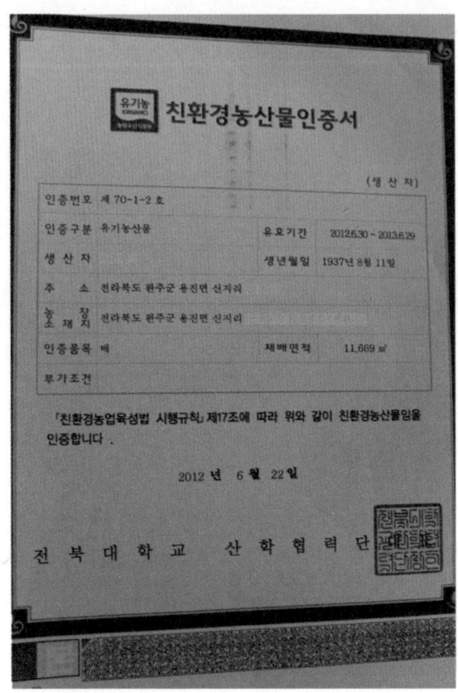

친환경농민의 진정한 자산

법은 좀처럼 쉽지 않았다. 요즘은 농촌에서도 인터넷이 잘 보급되어 있어 마음만 먹으면 새로운 정보를 공유할 수 있는 것이 사실이지만, 나와 같이 일흔을 넘긴 사람이 젊은 사람들처럼 인터넷을 이용하는 것이 쉽게 되는 일이 아니다. 하지만 나의 간절한 바람을 하늘도 무시하진 못한 것일까? 귀농을 준비하며 첫 인연을 맺었던 충북 괴산의 자연농업학교를 찾아가 친환경농업에 대해 배우기 시작하였다. 유기농업의 아주 기초적인 것부터 배워 나갔다. 배울수록 유기농업이 굉장히 손이 많이 가고, 미처 생각지도 못한 변수가 많다는 것을 알게 되었다. 한편으로는 얼마나 정직하고 올바른 농사인지 깨달을 수 있었다. 유기농에 대한 신념이 생겼다.

이렇게 유기농업을 향한 한 발을 내딛었지만 부족함을 느끼던 차에 완주군농업기술센터에서 운영하는 농업인대학 친환경농업과가 있다는 것을 알게 되었다. 늦깎이 학생으로 입학하여 체계적으로 유기농업을 공부하였다. 20대, 30대 젊은이들과 같이 공부하는데 70을 넘긴 고

유기농을 향한 열정이 '컴맹'이던 나에게 변화를 일으켰다.

령자로서 어려움도 있었다. 젊은 학생들에 비해 배우는 속도가 느리고, 다 이해했다 생각한 것도 돌아서면 잊어버리는 일이 빈번하였다. 그냥 공부하기보다는 목표가 생기면 더 낫지 않겠냐 싶어 유기농업기능사 자격증을 취득하기로 마음먹었다. 일흔을 넘긴 내가 국가기술자격증에 도전한다고 하니 젊은 주위 학생들의 격려와 걱정이 있었지만 유기농업이 절실히 필요했고 배우고자 하는 열정이 나이를 잊어버리게 했다. 목표가 생기니 수업도 더 재미있고, 공부하는 맛이 났다. 주위의 우려를 뒤로하고 당당하게 유기농업기능사 자격증을 취득하였다.

2007년에는 유기농업에 대한 나의 신념을 사명선언서로 만들었다.

"나의 사명은 환경오염을 복원하고 안전한 먹거리를 생산하는 생명산업을 지키는 데 있다. 농장에서 식탁까지의 식품안전은 물론이요, 농

사 명 선 언 서

2007년 1월 26일
이 겸 창

　나의 사명은 환경오염을 복원하고 안전한 먹거리를 생산하는 생명산업을 지키는 데 있다. 농장에서 식탁까지의 식품안전은 물론이요 농업환경은 자연과 인간을 하나로 조화시키며 인심을 순화시키고 고향을 사랑하게 만든다.
즉 농업은 생명과 환경을 지키는 산업으로서 지속 가능한 경제 발전의 중요한 기반을 만드는 중요한 사업이다.

　나는 이 사명을 완수하기 위하여 2010년까지 내가 경영하는 과일인 배, 복숭아, 및 야채 등을 친환경농업의 무농약 인증과 2-3년 현장 참여 연구 과제를 action learning 으로 해결하며 유기농 인증을 획득 2013년까지 분야 생산 재배력을 데이터베이스화한다. 합리적인 농업경영 전략을 추구할 수 있도록 할 것이며 현장 참여 연구 리더로서 지역 농업인을 선도 할 것이다.

유기농을 향한 신념으로 만든 '사명선언서'

업환경은 자연과 인간을 하나로 조화시키며 인심을 순화시키고 고향을 사랑하게 만든다. 즉 농업은 생명과 환경을 지키는 산업으로써 지속 가능한 경제 발전의 기반을 만드는 중요한 사업이다. 나는 이 사명을 완수하기 위하여 2010년까지 내가 경영하는 과일인 배, 복숭아 작목의 친환경 인증을 취득하고 2~3년 현장 참여 연구를 통해 농장 문제를 해결한다. 합리적인 농업경영 전략을 추구할 수 있도록 각 분야 생산 재배력을 데이터베이스화할 것이며 현장 참여 연구 리더로서 지역 농업인을 선도할 것이다."

　이렇게 선언한 이후, 내 사명을 잊지 않고 주변 농가들에게 액비와 천연농약 만드는 법, 사용법 등을 꾸준히 알려주고 있다. 한때 소중하게 다 자란 배가 비바람으로 떨어져 수확을 못한 쓰라린 경험도 있지

황토유황(왼쪽)과 자닭오일(오른쪽)을 만든다.

만 더 큰 보람을 위한 산고로 생각하고 언제나 소비자를 내 가족처럼 생각하며 꿋꿋하게 유기농업을 지켜나갈 것이다. 또한 친환경농업을 하고자 하는 완주군 농업인과 유기농업연구회를 만들어 유기농업 확산에도 노력할 것이다.

젊은 농부들은 유기농을 호감을 갖고 있지만, 나처럼 나이가 지긋한 농부들 대다수는 유기농으로 전환하려고 하지 않는다. 그동안 꾸준히 해온 농사에 길들여 있고, 굳이 변화를 선택해서 모험을 할 필요성을 느끼지 못하는 것이다. 나이 든 농부들이 인식을 전환하는 노력도 필요하지만, 유기농으로 전환했을 때 누구나 쉽게 접근할 수 있는 유기농법이 더 많이 개발되었으면 한다. 나이와 농사 이력을 떠나 유기농은 어느 농부라도 도전해볼 가치가 있는 소중한 일이다.

5. 경남 하동의 유기농(주요작물: 매실, 떫은감)

1. 농가현황 및 경영기반

조사자: 이종현 농촌지도사(하동군 농업기술센터)

경영기반(자가, 임차 구분)	
현재	**미래**
과수원: 27,000평 건조기, 창고, 체험 시설, 유기농시범 포장 등 굴삭기, 동력분무기, 세렉스 등	각종 시설 완비, 지리적 요건에 맞는 면적 확대

2. 재배작목

작목	1작목(매실)	2작목(떫은감)	기타(밤, 고사리)
규모(m², 두)	16,000평	6,000평	5,000평
재배형태	노지, 관정, 스프링클러(40%)	좌동	좌동
유통경로 및 판매처	인터넷:30% 유기농매장:70%	인터넷:100%	
작목선택이유	기후조건이 최적 시배지(하동)	기후조건 최적	
조수입(천 원)	13,000~15,000	5,000	
경영비(%)	30~35	30~35	
작물재배 순기표 등 특이사항	12월(기계유제)→2월말(석회유황합제)→잎이 나고~ 열매 달릴때까지 (자가제조 한방영양제, 균제, 충제 사용)→6월(수확)→수확직후 (하계전정)→7월(자가제조 한방 충제, 균제로 방제)→12월(전정)		

3. 농가 역사

농사시작	다양한 경험 및 사전 준비→ 1987년(귀향 및 귀농) 매실농업 시작→ 1998년(떫은감)
친환경농업 도입	• 1995년 자체적으로 친환경농업에 대해 공부하고 및 자가선언한 이후 품질관리원의 잔류농약검사를 요청해서 받았다. 1999년(무농약)→ 2004년(유기농). • 이유 _어린 시절 과도한 농약투여 등의 경험으로, 내가 먹는 과실에는 농약 없이 재배하고 할 수 있다는 판단을 했다. _연구심과 도전정신이 있어 충분히 할 수 있다는 신념이 강했다.
친환경농업 전환기 및 현재 어려움	• 하동에서는 거의 최초에 해당하여 주변에 친환경농업을 하는 사람도, 인식도 없어 실패를 반복했다. • 성공하기 위해 다양한 실험과 연구를 하여 집안의 이해조차 구하지 못하는 상황이었다.
재배기술 습득 교육경력	• 자체 실험, 연구, 개발, 독학 • 경남농업기술원과 기술교류 • 과채류 전문위원 선암 작물들에 대한 기본 지식들 습득, 다양한 자료들을 통한 지식 습득
인증	• 2004년 유기농인증(품질관리원) • 2012년 하동녹차연구소로 인증기관 변경

유통경로 확보	1. 초기 : 인터넷 판매 2. 2차 : 확보된 고객대상으로 개별 판매 3. 3차 : '초록마을' 등 유기농매장 출하 4. 기술원과의 교류 등으로 8년동안 매년 2회 정도 매스컴을 통한 홍보
재배규모 확대	•초기: 10,000평 •2013년 현재: 16,000평 •여건에 따라 가공시설과 재배면적 확대 계획 있음
향후 계획	•관정시설 완비 •가지 고정 시설 완비

4. 주요 유기농업 기술

종자, 품종	•주품목: 백과 •수분수: 꿈매실(자체 개발) •수급방법: 우량품종 직접 발굴 및 개량. 육종연구 9년(나무특성을 알아야 한다는 자각으로 시작)
토양(양분)관리	•토양검정: 4회/년(농업기술센터 1, 초록마을 3) •녹비작물 재배: 헤어리베치(국산), 이탈리안그라스 •국산 헤어리베치: 무명풀, 자체선발 •자가 퇴비제조: 대밭 곰팡이+퇴비(무항생제)→ 발효(1년 이상 발효한 퇴비만 1987년부터 꾸준히 투입)
병해충 관리	•자가 제조 병해충 방제제 활용 •나비, 나방류 많을 때는 유아등도 활용
잡초 관리	•녹비 초생재배로 연 2~3회 예초작업 실시
구입 농자재	•유기농자재 목록공시 3종: 똑깍이(매미충), 한라산(균), 노그린(충)
자가제조 농자재	•맞춤형 미생물 제제 연구 _뭉치는 특성의 미생물: 산, 대밭 등에 존재, 매실, 배나무, 감나무 등에 적합 _흩어지는 특성의 미생물: 소나무 뿌리 주변에 존재, 인삼, 도라지, 근채류에 적합 •충제 (대상 해충에 맞추어 제조) _주정+옥동풀→ 6개월 이상 발효 _마늘+현미식초→ 6개월 이상 발효 _느삼대+주정→ 6개월 이상 발효 _담배추출액+매실추출액→ 6개월 이상 발효 등 •균제 _녹차+참나무 · 질+느삼대+산죽죽순→ 1일 이상 고아서 사용→ 25:1 정도로 사용하면 매실을 반점 없이 깨끗하게 수확가능 •한방 미생물제 _대밭 미생물+미강+한방영양제→ 배양 ⇒ 세 종류 자재를 목적에 맞게 혼합하여 사용
나만의 유기재배 노하우	•꾸준한 연구와 노력이 바탕이 되어야 한다.(문제에 대한 해법을 찾을 수 있도록 실패를 두려워하지 말고 연구해야 한다.) •연구결과에 따른 최상의 품종과 자가제조 농자재 활용으로 유기농을 하더라도 오히려 관행보다 고품질의 매실을 다수확할 수 있었다. ex)진딧물 방제시: 독한 거?→ 호흡을 못하게 해보자./ 열매를 깨끗하게 할 수 없을까?→ 한방영양제 개발/ 최상의 품종이 없을까?→ 9년간 육종연구

제도	•제도를 엄격하게 적용해야 한다. →가짜 유기농가로 인해 진짜 유기농가가 힘을 잃는다. →재포장 인증제도가 오히려 가짜 유기농산물의 유통을 활성화한다.
기술개발	•친환경 농자재의 가격을 줄일 수 있는 기술이 중요하다.
관행농업과의 관계	•유기농 매실의 성공사례로 주변 배 농가 중 일부는 매실로 품목을 바꾸는 무농약 재배를 실현 중에 있다. •현재는 주변 관행농가의 특별한 마찰은 없다.

6. 특이사항 및 친환경농업에 대한 비전(농가 의견)

•유기농을 하기 위해서는 꾸준한 연구와 시험재배를 병행하는 노력이 필요하다.
•특이사항: 경남농업기술원 및 진흥청과 기술 교류
_기술원 과장급 이상 16명에 일일 영농교육 실시
_육종연구 9년, 꿈매실(수분수), 한다사남고(품질은 우수, 수확이 늦음)
_현재 스스로 개량한 품종을 접목하여 사용 중이며, 지속적으로 개발 적용 중에 있다.
_유기재배 고품질 매실 생산방법 : 논문발표(진흥청)→ 경상대, 광양매화연구회 등에 발표 및 강의

•비전
_앞으로는 유기농을 하지 않으면 안 된다.
_과학적인 유기농법을 추구해야 하며, 이를 통해 관행농보다 뛰어난 고품질, 다수확 농산물의 생산이 가능하다.

끊임없는 연구가 나만의 특성 있는 유기농산물을 창조해낸다

어린 시절부터 나는 농약을 쳐서 매실을 재배하는 어른들이 의아했다. 농약은 위험한 것이라며 내가 만지지도 못하게 하면서, 사람 입으로 들어가는 매실에는 스스럼없이 뿌리는 모습을 도무지 이해할 수 없었다. 어른이 되어 아버지에게 매실농장을 이어받게 되면 아버지와 다른 방식으로 재배하리라고 다짐했다. 대다수 유기농민들이 농약의 피해를 겪고 유기농으로 전환하는데, 나는 어린 시절부터 유기농에 관심이 있었다고 할 수 있겠다.

수십 년 동안 매실 농사를 해오시던 아버지는 내가 농약 없이 농사를 하겠다고 하자 난리가 나셨다. 아버지 입장에서는 편리하게 농사하라고 과학자들이 만들어놓은 농약을 굳이 사용하지 않겠다는 나를 도

성실함뿐 아니라 끊임없는 실험정신이 나만의 유기농을 완성케 한다.

무지 납득할 수 없었다. 그렇다고 내가 농사를 시작하자마자 유기농으로 전환한 것은 아니다. 우선 아버지가 꾸준히 해오던 농사 방식을 조금씩 바꾸었다. 내가 유기농을 준비하던 때만 하더라도 우리 농장이 자리 잡은 경남 하동에는 친환경농업을 하는 농업인도, 그러한 농사를 해야 한다는 인식도 없었다. 아무런 대안도 없이 농약을 쓰지 않겠다고 한 내가 아버지는 이해할 수 없었을 것이다. 게다가 농장의 매실에 다양한 실험과 연구를 직접 했으니, 제때 농약을 쳐서 빨리빨리 수확을 해 이윤을 남기는 농사를 해오신 아버지는 급기야 연을 끊겠다느니, 농장을 다른 사람에게 팔겠느니 하면서 역정을 내셨다.

하지만 나는 유기농으로 전환하는 것에 자신이 있었다. 아쉬운 것은 나와 같은 생각을 한 농업인이나 유기농법을 배울 수 있는 단체를 찾아보기가 어렵다는 것이었다. 어쩔 수 없이 나는 스스로 친환경농업에 대해 공부했다. 누구의 도움도 없이 스스로 개척해나가다 보니 시행착

농장을 방문한 농업기술원의 연구원들

오도 여러 번 겪었다. 하지만 단 한 번도 유기농을 접어야겠다는 생각은 해본 적이 없다. 오기가 생겼다. 아버지와 관행농을 하는 주변 농민들에게 농약 없이도 영양분을 가득 품은 튼튼한 매실을 재배할 수 있다는 것을 보여주고 싶었다. 무수한 실험을 거듭한 끝에 나는 우리 농장의 특성에 맞춰 맞춤형 미생물 제제와 친환경 살균, 살충제를 직접 개발해냈다. 품질관리원에 잔류농약이 있는지 검사를 해달라는 요청도 했다. 그 결과 1999년에 무농약 인증을 받았고, 2004년에는 유기농 인증을 받았다.

나는 이렇게 농자재를 스스로 만드는 것에 그치지 않고, 나무의 특성을 알아 우리 농장 특성에 맞는 매실 품종을 가져야겠다는 생각에 9년 동안 육종에 매달렸다. 덕택에 '꿈매실'이라는 매실 품종도 개발했다. 나의 노력이 헛되지 않았는지 이제 내가 연락하기도 전에 관공서에서 직접 찾아와 공동연구를 제안하는 일도 많다. 경남농업기술원과 농촌

고산지대발 채취미생물 원종

진흥청 연구에 현장 연구위원으로 참여하기도 하고, 유기재배 고품질 매실 생산방법에 대한 발표와 강의를 많이 다녔다. 특히 경남농업기술원의 정책결정자인 과장급 이상을 대상으로 일일 영농교육을 실시한 일을 잊을 수 없다.

유기농업은 정말 녹록치 않은 일이다. 하지만 앞으로 유기농을 하지 않은 농가는 지금 유기농으로 전환하고 도전하는 농가에 비해 더 많은 어려움에 처하게 될 것이다. 또 하나 중요한 것은 유기농의 특성상 농법은 환경에 따라 수만 가지 방법이 있을 수 있다. 자신의 논과 밭에 어떤 유기농법이 가장 바람직한지는 농부 스스로가 터득해야 한다. 그러기 위해서는 과학적인 자세가 필요하다. 꾸준한 연구와 시험 재배를 병행할 수 있는 준비가 되어 있어야 한다. 그러한 자세를 잃지 않으면 자기만의 특성 있는 농산물을 창조해낼 수 있다.

6. 전남 장흥의 유기농(주요 작물: 쌀)

1. 농가현황 및 경영기반

조사자: 김형래 농촌지도사(장흥군 농업기술센터)

경영기반 (자가, 임차 구분)						
논(m²)	밭(m²)	시설하우스(m²)	과수원(m²)	축산(두)	시설, 설비	농기계
임차 42,000	자가 1,354	0	1,535	닭 20	벼 건조기, 친환경쌀정미소	트렉터, 이앙기, 콤바인 등

2. 재배작목

작목	벼	보리	달걀	가공(쌀정미소)
규모(m²,두)	42,000	6,600	닭 20	50
재배형태	유기, 무농약, 관행	유기	유기축산	친환경쌀가공
유통경로 및 판매처	직거래, 하나로마트, 농협	농협	직거래	직거래, 마트, 농협
작목선택이유	작목반 공동	한살림 계약	부산물이용	유색미 도정
조수입(천 원)	40,000	2,000	1,000	8,000
경영비(%)	30	25	10	50
작물재배 순기표 등 특이사항	• 벼 : 5월 이앙~10월초 수확, 연중 판매 • 보리: 10월 중순 파종~6월 상순 수확, 농협 수매 • 달걀: 연중판매(유정란) • 쌀 정미소: 연중 도정			

3. 농가 역사

농사시작	•1986년 농사 시작(전 직업: 농기계이용 농작업 대행)
친환경농업 도입	•1991년 여름철 둘째아들과 함께 화학합성농약을 살포하였는데 그날 오후 아들이 자전거를 타고 가다가 길에서 쓰러짐. 가족 건강을 위해서 친환경농업을 실천하였음.
친환경농업 전환기 및 현재 어려움	•벼 제초방법인 왕우렁이농법이 없을 때 잡초방제가 가장 어려웠음.
재배기술 습득 교육경력	•전남내학교 농과내학 학상이셨던 박화성 박사님으로부터 친환경재배기술을 가장 많이 배움 •교육수료는 전남농업기술원, 농협중앙회 등 다수 •현재 장흥군친환경연합회 회장임
인증	•벼(국립농산물 품질관리원 장흥사무소)–유기·무기 인증
유통경로 확보	•2006년부터 2010년까지 부산광역시 사회봉사단 소비자 초청으로 유통처 확보 •하나로마트, 농협으로 주기적으로 판매
재배규모 확대	•재배규모는 확대하지 않음
향후 계획	•5년 후 아들에게 농업을 넘겨 줄 예정임(가업승계)

4. 주요 유기농업 기술

종자, 품종	•농업기술센터에서 종자 구매, •벼 품종은 호평벼, 신선찰벼, 유색미 재배
토양(양분)관리	•자가퇴비 제조: 쌀겨+EM •미생물제조: EM활성액, 키틴미생물 자가배양 후 사용 •녹비작물: 보리, 헤어리베치 •시판 유기질비료 일부 구매하여 사용
병해충 관리	•마늘+청양고추+미국자리공+소리쟁이+EM활성액 발효 후 사용
잡초 관리	•벼: 우렁이농법
구입 농자재	•EM퇴비, 미생물 원액(EM), 키틴미생물 •광합성세균, 고초균, 아미노산액비 등 •게르마늄 등
자가제조 농자재	•EM활성액, 키틴미생물 자가배양 •자가퇴비 제조: 쌀겨+EM
나만의 유기재배 노하우	•맛있는 쌀을 생산하기 위하여 쌀에 게르마늄 처리함: 전국 최초로 쌀에 게르마늄을 전이시키는 방법을 개발함. •EM퇴비를 이용하여 벼물바구미 방제를 함.

5. 애로사항

제도	•유기농직접지불제 시행을 한시적으로 할 것이 아니라 유기농을 계속 실천하는 농업인에게 지속적으로 지원해서 환경도 살리고, 농가의 소득도 보전해줘야 함.
기술개발	•병해충방제 약제를 직접 제조하여 사용: 고삼 등 병해충에 방제에 사용되는 식물을 직접 키워서 사용
관행농업과의 관계	•관행농업인들은 친환경농업을 하는 농민들을 더 배려해야 함. 특히 화학합성농약이 인근 논에 넘어가지 않도록 주의가 필요.

- 앞으로의 친환경은 돈을 벌기 위한 수단이 아니라 내가 먹는 식품을 생산하는 것을 1차 목표로 삼고, 남은 식품은 판매하는 것으로 전략을 바꿀 필요가 있음
- 한마디로 말하면 전통농법을 살려 고효율 저비용 농업 복원

유기농으로 전환하려면 농사 목표의 인식도 전환하라

"내 자식에게 먹인다는 생각으로 농사지었습니다."

농산물 광고에서 흔히 볼 수 있는 표현 중 하나가 바로 이 문구이다. 그만큼 정성을 다해 만들었다는 것을 강조한 은유적인 표현인데, 나는 이런 마음가짐은 은유적인 표현이 아니라 실제로 실천에 옮겨야 한다고 생각한다. 특히 유기농업을 하는 사람에게는 더욱 그러하다.

유기농업을 하는 사람은 알고 있겠지만, 친환경농업은 생각만큼 커다란 이윤을 남길 수가 없다. 시스템 자체가 그러하다. 때문에 유기농민들의 인식이 전환되어야 한다. 보통 유기농민들은 경제적 이윤을 남기는 것을 1차 목표로 세우고, 2차 목표로 가족의 먹을거리를 생각한다. 나는 친환경농업은 돈을 벌기 위한 수단이 아니라 나와 가족들이 먹을 식품을 생산하는 것을 먼저 생각해야 한다고 주장하고 싶다. 그리고 남은 농산물을 판매한다고 생각해야 한다.

실제로 나는 나와 출가한 여섯 아이들의 가정을 위해 벼농사를 하고 있다. 내가 보통 농민과 다르게 쌀을 상품이 아니라 식품으로 먼저 생각하게 된 계기가 있다. 20년 전의 일이다. 모내기철이 한창이던 여름, 둘째아들과 함께 화학농약을 논에 살포하는 일을 했다. 새참을 먹는데, 아들이 밥 먹는 모습이 시원찮았다.

"어디 아프냐?"

미생물을 살포하면서 메뚜기와의 공생이 가능해졌다.

걱정스러운 마음에 물어보니 아침에 일어날 때만 해도 괜찮았는데, 왜 그런지 속이 울렁거리고 머리가 어지럽다는 것이었다. 한여름에 더위를 먹은 것이 아닌가 염려스러워 쉬라고 했지만, 농번기에 일손이 얼마나 필요한지 알고 있는 아들은 내 말을 마다하고 오후까지 함께 약을 쳤다. 사단은 작업을 마치고 집으로 돌아가다가 벌어졌다. 멀쩡하게 자전거를 타고 집으로 향하던 아들이 그만 논길에서 쓰러지고 말았다. 서둘러 병원을 찾아가보니 농약중독이라는 것이었다.

그날 이후 나는 관행농업은 뒤도 돌아보지 않고 유기농업으로 전환했다. 친환경농업이 전무한 시절이라 말 못할 고생도 참 많았다. 주변 시선도 곱지 않았다. 유난을 떤다는 듯한 소문도 돌았다. 대한민국 사람들은 특성상 자기와 뜻이 다르고 행동이 다른 것을 곱게 봐주지 않는 것 같았다. 왕우렁이농법이 고안될 때까지 잡초 방제가 가장 어려

살균제를 사용하지 않는 볍씨 온탕소독과 못자리 준비

웠다. 잡초를 방제하기 위해 아내와 여섯 아이들이 모두 날이면 날마다 논으로 들어가 잡초를 뜯어야 했다. 수많은 난관을 겪다 보니 농사짓는 노하우도 하나하나 터득할 수 있었다. 그리고 그 결과는 우리나라 최초로 쌀에 게르마늄을 전이시키는 방법을 개발해내기도 했다.

나는 지금도 쌀을 수확하면 여섯 아이들의 가정에 보낼 양과 지인들에게 보낼 양부터 챙긴다. 또한 내가 발견해낸 농법을 모두에게 공개한다. 힘들여 발견한 농법까지 사람들에게 알려줄 필요가 없지 않느냐는 말을 듣기도 한다. 나는 이러한 태도 또한 유기농민들이 바꾸어야 한다고 생각한다. 유기농은 상품을 만들어내는 농사가 아니다. 바른 먹을거리를 만들고, 그 가치와 뜻을 함께하는 사람들과 함께 나누는 것이 진정한 유기농업이다. 유기농은 가족에게 먹일 먹을거리를 생산해내고, 가치관이 같은 사람들과 소통하기 위한 농사이다. 공동체를 만들어내

344

고, 공동체의 뜻을 널리 퍼트리는 것이 유기농민의 사명이다.

　나는 유기농민이 점차 늘어나기를 소망한다. 그리하여 우리 농업이 전통농법을 되살려 고효율 저비용의 농업으로 복원되길 희망한다. 외국 농산물에 휘둘리지 않고, 우리 스스로 바른 먹을거리를 생산해낼 수 있는 시스템이 구축되길 기원한다. 그 희망의 싹이 유기농에 있다.

7. 전남 강진의 유기농(주요작물: 쌀, 쌀귀리)

1. 농가현황 및 경영기반

조사자 : 박관우 농촌지도사(강진군 농업기술센터)

경영기반 (자가, 임차 구분)						
논(m²)	밭(m²)	시설하우스(m²)	과수원(m²)	축산(두)	시설, 설비	농기계
자가 80,000/ 임차 75,000	자가 1,700/ 임차 3,000	–	–	흑염소 5두	건조기 2대, 원료곡 보관창고 (330㎡)	트렉터 65, 이앙기 4조, 이앙기 6조, 콤바인 4조

2. 재배작목

작목	1작목	2작목	3작목	기타(가공)
규모(m²,두)	쌀	쌀귀리		
재배형태	유기 인증	유기 인증		
유통경로 및 판매처	계약재배 80% 직거래 20%	전량 계약 재배		
작목선택이유	–	농업기술센터 기술 지원		
조수입(천 원)	50,000	30,000		
경영비(%)	33	17		
작물재배 순기표 등 특이사항	벼: 이앙 5. 30.~6. 15, 병해충 관리 7~9월, 수확 10. 10.~10. 30. 쌀귀리: 파종 10. 20, 수확 6. 15.			

3. 농가 역사

농사시작	• 1985년부터 영농에 종사하였으며 4-H 회장, 농업경영인회 회장, 강진군농민회장 등을 역임하는 등 농업에 대한 고민을 많이 하면서 10여 년 전부터 유기농업의 필요성을 깊이 인식하고 실천하고 있다. • 1989년에는 전국 쌀 다수확 대상을 수상한 경력이 있을 만큼 농업에 대한 애착이 많다.
친환경농업 도입	• 친환경농업은 선택이 아니라 필수라는 생각으로 저농약 인증부터 도전하여 현재는 경작지 대부분을 유기농으로 재배하고 있다. 7년 전부터는 동기담수무경운 재배 농법을 실천함으로써 경영비를 획기적으로 절약하고 있음.
친환경농업 전환기 및 현재 어려움	• 친환경농업 실천 초기에는 유기 농자재로 등록된 자재가 많지 않아 벼물바구미, 벼멸구 등 벼 병해충 관리에 어려움이 많았다. • 또한 제초제, 병해충 방제 약제 및 화학 합성 비료 등에 의존함에 따라 약해진 땅심 때문에 수확량 감소 등의 문제가 있어 친환경농업 지속 여부를 심각하게 고민했으나 현재는 땅심이 높아져 관행에 비해 뒤지지 않는 수확량을 확보할 수 있을 뿐만 아니라 생산비까지 절감됨에 따라 오히려 소득이 증가하고 있다.
재배기술 습득 교육경력	• 강진군농업기술센터 주관 '친환경농업대학(쌀 분야)' 이수 • 생명대학(벼 반, 전라남도농업기술원) 이수 • 작천면친환경연구회 운영을 통한 연 3회 이상 전문가 초청 교육 • 전라남도농업기술원 실증 시험포 운영 참여

인증	•인증 내역: 쌀귀리, 쌀 유기 인증, 일부 무농약 인증 •인증 업체: 토지(광주광역시 소재) •컨설팅: 동기담수무경운농법 실천 컨설팅(전라남도농업기술원)
유통경로 확보	•최근 전라남도의 친환경농업 육성 정책에 따라 무농약, 유기 인증 쌀 생산량이 급증함에 따라 판로 확보에 어려움이 있어 생산물의 일부는 관행 가격으로 처리하였으나 5년 전부터는 '두보식품(주)'과의 계약재배로 판로에는 전혀 문제가 없다. •자체 브랜드 '인간米'를 개발하여 일부는 직거래하고 있다.
재배규모 확대	•쌀 재배 면적 155,000㎡ 중 100,000㎡는 유기 인증 재배를 하고 있으며, 무농약 재배 55,000㎡도 점차적으로 유기 인증으로 전환할 계획이다. •이모작으로 쌀귀리 20,000㎡를 유기 인증 재배하였으나 동절기 혹한에 따른 생육 부진으로 정상적인 수확을 하지 못했으나 향후 더 많은 면적으로 확대 재배할 계획이다.
향후 계획	•최근에 자체 개발한 '인간米' 브랜드를 활성화하여 직거래를 통한 유통 마진을 절감할 계획이다. •계약 재배를 통한 안정적 재배 기반 구축 및 판로 확보.

4. 주요 유기농업 기술

종자, 품종	•벼 품종: 새일미, 하이아미, 소다미 •쌀귀리 품종: 조양귀리 •벼 종자 확보: 전라남도농업기술원, 농촌진흥청 벼 맥류부를 통해 소량의 종자를 확보한 후 증식하여 사용. •쌀귀리 종자 확보: 쌀귀리는 전국적으로 정읍과 강진에서만 재배되고 있어 종자 공급 체계가 확보되지 않아 순도 높은 종자 확보에 어려움이 많았으나 강진군에서는 4년째 쌀귀리 계약 재배를 하면서 채종포를 설치하여 순도 높은 유기 종자를 확보할 수 있다.
토양(양분)관리	•녹비작물로는 헤어리베치를 재배하고 있으며 일부 양분이 부족한 필지는 땅심 확보를 위해 '금수강산플러스'라는 유기농자재 등록 유기질 퇴비도 사용하고 있다.
병해충 관리	•벼멸구, 혹명나방, 도열병 등 벼 병해충은 최근에는 발생량이 많지 않아 유기농자재를 거의 투입하지 않고 있으며 간혹 황토유황합제를 자가 제조하여 1년에 2~3회 정도 사용하고 있다. •쌀귀리는 보리와 달리 병해충 발생이 거의 없어 재배 관리가 편하다.
잡초 관리	•논 잡초 관리를 위해 청동오리, 쌀겨, 당밀 등 여러 가지 자재를 활용해 보았으나 비용이 과다 소요될 뿐만 아니라 관리에 많은 시간이 투자됨에 따라 현재는 전면적 새끼 우렁이를 이용하여 잡초를 관리하고 있으며 균평 작업이 불량한 논에서 발생하는 잡초는 인력 제초하고 있다.
구입 농자재	•친환경농업 실천 초기에는 목초액, 현미식초 등을 구입하여 활용하였으나 현재는 강진군농업기술센터에서 추진한 자연농업자재 자가제조 실습교육을 통해 산야초 액비나 토착미생물을 자체 제조하여 활용하고 있다.
자가제조 농자재	•토착미생물 •산야초 액비 •황토유황합제
나만의 유기재배 노하우	7년 전부터 동기담수무경운 농법을 도입하여 화석연료 사용량을 획기적으로 절감하여 저탄소 농법을 접목함으로써 유기 인증 쌀의 부가가치 및 이미지 제고.

제도	• 전라남도에서는 과도하게 친환경 인증 면적을 확대함에 따라 유기 인증 쌀의 판로 확보에 어려움을 초래하고 있으며 친환경농업에 대한 인식이 부족한 일부 농업인들로 인한 소비자 불신 조장으로 오히려 역효과를 보는 경우도 있다. • 다행히 강진군농업기술센터에서는 전체 쌀 재배 면적의 20%(무농약 이상 친환경 인증 750ha)를 계약 재배함으로써 농업인의 부담을 덜어주고 있는 실정이다.
기술개발	• 병해충이나 각종 재해에 강한 우수 품종 육성 보급이 절실히 요구된다.

6. 특이사항 및 친환경농업에 대한 비전(농가 의견)

동기담수무경운 농법 실천을 통한 화석연료 사용량을 획기적으로 절감하는 저탄소농법 인증을 획득하여 기존 유기 인증 쌀과의 차별화가 가능하다. 이런 저탄소 농법으로 이미지를 높여 소비자 직거래 등 경쟁력을 높일 계획이다.

유기농, 돌다리 두드려보듯 천천히 실천해나가는 것도 방법이다

유기농은 시대의 흐름이다. 소비자들의 눈높이가 달라졌고, 농약 없이 바른 먹을거리를 생산해내고 싶은 농민들의 의욕도 예전과 달라졌다. 하지만 웬만한 뚝심과 열정이 없으면 유기농을 실천할 수가 없다. 아이러니하지만 현실이 그러하다. 관행농과 달리 하나에서 열까지 세심하게 신경 쓸 일이 산더미이다. 내가 하는 벼농사만 해도 그러하다. 종자 구입에서부터 농약 없이 병충해를 관리한다는 것은 상상 이상의 노력이 들어간다. 그렇다고 유기농을 한다고 누가 알아주는 것도 아니다. 아무리 눈높이가 높아졌다고 해도, 외관상으로 윤기 없고 쌀알 크기도 들쭉날쭉인 유기농 쌀과 윤기가 흐르고 새하얀 관행농 쌀을 시장에 내놓았을 때 선뜻 유기농 쌀을 선택할 소비자가 몇 명이나 될까? 결국 소비자들이 원하는 것은 유기농으로 지으면서도 상품성이 있는 농작물이다. 하지만 현실에서 유기농을 하는 논밭에서 재배하는 농작물 모두가 이렇게 만들어지는 것이 아니다. 또한 판로도 문제다. 내가 아무리 정성을 다해 농약 없는 쌀을 수확했다고 해도 인정을 해주고 제값을 쳐줄 중간상인을 만나는 것도 쉽지 않다.

때문에 나는 유기농이 선택이 아닌 필수라는 생각이 들었지만, 좀처럼 유기농으로 전환하는 것을 망설였다. 게다가 나는 유기농으로 전환하지 않아도 수확량을 꾸준히 올리고 있었다. 1985년 영농에 뛰어들어 본격적으로 벼농사를 시작하고, 4년 만에 전국 쌀 다수확 대상을 수상했다. 그만큼 농사 기술도 탄탄하고, 인정도 받고 있었다. 물론 나 또한 벼농사에 대한 애착이나 벼농사 짓는 것만큼은 남들에게 뒤지지 않다고 자부하고 있었다. 주변에서 그 모습을 잘 봐준 덕인지 나는 4-H 회장, 농업경영인회 회장, 강진군농민회장 직을 역임하게 되었다. 자리가 사람을 만든다고 했던가? 평범한 농부가 아니라 농민들의 지지를 받아 회장직에서 더 큰 관점으로 농사를 바라보니 눈에 보이지 않던 것들이 보이기 시작했다. 전라남도 농업의 큰 방향은 '친환경 생명농업'이다. 세계 최고의 유기농 생태농업을 꿈꾸는 전라남도 농업의 방향이 어찌 보면 그 안에 속해 있던 우리 농업인의 갈 길을 제시하고 있다고 느꼈다. 나는 더 이상 유기 농사를 늦출 수는 없다는 확신이 들었다. 그렇지만 현실적으로 타격을 입게 되는 손실을 모른 척할 수도 없는 노릇이었다.

나는 단번에 모든 시스템을 관행농업에서 유기농으로 바꾸는 것이 아니라 차근차근 천천히 전환하기로 마음먹었다. 갑작스레 모든 것을 바꾸다 보면 그 속도만큼이나 무수한 시행착오가 발생하기 마련이다. 우선 논에 뿌리는 농약의 양을 줄여나가기 시작했다. 저농약 인증부터 도전하기로 했다. 준비를 많이 하고 시작한 일이라 남들보다는 수월했지만 목도열병으로 누렇게 말라 죽는 논을 보며 약을 뿌리지 않고 참아내기란 겪어보지 않은 사람은 모른다. 우여곡절이 많았지만 지금은 경작지 대부분을 유기농으로 재배하고 있다. 유기농을 조금씩 도입하면서 더 효율적인 시스템을 구축할 수 있었다. 7년 전부터는 동기담수 무경운 재배농법을 실천하여 경영비를 획기적으로 절약하고 있다. 또한 저탄소 농법을 접목하여 유기 인증 쌀의 부가가치와 이미지를 제고하는 데 큰 도움이 됐다. 나는 현재 쌀 재배 면적 155,000m^2 중 100,000m^2는 유기 인증 재배를 하고 있으며, 무농약 재배지 55,000m^2도 점차적으로 유기 인증으로 전환할 계획이다.

유기농으로 전환하고 싶지만, 현실적으로 실천할 수 없는 농민들이 많다. 하지만 앞서 말했듯이 시대적 추세는 유기농일 수밖에 없다. 한꺼번에 자신의 모든 농사 시스템을 바꾸려고 하지 말고, 하나씩 차근차근 준비를 한다면 시행착오를 줄이고, 현실적인 손실을 메워나갈 수 있다. 내가 생각하는 유기농은 혁명이 아니라 점진적인 진화이다.

농업을 보는 시각에는 크게 두 가지 측면이 있다. 하나는 생산성을 앞세운 식량안보적 관점이고, 하나는 지속 가능성을 생각하는 환경보호적 관점이다. 식량안보적 측면에서 보면 유기농은 어이없는 농업 방식이다. 식량주권의 기본이 되는 생산성을 지닌 것도, 노동력이 적게 드는 효율성이 있는 것도 아니다. 그저 현실과 동떨어져 한가하게 이상을 꿈꾸는 사람들의 농업 방식으로 생각할 수 있다. 실제로 유기농을 연구하는 많은 학자들은 '유기농업으로 세계의 빈곤을 해결할 수 있는가?'라는 질문을 받을 때마다 곤혹스러운 표정을 짓는다고 한다. 우리뿐만 아니라 세계적으로 식량안보는 국가의 운명이 달린 중차대한 문제이다. 따라서 동서고금을 막론하고 농업정책은 식량안보의 큰 틀 안에서 움직여왔다. 우리나라도 쌀만큼은 지키고자 관세유예 및 직불금 정책으로 벼농사를 지켜나가는 것이다.

한편 지속 가능을 생각하는 환경농업의 관점에서 농업은 단순히 생산성이라는 잣대를 들이대는 것 자체가 맞지 않다. 공장에서 상품을

찍어내듯 일 년 내내 똑같은 품질, 균일한 크기를 요구하는 농산물시
장은 농업과 농업인 모두를 가난하고 상대적 빈곤에 빠지도록 만든다
고 주장한다. 무역장벽이 크게 낮아진 지금 세계에서 가장 효율이 높
은 방식으로 생산된 농산물과의 경쟁은 우리나라 축구팀이 두 명의 선
수가 퇴장당한 채 유럽 최강팀과 경기를 벌이는 것과 다를 바가 없다.
이를 조금이라도 극복하기 위해 농민은 과실을 더 빠르게 수확하고,
더 많이 수확하고, 더 달게 만들기 위해서 지베렐린 같은 호르몬제를
처리하고, 더 많은 비료를 주고, 과실에 캡을 씌우며 다수확 품종을 육
종하고 있다. 하지만 그런 기술들이 개발되면 개발될수록 경영비는 계
속 상승하게 된다. 생산량이 많아져 매출이 증가해도 지출은 더 많아
지고, 가격의 등락 폭도 커져 농사가 도박이 되는 왜곡된 구조로 흘러
간다. 더불어 그 과정에서 농업 환경뿐 아니라 지구 환경도 크게 파괴
된다.

우리나라는 OECD국가 중 가장 많은 비료를 쓰는 나라다. 화학농
약, 항생제 사용도 엄청나 농업기술 대국으로서의 지위가 어떤 환경 속
에서 이루어졌는지 짐작하게 한다. 이런 타성에 젖은 우리에게 비료와
화학농약 없이 짓는 농사는 상상하기조차 두려운 일이 되었다. 화학비
료와 화학농약의 안전성에 대해 언급하면서도 결국 많이 쓰는 게 문제
라고 결론 내린다. 우리는 어느 정도 '생산과 환경'의 균형을 공감하지
만 문제는 대안 없이 끝난다는 것이다. 대부분 정부 정책으로 해결해야
한다고 단정 지어버리고 관행적 농사방식을 여전히 고수하고 있다.

앞서 이야기한 농업을 바라보는 두 가지 관점이 얼핏 보기에는 대단
히 상반되는 것처럼 보인다. 하지만 크게 보면 결국 지키고자 하는 범

위의 문제다. 식량안보가 국가적인 문제라면 지속 가능한 환경은 지구적인 문제이다. 어느 쪽이 먼저라고 단호하게 이야기하는 것은 어렵다. 현재의 우리를 지켜줄 식량도 중요하지만, 생물학적인 의미에서 우리 삶의 목적인 후손들의 삶도 소중한 법이다. 미래농업의 희망을 제시하기 위해서는 조금 더 확장된 시선으로 보는 자세가 필요하며, 그것은 우리 앞에 놓인 시대적 과제이다.

대안을 찾는 많은 사람들이 유기농업으로의 전환을 모색한다. 하지만 앞에서 이 책은 유기농업은 꼭 해야 하지만 '생산성이 낮고 어려운 일'이라며 '각오하고 시작하라'는 으름장을 놓았다. 장밋빛 환상에 젖어 현실을 망각하는 우를 범하지 않길 바라는 뜻이었다. 그러나 우리는 믿는다. 유기농업을 한다는 것이 결코 생산성이 낮은 과거 농업으로의 회귀를 뜻하지 않는다는 것을. 중장기적으로 관행농업에 비해 더 나은 결과를 얻을 수 없다면 어떻게 유기농업으로 전환을 이야기할 수 있을 것인가? 이미 많은 농가가 유기농업 전환에 성공했고, 이들의 경험은 소중한 자산이 되어 우리에게 갈 길을 제시한다. 기술의 발달도 빼놓을 수 없다. 유기농업은 과학문명을 거부하고 퇴보하기를 바라지 않는다. 자연에 맡기는 방치도 아니다. 세심히 관찰한 자연 법칙에서 지혜를 얻어 농업방식과 결합한다. 비옥한 토양을 가꾸는 방법, 생태계에 최소한의 위해만 가하며 잡초와 해충을 효율적으로 퇴치하는 방법을 연구하고 실천한다. 유기농업 전환에 성공한 사람들은 하나같이 유기농업기술의 발달로 예전처럼 어렵지 않다고 입을 모은다.

이 책에서 제시한 유기농업의 정의와 기술은 가장 기본적인 내용만을 담고 있다. 유기농업에 대한 상세 기술을 원하는 독자라면 주저하지 말고 농촌진흥기관의 문을 두드리기를 바란다. 때때로 우리는 답답한 마음에 지름길이 있을까 싶어 정도를 벗어나는 우를 범하기도 한다. 안타깝지만 공부에는 왕도가 없다. 유기농업에도 왕도가 없다. 배우고, 실천하고, 반성하고, 같이하는 길이 있을 뿐이다.

부록

☆ 유기농자재의 구입 및 활용시 고려사항

☆ 농식품 인증제도 통합로고 사용

☆ 2012년부터 달라지는 친환경유기농자재 관리제도

☆ 유기농 진입단계 농가를 위한 주요기술

☆ 국내 유기농업에 허용되는 자재 목록

☆ 국내 유기농업 관련 사이트

유기농자재의 구입 및 활용시 고려사항

- 유기농자재 등록번호의 확인: 등록번호가 없는 것은 인증심사원의 확인이 필요함

친환경유기농자재 현행 및 개정에 따른 표시 방식

구분	표시의 방식 및 적용 예
현 행	등록년-유기-자재종류별 분류기호-일련번호 예) 11-유기-3-153
변경 (도입예정: 2013년 이후)	공시(또는 품질인증)-인증기관번호-자재종류별분류기호-일련번호 예) 품질인증-01-01-24

- 지나치게 많은 효과가 적혀 있는 자재는 의심할 필요가 있음.
- 주변농가에서 많이 쓰고 있는 검증된 자재.
- 경영비 절감할 수 있는 자재.
- 병해충의 경우 원재료의 성분을 파악, 성분이 다른 것들을 교차 사용하여 내성발생을 막는다.
- 조금씩 사용해보고 점차 늘려가는 지혜가 필요함.
- 미생물의 경우 보증 균수를 확인하고 필요한 경우 전문가의 도움을 얻어 균의 종류 및 특성을 이해하여 활용하는 것이 좋다.

농식품 인증제도 통합로고 사용

- 유사인증제도의 단계적 통합: 18종의 인증제도를 2013년까지 8종으로 통합(장기적으로 KAS로 일원화)

관련법률	인증제도
식품산업진흥법(3)	유기가공식품, 식품명인, 전통식품
농산물품질관리법(2)	농산물GAP, 농축임산물 지리적표시
수산물품질관리법(7)	수산물, 수산특산물, 수산전통식품, 품질인증, 수산전통식품명인, 수산양식장HACCP, 수산물지리적표시, 친환경수산물
친환경농업육성법(4)	친환경농산물(유기,무농약,무항생제,저농약)
축산물가공처리법(1)	축산물HACCP
산업표준화법(1)	가공식품 산업표준 KS 인증

※ 국가인증 이외에 G-마크 등 지자체 또는 민간기관에서 사용하는 인증마크도 무수히 많다.

- 식별의 편리를 위한 공통표지(logo) 도입
※2013년까지는 기존 표지와 병행 사용

2012년부터 달라지는 친환경유기농자재 관리제도

- 친환경유기농자재의 품질인증을 위한 인증업무 수행

_(초기)농촌진흥청→ (중장기)민간인증기관

- 기존 목록공시자재와 품질이 우수한 품질인증자재로 구분해서 관리

_품질인증품은 포장·용기 등에 인증마크 표기 가능

_자재의 종류, 유통기한, 효능 관련 사항 표기

• 목록등재 방법 개선

_기존 비료, 농약 등록 후 등재→ 등록 관련 없이 등재

_심사절차 변경: 서류→ 서류+현장

_공시기간 변경: 기존 2년 → 3년

목록공시자재와 품질인증자재와의 비교

구분	공시	품질인증
주관기관	민간인증기관, 농진청	좌동
유효기관	3년	좌동
시험포장수	1개 포장	도 단위 지역을 달리한 2개 포장
약효시험	없음	방제가 60% 이상(미생물 50%)
비효시험	없음	무시비구 대비 15% 이상
약해(비해)시험	약해판정기준 1 이파	약해(비해)가 없어야 함
효능표시	불가	적극적 표기
인증마크	없음(협회자체마크)	부여

※품질인증을 위한 신청기간 때문에 2013년 이후 점차 출시될 것으로 보임.

구분	적용기술	필수자재	기타자재	희석	주의사항	용도
액비류	난각칼슘	난각(시제품 혹은 자가생산품), 현미식초		200~500배	자가생산 계란껍질은 잘게 부수어 넣을 것	·칼슘공급
	쌀겨액비	쌀겨, 대두박(1:1) 5kg씩	100일간 발효	10~20배		질소와 인산공급
	청초액비	산야초, 유박, 쌀겨, 미생물(부엽토)		100~500배		발근촉진 염류 제거 등
	해조류 액비	해조류, 당밀(1:1) 5kg씩	100일간 발효	1,000배 이상	냄새 주의 토양관주로 이용	미량요소 미네랄
	요구르트 액비	유박 6kg, 요쿠르트 4L, 물300L	2주간 상온에서 발효	배양액 바로 사용	배양중 지속적 공기주입	후기 양분 공급용
병해충 관리	난황유	계란, 식용유	믹서기	예방-0.3%	흠뻑 젖도록 뿌릴 것	흰가루병, 응애등
	마요네즈	마요네즈	PT 등 용기	치료-0.5%	흠뻑 젖도록 뿌릴 것	흰가루병, 응애등
	달팽이트랩	담배1개피, 맥주 50ml	종이컵 크기의 용기	원액 사용 (유인용)	작물 주변	달팽이
	황토유황	황토가루, 가성소다, 천일염, 부식, 칼슘제 등	내열성 플라스틱용기	300~500배	약해주의	흰가루병, 잿빛 곰팡이, 탄저병, 흑성병 등
	천연유화제	식용유, 가성가리	내열성 플라스틱용기	300~500배	혼용시 효과 상승	각종 해충류
	보르도액	황산구리, 생석회, 물	내열성 플라스틱용기	병해에 따라 다름	단용으로만 사용	병해 예방용
	바닷물	바닷물		20~30배	혼용시 효과 상승	병해 예방용

1. 토양개량과 작물생육을 위하여 사용이 가능한 자재

사용가능 자재	사용가능 조건
•농장 및 가금류의 퇴구비	•농촌진흥청장이 고시한 품질규격에 적합할 것
•퇴비화된 가축배설물	
•건조된 농장퇴구비 및 탈수한 가금퇴구비	•지렁이 양식용 자재는 규정된 자재만을 사용할 것
•식물 또는 식물잔류물로 만든 퇴비	
•버섯재배 및 지렁이 양식에서 생긴 퇴비	
•지렁이 또는 곤충으로부터 온 부식토	•슬러지류를 먹이로 하는 것이 아닐 것
•식품 및 섬유공장의 유기적 부산물	•합성첨가물이 포함되어 있지 아니할 것
•유기농장 부산물로 만든 비료	
•혈분·육분·골분·깃털분 등 도축장과 수산물 가공공장에서 나온 동물부산물	
•대두박, 미강유박, 깻묵 등 식물성 유박류	
•제당산업의 부산물(당밀, 비나스Vinasse, 식품 등급의 설탕, 포도당 포함)	•유해 화합물질로 처리되지 아니할 것
•유기농업에서 유래한 재료를 가공하는 산업의 부산물	
•이탄(Peat)	
•피트모스(토탄) 및 피트모스추출물	
•오줌	•적절한 발효와 희석을 거쳐 냄새 등을 제거한 후 사용할 것
•사람의 배설물	•완전히 발효되어 부숙된 것일 것
	•고온발효: 50℃ 이상에서 7일 이상 발효된 것
	•저온발효: 6개월 이상 발효된 것
	•직접 먹는 농산물에 사용금지
•해조류, 해조류 추출물, 해조류 퇴적물	
•벌레 등 자연적으로 생긴 유기체	
•미생물 및 미생물추출물	
•구아노(Guano)	
•짚, 왕겨 및 산야초	
•톱밥, 나무껍질 및 목재 부스러기	•폐가구 목재의 톱밥 및 부스러기가 포함되어 있지 아니할 것

사용가능 자재	사용가능 조건
• 나무숯 및 나뭇재	
• 황산가리 또는 황산가리고토(랑베나이트 포함)	• 천연에서 유래하여야 하며, 단순 물리적으로 가공한 것에 한함
• 석회소다 염화물	
• 석회질 마그네슘 암석	• 사람의 건강 또는 농업환경에 위해요소로 작용하는 광물질(예: 석면광, 수은광 등)은 사용할 수 없음
• 마그네슘 암석	
• 황산마그네슘(사리염) 및 천연석고(황산칼슘)	
• 석회석 등 자연산 탄산칼슘	
• 점토광물(벤토나이트 · 펄라이트 및 제올라이트 · 일라이트 등)	
• 질석(풍화한 흑운모;Vermiculite)	
• 붕소 · 철 · 망간 · 구리 · 몰리브덴 및 아연 등 미량원소	
• 칼륨암석 및 채굴된 칼륨염	• 합성공정을 거치지 아니하여야 하고 합성비료가 첨가되지 아니하여야 하며, 염소함량이 60퍼센트 미만일 것
• 천연 인광석 및 인산알루미늄칼슘	• 물리적 공정으로 제조된 것이어야 하며, 인을 오산화인(P_2O_5)으로 환산하여 1kg 중 카드뮴이 90mg/kg 이하일 것
• 자연암석분말 · 분쇄석 또는 그 용액	• 화학합성물질로 용해한 것이 아닐 것
• 베이직슬래그(鑛滓)	• 광물의 제련과정으로부터 유래한 것
• 황	
• 스틸리지 및 스틸리지추출물(암모니아 스틸리지는 제외한다)	
• 염화나트륨(소금)	• 채굴한 염 또는 천일염일 것
• 목초액	• 「산림자원의 조성 및 관리에 관한 법률」에 따라 국립산림과학원장이 고시한 규격 및 품질 등에 적합할 것
• 키토산	• 농촌진흥청장이 정하여 고시한 품질규격에 적합할 것
• 그 밖의 자재	• 국제식품규격위원회(CODEX) 등 유기농 관련 국제기준에서 토양개량과 작물생육을 위하여 사용이 허용된 자재로서 농촌진흥청장이 인정하여 고시하는 물질

2. 병해충 관리를 위하여 사용이 가능한 자재

사용가능 자재	사용가능 조건
(가) 식물과 동물	
• 제충국 추출물	• 제충국(Chrysanthemum cinerariaefolium)에서 추출된 천연물질일 것
• 데리스(Derris) 추출물	• 데리스(Derris spp., Lonchocarpus spp. 및 Terphrosia spp.)에서 추출된 천연물질일 것
• 쿠아시아(Quassia) 추출물	• 쿠아시아(Quassia amara)에서 추출된 천연물질일 것
• 라이아니아(Ryania) 추출물	• 라이아니아(Ryania speciosa)에서 추출된 천연물질일 것
• 님(Neem) 추출물	• 님(Azadirachta indica)에서 추출된 천연물질일 것
• 밀납(Propolis)	
• 동·식물성 오일	
• 해조류·해조류가루·해조류추출액·해수 및 천일염	• 화학적으로 처리되지 아니한 것일 것
• 젤라틴	• 크롬(Cr)처리 등 화학적 공정을 거치지 아니한 것일 것
• 인지질(레시틴)	
• 난황(卵黃)	
• 카제인(유단백질)	
• 이탄(Peat)	
• 식초 등 천연산	• 화학적으로 처리되지 아니한 것일 것
• 누룩곰팡이(Aspergillus)의 발효생산물	
• 버섯 추출액	
• 클로렐라 추출액	
• 목초액	• 「산림자원의 조성 및 관리에 관한 법률」에 따라 국립산림과학원장이 고시한 규격 및 품질 등에 적합할 것
• 천연식물에서 추출한 제제·천연약초, 한약제	
• 담배차(순수니코틴은 제외)	
• 키토산	• 농촌진흥청장이 정하여 고시한 품질규격에 적합할 것
(나) 광물질	
• 구리염	

사용가능 자재	사용가능 조건
• 보르도액	
• 산염화동	
• 부르고뉴액	
• 생석회(산화칼슘) 및 수산화칼슘	• 보르도액 제조용에 한함
• 유황	
• 규산염	• 천연에서 유래하거나, 이를 단순 물리적으로 가공한 것에 한함
• 규산나트륨	
• 규조토	
• 벤토나이트	
• 맥반석 등 광물질 분말	
• 중탄산나트륨 및 중탄산칼륨	
• 과망간산칼륨	
• 탄산칼슘	
• 인산철	• 달팽이 관리용으로 사용하는 것에 한함
• 파라핀 오일	

(다) 생물학적 병해충 관리를 위하여 사용되는 자재

사용가능 자재	사용가능 조건
• 미생물 및 미생물 추출물	
• 천적	

(라) 덫

사용가능 자재	사용가능 조건
• 성유인물질(페로몬)	• 작물에 직접 살포하지 아니할 것
• 메타알데하이드	

(마) 기타

사용가능 자재	사용가능 조건
• 이산화탄소 및 질소가스	
• 비눗물	• 화학합성비누 및 합성세제는 사용하지 아니할 것
• 에틸알콜	• 발효주정일 것
• 동종요법 및 아유르베다식(Ayurvedic)제제	
• 향신료·생체역학적제제 및 기피식물	
• 웅성불임곤충	
• 기계유	
• 그 밖의 자재	• 국제식품규격위원회(CODEX) 등 유기농 관련 국제기준에서 병해충 관리를 위하여 사용이 허용된 자재로 농촌진흥청장이 인정하여 고시하는 물질

1. 유기농관련 기관 사이트

기관명	인터넷 주소 및 전화번호	주요내용
농촌진흥청	http://rda.go.kr 1544-8572(민원고충처리실)	농업기술정보 농산물 생산 동향 등
유기농정보센터	http://naas.go.kr/organic 031-290-0562	유기농업 관련 종합 정보
친환경인증시스템	http://enviagro.go.kr/ 1544-8217	친환경인증 관련 종합 정보
한국유기농업학회	http://yougi.or.kr/ 031-290-0548	유기농업 관련 학술자료
농서남북	http://lib.rda.go.kr/pod/index.asp 031-299-2381	농업과학기술도서 무료 E-book

2. 유기농관련 단체 사이트

기관명	인터넷 주소 및 전화번호	주요내용
한국유기농업협회	http://organic.or.kr 031-756-4462	유기농업협회 관련 정보
환경농업단체연합회	http://kfsao.org 031-521-2160	환경농업단체 관련 정보
자연을닮은사람들	http://heuk.or.kr 080-338-8779	자연농업기술(천연자재)관련 정보 및 자재 판매
(사)흙살림	http://yougi.or.kr/ 031-290-0548	흙살림 관련 제품 판매, 컨설팅, 유기농업기술
전국귀농운동본부	http://refarm.org 031-408-4080	귀농교육관련 정보
한살림 전국생산자연합회	http://farm.hansalim.or.kr 02-6715-0880	한살림생산자정보 및 사례
친환경넷	http://www.digitalorganic.net 031-421-8119	친환경관련잡지 친환경관련 국내외 소식

농부가 세상을 바꾼다

귀 농 총 서

guidebook

유기농 채소 기르기 텃밭백과

박원만 지음 | 153×224 | 576쪽 | 본문 컬러

2009년 정농회 선정도서

10년 동안 직접 기르며 쓴 유기농 채소 텃밭일지

초보자들이 자신의 밭 상황과 책 내용을 비교해보면서 농사지을 수 있도록 친절하고 상세하게 텃밭농사의 전 과정을 담은 책이다. 씨뿌리기부터 싹트는 모습, 밭 만들기, 자라는 모습, 병든 모습, 수확하는 모양까지 직접 찍은 사진을 1,400여 장 실었다. 이 책의 미덕은 작물이 병충해에 피해를 입었을 때 어떤 모습이 되는지, 피해를 예방하려면 어떻게 해야 하는지 등을 일일이 기록하고 사진으로 직접 보여준다는 데 있다. 전국서점 자연과학 분야에서 베스트셀러 자리를 놓치지 않을 만큼 귀농인과 도시농부들에게 가장 인기가 많은 책이다. "실험실을 잠시 자연으로 옮겨 이 책을 완성했습니다. 실험이 잘 안될 때는 1년을 기다려 다시 파종하고 식물이 자라는 모습을 기록했습니다. 만약 이 일이 생계였다면 이런 식의 관찰자적인 농사는 짓지 못했을 겁니다. 평생 직업으로 농사를 짓는 농부들에게는 부끄러운 일이지요."('지은이의 말'에서)

농사꾼 장영란의 자연달력 제철밥상

장영란 지음 | 김정현 그림 | 188×254 | 360쪽 | 본문 컬러

24절기 자연 흐름에 맞춘 자급자족 밥상

이 책은 단지 먹을거리만 소개하고 있는 것이 아니다. 절기에 맞춰 자연의 흐름을 이해하기 쉽게 보여주는 훌륭한 자연교과서라 할 수 있다. 절기마다 피고 지는 꽃, 찾아오는 새들의 울음소리와 다양한 동물들과 벌레들의 활동, 그에 맞춰 진행되는 농사일들, 그리고 먹을거리에 관한 이야기들이 재미있고 잔잔하게 전개된다. 저자는 자연을 구경만 하는 관객의 입장이 아니라 자연 속에서 자연과 하나 되어 자연을 말하는 태도를 일관되게 취한다. 독자들은 이 책을 통해 자연 속으로 흔쾌하게 빨려 들어가는 즐거움을 맛볼 수 있을 것이다.

"먹을거리가 넘쳐나지만 제대로 먹고 살기는 오히려 힘든 세상이다. 아이 어른 할 것 없이 면역력이 떨어지고 있다. 면역력이란 다른 말로 몸의 자급능력이라 할 수 있다. 몸의 자급능력은 하루아침에 얻어지는 게 아니라 꾸준히 먹을거리를 자급해나갈 때 얻을 수 있다."('지은이의 말' 중에서)

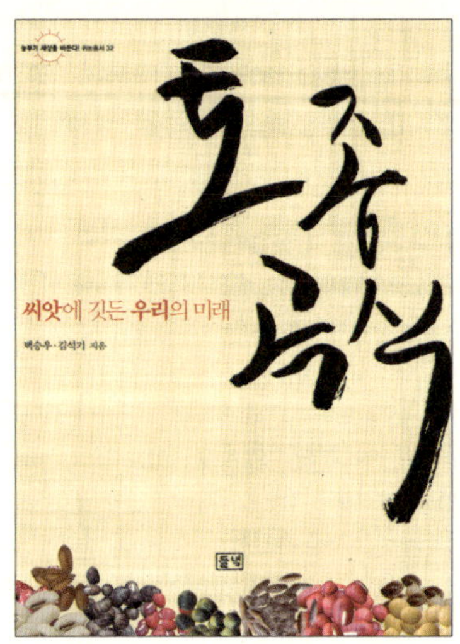

씨앗에 깃든 우리의 미래 **토종 곡식**

백승우·김석기 지음 | 150×210 | 224쪽 | 본문 컬러

건강한 세상을 만드는 토종 곡식의 귀환!

토종 곡식이 사라지고 있다. 대대손손 농사일을 이어오며 부모로부터 곡식 씨앗을 받아 기르던 농민이 줄어들면서 그 씨앗도 함께 사라졌다. 씨앗의 소멸은 또 다른 소멸을 부른다. 씨앗이 없으면 다양한 작물을 기를 때 사용하던 농기구, 농사법 등이 사라지고, 그 곡식으로 해먹었던 요리마저 없어진다. 우리네 고유한 농경문화가 사라지는 것이다.

이 책은 아직 살아 있는 토종 씨앗에 관한 기록이다. 밀, 호밀, 보리, 율무, 수수, 팥, 콩, 조, 기장, 참깨 등 이름만큼 모양새도 각기 다른 곡식들. 이들은 '잡곡'으로 불리며 '잡스러운' 취급을 당했지만, 쌀의 빈자리를 채워준 고마운 존재다. 무관심 속에서도 여전히 살아 숨 쉬고 있는, 풍요롭고 건강한 토종 곡식 이야기.

내 손으로 받는 우리 종자

안완식 지음 | 188×257 | 324쪽 | 본문 컬러

2008년 진안군청 선정도서

대대로 내려온 우리 농부들의 자가채종법

자가채종을 하는 비전문가들이나 오래전부터 전해 내려오는 농부들의 방법을 국내 최초로 체계화한 책. 한 떼기 밭에서도 얼마든지 우리 종자를 키워낼 수 있다. 종자는 농가 현지에서 계속 재배되어야 한다. 같은 종자라도 100년 동안 냉장고에 있던 것과 현지에서 계속 재배되고 채종해온 것은 전혀 다른 종자가 된다. 종자란 환경 변화에 능동적으로 대응할 줄 아는 생명체다.

이 책은 60여 가지 필수 작물들의 유래와 채종법, 그리고 종자의 사후 관리법까지 꼼꼼히 담아냈다. 우리 땅 우리 토종을 지키는 사람들을 위한 최고의 길라잡이.

무농약 유기벼농사

다양한 논 생물을 살린 억초법과 다수확의 포인트

이나바 미쓰구니 지음 | 김준영 옮김 | 150×210 | 303쪽

누구나 할 수 있는 무농약 유기벼농사, 그 확실한 성공 포인트
30년에 걸친 환경보전형 벼농사기술 확립운동 속에서 실증되고 확립되어온 유기벼농사 기술체계를 쉽게 정리한 책이다. 이 책에서 소개하는 농법은 생물 생산력이 높은 아시아 몬순 풍토에서 성립된 유기벼농사 기술로, 다양성이 풍부한 무논 생물을 재생하여 그 생태를 벼농사에 오롯이 활용하는 수법이다. 그 성공 포인트는 크게 세 가지다. 모내기 30일 전부터 담수와 심수관리를 할 것, 어린 치묘가 아닌 4.5엽 이상의 성묘를 이식할 것, 쌀겨 중심의 발효비료를 투입할 것. 이상의 세 가지를 중심으로 한 기본기술을 지키면 모내기 후 단 한 번도 논에 들어가지 않아도 밥맛 좋은 쌀을 다수확할 수 있다.

제초제를 쓰지 않는 벼농사

민간벼농사연구소 지음 | 김광은 옮김 | 188×257 | 260쪽

전통 농법에서 끌어낸 친환경 제초법
이제 농사에서 잡초를 제거하려면 제초제 말고는 달리 방법이 없다는 낡은 사고방식에서 벗어나야 한다. 내분비 교란물질로서 환경호르몬이 주성분인 제초제를 벼농사에 쓰기 시작한 지도 50여 년이 지났다. 그러나 환경호르몬의 존재가 밝혀진 것은 겨우 몇 년 전의 일이다. 벼에는 거의 흡수되지 않는다고 안심하는 사람도 있겠지만, 제초제가 흙과 함께 강으로 흘러들어 가 바닷물고기에 축적되는 것은 피할 수 없는 사실이다. 당장은 안전하다고 계속 제초제를 쓴다면 앞으로 어떤 문제가 더 발생할지 모른다. 더 이상 환경을 오염시키지 않기 위해 제초제를 쓰지 않고서도 잡초를 억제하는 방법을 진지하게 모색하는 책.